Python
少儿趣味编程

李强 李若瑜 著

人民邮电出版社
北京

图书在版编目（CIP）数据

Python少儿趣味编程 / 李强，李若瑜著. -- 北京 ：
人民邮电出版社，2019.11
ISBN 978-7-115-52055-5

Ⅰ. ①P… Ⅱ. ①李… ②李… Ⅲ. ①软件工具—程序
设计—少儿读物 Ⅳ. ①TP311.561-49

中国版本图书馆CIP数据核字(2019)第197173号

内 容 提 要

Python 简单易学，功能强大，是少儿学习编程的首选语言。本书是少儿学习 Python 编程的趣味指南，全书共 17 章，按照由简到难、逐步深入的方式组织各章内容。本书从认识 Python 开始，首先介绍了 Python 的安装和 IDLE 的使用，然后依次介绍了变量、数字和字符串、列表、元组和字典、布尔类型等数据类型，以及条件、循环、异常和注释、函数、面向对象编程、文件操作等基础知识，并且通过实际案例讲解了海龟绘图、Pygame 基础和游戏编程，以及 Python 在自然语言处理方面的应用。

本书精心选取内容，注重难易适度和趣味性，语言通俗易懂，代码示例丰富。在多章的末尾，还给出了一些练习题并给出了解答。本书适合想要学习 Python 编程基础的少儿（尤其是 10 岁以上的孩子）及想要教孩子学习编程的家长阅读，也适合少儿编程培训班的老师用作少儿编程培训的教材。

◆ 著　　李　强　李若瑜
　责任编辑　陈冀康
　责任印制　焦志炜
◆ 人民邮电出版社出版发行　　北京市丰台区成寿寺路 11 号
　邮编　100164　　电子邮件　315@ptpress.com.cn
　网址　http://www.ptpress.com.cn
　北京虎彩文化传播有限公司印刷
◆ 开本：720×960　1/16
　印张：16.25　　2019 年 11 月第 1 版
　字数：285 千字　　2024 年 10 月北京第 10 次印刷

定价：69.00 元

读者服务热线：(010)81055410　印装质量热线：(010)81055316
反盗版热线：(010)81055315
广告经营许可证：京东市监广登字 20170147 号

前言

写作初衷

过去的两年时间里，在陪伴和教育儿子学习编程的过程中，我自己也误打误撞地开始编写少儿编程类图书。随着《Scratch 2.0少儿游戏趣味编程》《Scratch 3.0少儿游戏趣味编程》《Scratch 3.0少儿编程趣味课》的出版，我开始拥有了一个比较稳定的读者群体，并且通过这些读者的反馈，了解到他们的一些学习和阅读需求。少儿编程图书的读者虽然主要是小读者，但更为关切学习内容的却是他们的家长。一些家长对于计算机和编程是比较陌生的，他们关心的往往是如何快速入门以及如何帮助和辅导孩子进行学习；另一部分家长则对计算机和编程有所了解，他们关心的是为孩子选择什么样的编程语言，甚至孩子学习的效果和水平如何。我既是作者，也是家长，当面对这些读者和家长的反馈时，用一句话可以概括我的感受——可怜天下父母心！

2019年，在开通了“李强老师的编程课堂”公众号以后，有一些读者开始询问我是否计划推出Python编程方面的图书和内容。说实话，随着Scratch图书的畅销，我就有了编写一本青少年学Python编程图书的想法。但一方面，围绕Scratch 3.0手头还有很多事情要做，图书的推广、读者后续的答疑和反馈、公众号的建设和完善、后续选题的规划和构思等都需要时间和精力，因此，编写Python图书的计划一推再推。虽然我很清楚当前学习Python编程的需求非常旺盛，但现在市面上Python图书已经很多了，而且其中有不少的优秀读物，如何编写一本有特色的Python图书，我的心里也不是很有底。因此，实现编写Python编程图书的计划是一个需要反复思考、优化和尝试的过程。

好在，编写Scratch 3.0图书的过程让我对教孩子编程有了一些直观的认识和较为深入的思考，而这些都是值得借鉴的宝贵经验，也是我的优势所在。经过1年多的思考和探索，我终于完成了这本书的构思和内容组织，这才有了您手中这本《Python少儿趣味编程》。书稿交给出版社，我终于松了一口气。但我知道，这本书还远不那么“完美”，还需要作为读者的您多多批评指正，帮助我不断地提高和完善。但是，我真心希望这本书能够为少儿学编程贡献一份力量，并且愿意为此而不断地努力、改进和提高。

LOGO语言之父西摩尔·帕普特曾经提出“低地板”和“高天花板”的原则，他强调成功而有效的技术应该能够为新手提供简单的入门方式，即“低地板”，同时又能让他们随着时间的推移和经验的积累去从事日益复杂的项目，即“高天花板”。Scratch之父米切尔·雷斯尼克又在此基础上增加了一个“宽墙壁”的理念，指出好的技术要支持不同类型的项目和学习路径，即把学习的入口和跑道都拓宽。Python语法简单，容易入门；Python功能强大，甚至能够实现各种人工智能应用；Python模块众多，可以用于Web开发、游戏开发、科学计算等众多领域，支持过程式、面向对象、函数式等多种编程范型。从某种程度上讲，Python就是一种符合“低地板+高天花板+宽墙壁”的语言。本书的目标是带领读者在学习Python的过程中，踏上“低地板”，认识和仰望“高天花板”，并且启发读者去拓展和构建自己的“宽墙壁”。最终，希望读者通过不断学习，能够构筑一间自己满意的“Python技能之屋”！

本书内容结构

本书一共分为17章，按照由简到难、逐步深入的方式安排各章内容。在多章的末尾，给出了一些练习题，附录提供了这些练习题的参考解答。

各章的主要内容如下。

第1章　认识Python。主要带领读者认识Python编程语言，了解Python的特点，学习如何安装Python，并且编写一个简单的Hello World程序。本章还介绍了Python自带的IDE——IDLE，介绍并展示了IDLE的一些功能，而这些功能是我们学习编程的时候经常要用到的。

第2章 变量、数字和字符串。首先介绍了变量的概念、命名以及赋值；然后详细介绍了数字和字符串这两种基本数据类型，以及这两种类型相关的操作。然后，我们开始使用一个名为“成绩单”的应用示例，展示如何应用本章所学习的数据类型知识，而这个“成绩单”的示例，将贯穿于本书后续多章之中。

第3章 列表。介绍了列表数据类型，详细讲解了创建列表、访问列表、使用列表的方法和操作，并且通过一个较为生动有趣的例子——“帮Johnson找到回家的路”——展示了列表的用途。当然，最后，我们还要通过扩展“成绩单”示例进一步熟悉列表的用法。

第4章 元组和字典。介绍元组和字典这两种类型，详细讲解了如何创建、修改和使用元组和字典，如何实现字典和列表的转换。最后，通过扩展“成绩单”示例，展示了这两种数据类型的用法。

第5章 布尔类型。介绍了比较运算符和布尔运算符，通过具体的示例，展示了这些运算符的用法，还介绍了如何组合使用布尔运算符。

第6章 条件语句。首先介绍了缩进的用法，缩进在Python程序中具有重要的作用；然后，介绍了if、else、elif等条件语句，通过“成绩单”示例展示了条件语句的用法。

第7章 循环。介绍了while循环和for循环的结构和用法，通过“成绩单”示例展示了循环语句的应用。

第8章 异常和注释。首先介绍了异常的概念以及如何处理异常，然后讲解了注释的作用和用法，通过“成绩单”示例展示如何使用异常处理和注释。

第9章 自定义函数。Python拥有功能丰富的内建函数，但自定义函数为用户提供了更大的灵活性。本章介绍了函数的基本结构，如何编写和调用函数，如何设置参数和返回值等，通过“成绩单”示例展示了自定义函数的用法。

第10章 面向对象编程。Python是支持面向对象编程的语言。本章介绍了面向对象的基础知识，包括类和对象的概念，方法、构造方法、继承等，通过“成绩单”的示例展示了如何应用这些概念来实现面向对象编程。

第11章 文件操作，介绍了用Python对文件进行一系列操作的方法，包括打开文件、读取文件、写入文件等，最后通过“成绩单”的示例展示文件操作的具体用法。

第12章 海龟绘图。海龟绘图是Python的一个有趣、有用的功能模块。

本章介绍了海龟绘图的用法，围绕turtle模块，介绍了导入、创建画布、控制画笔、设置颜色等基本功能，为下一章的绘制内容打下一个基础。

第13章 绘制机器猫。在第12章所介绍的内容基础上，本章详细介绍了如何使用海龟绘图来绘制一个可爱的机器猫的形象，涉及模块导入、函数调用、自定义函数等知识和技能。

第14章 绘制小猪佩奇。继续使用海龟绘图模块，绘制了小朋友们喜爱的小猪佩奇的形象。

第15章 Pygame基础。介绍了Pygame模块的基础知识，为下一章内容进行铺垫。Pygame是功能比较强大的模块，包含绘图、动画、事件处理等众多方面，是Python游戏开发的常用功能模块。本章最后通过一个简单的“弹球游戏”，初步展示了Pygame的应用。

第16章 贪吃蛇。详细介绍了如何使用Pygame编写一款经典的贪吃蛇游戏，讲解了分析、规划和开发游戏的过程，较为完整地展示了Pygame功能的应用。

第17章 Python的AI应用——以自然语言处理为例。Python广泛地用于人工智能的各种应用开发之中。本章首先概览地介绍了人工智能技术，以及Python作为人工智能语言的优势和特点，选取自然语言处理（NLP）这个领域，介绍了如何应用Python及其模块，对古典名著《西游记》进行分词处理和分析。通过本章的学习，读者对于Python在人工智能领域的应用会有一个初步的认识和体验。

本书特色

市面上讲授Python编程的图书已经很多，也有不少以青少年和少儿作为目标读者的Python图书。在写作本书之前，笔者翻阅了已经出版的一部分Python图书，并进行了一番比较。经过较为深入细致的思考后，在写作本书的过程中，我们力图使得本书保持和体现如下几个方面的特色。

- 精心选取内容，注重难易适度。我们对本书讲解的内容进行了精心选取。对于一些必须讲解的Python编程基础，如变量、数据类型、条件和循环、异常、注释、函数、面向对象编程等，确保覆盖到，而且确保一定的深度和广度，通过丰富的、较小的程序示例帮助读者理解，通过课后的练习帮助读者巩固和熟练。针对当前热门的、Python在人工智能领域的应用，选取读者比较容易理解的自然语言处理领域，以分词这种较为简单又系统完整的示例加以讲解和分析。总之，在内容选取上，本书既注意覆盖基础，又要做到深度和难度适中，同时要兼顾流行和实用的应用领域。

- 坚持“做中学”的理念和方法。“做中学”是较为科学的学习方法。在基础部分，本书通过详细的示例和课后练习帮助读者学习和掌握。在后面的实践部分，通过绘制卡通角色示例、游戏示例和分词应用等相对较大的案例，带领读者“做中学”。无论是较小的示例还是较大的程序示例，都对代码进行了细致的解读和分析，帮助读者在理解代码的基础上掌握编程思维和技能。
- 体现趣味性。本书内容针对青少年读者，因此必须要体现出一定的趣味性，以激发读者的学习兴趣。贯穿全书的“成绩单”示例，比较贴近青少年的实际生活。用海龟绘图绘制的机器猫、小猪佩奇，都是少年儿童喜闻乐见的卡通角色。编写和实现贪吃蛇游戏，可以激发读者学习编程的兴趣，并能够获得一定的成就感。分词示例选取的也是青少年比较熟悉的古典名著《西游记》，对其中人物角色的分析和展示，会让读者更加容易阅读和理解。
- 增强可拓展性。本书大多数章的末尾，都给出了一些练习，既有需要读者思考解答的习题，也有需要动手编写代码的实践项目。通过这些练习，读者可以巩固基础知识，熟练掌握该章所学的编程技能。附录部分给出了所有练习的参考解答。

本书的读者对象

本书适合想要学习Python编程基础的少年儿童，对于想要快速入门Python编程的读者来说，也适合阅读和学习本书。

本书也适合想要教孩子学习编程的家长、少儿编程培训班的老师阅读参考，并且可以作为少儿编程培训的教材。

根据本书的内容难度和作者的一些调查反馈，10岁以下的孩子，需要在家长和老师的帮助或辅导下阅读和学习本书；10岁以上的孩子，可以尝试自行阅读和学习。

配套资源

本书的所有配套源代码、素材及习题答案，可以通过异步社区（www.

epubit.com）中本书的页面下载。读者也可以关注微信公众号“李强老师的编程课堂”进行下载，还可以通过该公众号获得更多免费的少儿编程的信息和资源。

作者简介

李强，计算机图书作家和译者，曾是计算机领域的讲师，从2002年开始进行计算机编程的网络授课。目前专注于青少年计算机领域的教学，其编著的《Scratch 3.0 少儿游戏趣味编程》和《Scratch 3.0少儿编程趣味课》是该领域的畅销书，配套的教学视频也得到了读者的喜爱。可关注公众号“李强老师的编程课堂”联系作者，以获得更多支持和帮助。

致谢

首先，要感谢选择了这本书的读者，你们的需求、反馈、信任和支持，是我不断改进提高、编写更好的技术图书的原动力。还要感谢《Scratch 3.0 少儿游戏趣味编程》和《Scratch 3.0少儿编程趣味课》的读者，你们的意见和建议总是那么直接而有效，希望这本书也不辜负你们的信任和期待。

感谢我的父母、妻子和儿子。写作一本书，从思考规划谋篇布局、到开发案例进行调试、到奋笔疾书审阅校对，是一个漫长而孤独的过程。为此我牺牲了很多陪伴家人的时间。没有他们默默地支持，这几乎是不可能完成的任务。

特别感谢我的儿子李若瑜。作为本书的第一位小读者，他努力地阅读了几乎所有的内容，并对一些难以理解的地方给出了反馈，这也帮助我不断地完善和改进书稿。

感谢人民邮电出版社的陈冀康编辑的支持和帮助，他耐心地给予指导，提出修改意见，还容忍我对交稿时间一再延期。

资源与支持

本书由异步社区出品，社区（https://www.epubit.com/）为您提供相关资源和后续服务。

配套资源

本书提供以下资源：

- 配套资源代码和素材；
- 书中习题答案；
- 书中彩图文件。

要获得以上配套资源，请在异步社区本书页面中点击 配套资源 ，跳转到下载界面，按提示进行操作即可。注意：为保证购书读者的权益，该操作会给出相关提示，要求输入提取码进行验证。

如果您是教师，希望获得教学配套资源，请在社区本书页面中直接联系本书的责任编辑。

提交勘误

作者和编辑尽最大努力来确保书中内容的准确性，但难免会存在疏漏。欢迎您将发现的问题反馈给我们，帮助我们提升图书的质量。

当您发现错误时，请登录异步社区，按书名搜索，进入本书页面，点击“提交勘误”，输入勘误信息，点击“提交”按钮即可。本书的作者和编辑会对您提交的勘误进行审核，确认并接受后，您将获赠异步社区的100积分。积分可用于在异步社区兑换优惠券、样书或奖品。

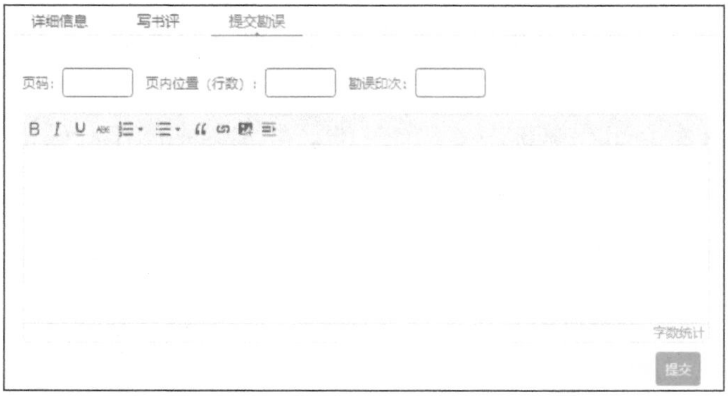

扫码关注本书

扫描下方二维码，您将会在异步社区微信服务号中看到本书信息及相关的服务提示。

与我们联系

我们的联系邮箱是contact@epubit.com.cn。

如果您对本书有任何疑问或建议，请您发邮件给我们，并请在邮件标题中注明本书书名，以便我们更高效地做出反馈。

如果您有兴趣出版图书、录制教学视频，或者参与图书翻译、技术审校等工作，可以发邮件给我们；有意出版图书的作者也可以到异步社区在线提交投稿（直接访问www.epubit.com/selfpublish/submission即可）。

如果您是学校、培训机构或企业，想批量购买本书或异步社区出版的其他图书，也可以发邮件给我们。

如果您在网上发现有针对异步社区出品图书的各种形式的盗版行为，包括对图书全部或部分内容的非授权传播，请您将怀疑有侵权行为的链接发邮件给我们。您的这一举动是对作者权益的保护，也是我们持续为您提供有价值的内容的动力之源。

关于异步社区和异步图书

“异步社区”是人民邮电出版社旗下IT专业图书社区，致力于出版精品IT技术图书和相关学习产品，为作译者提供优质出版服务。异步社区创办于2015年8月，提供大量精品IT技术图书和电子书，以及高品质技术文章和视频课程。更多详情请访问异步社区官网https://www.epubit.com。

“异步图书”是由异步社区编辑团队策划出版的精品IT专业图书的品牌，依托于人民邮电出版社近30年的计算机图书出版积累和专业编辑团队，相关图书在封面上印有异步图书的LOGO。异步图书的出版领域包括软件开发、大数据、AI、测试、前端、网络技术等。

异步社区

微信服务号

目 录

第1章 认识 Python

1.1 编程语言和 Python

1.1.1 程序设计和编程语言

如今，我们的生活已经离不开计算机。写文章、做PPT、打电子游戏、QQ聊天、上网购物等都离不开计算机，甚至手机里的各种应用，如微信、GPS导航等，背后也都离不开计算机的支持。可你是否想过，计算机是怎么能够帮助我们完成各种各样的任务的呢?

其实计算机是通过程序来完成具体的任务的。计算机程序（Program）是一组计算机能识别和执行的指令，运行于电子计算机上，以满足人们某种需求的信息化工具。更加直白地说，计算机程序是一种软件，是使用计算机编程语言编写的指令，它告诉计算机如何一步一步执行任务，从而达到最终的目的。而使用某种计算机编程语言，经过分析、设计、编码、测试、调试等各个步骤，编写出程序以解决特定的问题的过程，就叫作程序设计或编程（Porgramming）。因此，要控制计算机方便快捷地实现各种功能，我们必须要学习程序设计，也就是编程。而要编写程序代码，我们必须讲计算机的语言，为此，我们首先要选择并学习一种计算机编程语言。

计算机编程语言的发展大概有几十年的历史。在这期间，编程语言经历了从低级语言向高级语言发展的过程。这里所说的低级语言和高级语言，并不是指语言的功能和水平等，而且是指编程语言与人类自身语言的接近程度上的区别。低级语言更加接近于机器语言，计算机理解起来比较容易，人类理解起来比较困难，这是比较底层的语言。而高级语言的语法和表达方式，更加接近于人类自身的语言，需要通过一种称为编译器和解释器的东西（你可以把编译器和解释器想象成翻译人员）将其转换为计算机比较容易理解的机器语言，然后机器才能执行。

计算机程序正是使用诸如Python、C++、Ruby或JavaScript这样的编程语言来编写的。这些语言允许我们和计算机“对话”，并且向它们发布命令。打一个比方，我们是如何训练一只狗的呢？当我们说“坐下”的时候，它蹲着；当我们说“说话”的时候，它叫两声。这只狗能够理解这些简单的命令，但是，对于你所说的其他的大多数话，它就不懂了。

类似的，计算机也有局限性，但是，它们确实能够执行你用它们的语言发布的指令。在本书中，我们将学习Python语言，这是一种简单而强大的编程语言。未来，在高中和大学阶段，Python语言将作为计算机科学课程的入门课来教授。因此，我们通过现在的学习，可以给将来打下一个较好的基础。

1.1.2　Python 简介

Python是吉多 · 范罗苏姆（Guido Van Rossum）在20世纪80年代后期开发的一种过程式的、面向对象的、功能强大而完备的编程语言。Python这个名字来自于一个名为Monty Python的戏剧团体。

人们使用Python语言进行各种应用开发，包括游戏软件开发、Web开发、桌面GUI开发、教育和科学计算应用开发。近年来，Python甚至成为最受欢迎的开发人工智能应用的语言之一，在图像处理、自然语言处理和神经网络等众多领域一展身手。因此，实际上Python已经涉足了所有的开发领域。当前，Python已经成为最流行的编程语言之一，在各种编程语言排行榜中位居前列。Python之所以很流行，主要是归功于它的简单性和健壮性，当然，还有很多其他的因素，后面我们还会一一介绍。

对于初学者来说，Python是一款既容易学又相当有用的编程语言。相对于其他语言，Python的代码相当易读，并且它有命令行程序，你可以直接输入指令并运行程序。Python的一些功能对于辅助学习过程很有效，用户可以把一些简单的动画组织起来制作自己的游戏。其中之一是turtle模块，该模块的灵感来自于海龟绘图（20世纪60年代由Logo语言使用），专门用于教育。还有tkinter模块，它是Tk图形界面的接口，可以用来很容易地创建一些图形和动画程序。简单易学使得Python成为青少年学习计算机编程的首选语言。在本书中，我们也将带领读者学习Python turtle模块的使用，并且会用Python编写一款有趣的游戏，相信这会让你体会到学习Python编程的乐趣和成就感！

Python的语法很简单，因而学习和理解Python编程很容易。和其他编程语言相比，Python代码更简短易懂。此外，Python中的一些任务很容易实现。例如，要交换两个数字，用Python很容易编写：(a, b)= (b, a)。学习某种新的东西，是一项耗费精力且复杂的任务。然而，Python语法的简单性大大降低了它的学习难度。此外，用Python编写的项目也很容易为人们所理解。Python的代码精炼而高效，因而易于理解和管理。

Python的另一个非常显著的特点是，它拥有大量的第三方模块和库，这是Python拥有非常广泛的应用领域的一个重要原因。Python有很多第三方的模块用于完成Web开发。例如，基于Python的Django是一款非常流行的Web开发框架，支持干净而快速地开发，支持HTML、Email、FTP等应用，因此，成为Web开发的不错的选择。结合第三方模块和库的功能和支持，Python也可以广泛地用于GUI开发和移动应用开发，例如，Kivy可以用于开发多触点的应用程序。Python还拥有强大的支持科学计算和分析的库——SciPy用于工程和数学，IPython用于并行计算等。此外，SciPy还提供了和MATLAB类似的功能，并且能够用于处理多维数组。

Python还具有其他的一些特点和优点：

- Python有自己的管理内存和相关对象的方式。当在Python中创建一个对象的时候，内存动态地分配给它。当对象的生命周期结束的时候，其占用的内存会被收回。Python的内存管理使得程序更加高效，我们不用为此操心。
- Python具有很强的可移植性，使用Python编写的程序几乎可以在所有已知的平台（如Windows、Linux或Mac等）上运行。

- Python是免费的。Python并不是专有的软件。任何人都可以下载各种各样可用的Python编译器。此外，在发布用Python编写的代码的时候，不会有任何的法律问题。
- Python拥有一个庞大的用户群体。Python开发者和使用者已经形成了一个活跃的专业社群，世界各地（包括中国）的程序员在一起探讨、交流学习和使用Python的经验。互联网上有很多与Python有关的信息，有许多Python讨论组。这些都促进了Python语言的学习和传播。

既然Python有这么多的好处，那还等什么呢？我们先开始第一步，下载和安装Python吧！

1.2　Python 的安装

要安装Python，通常我们要去Python的官方网站下载所需版本的安装文件。Python的官网是http://www.python.org，如图1-1所示。

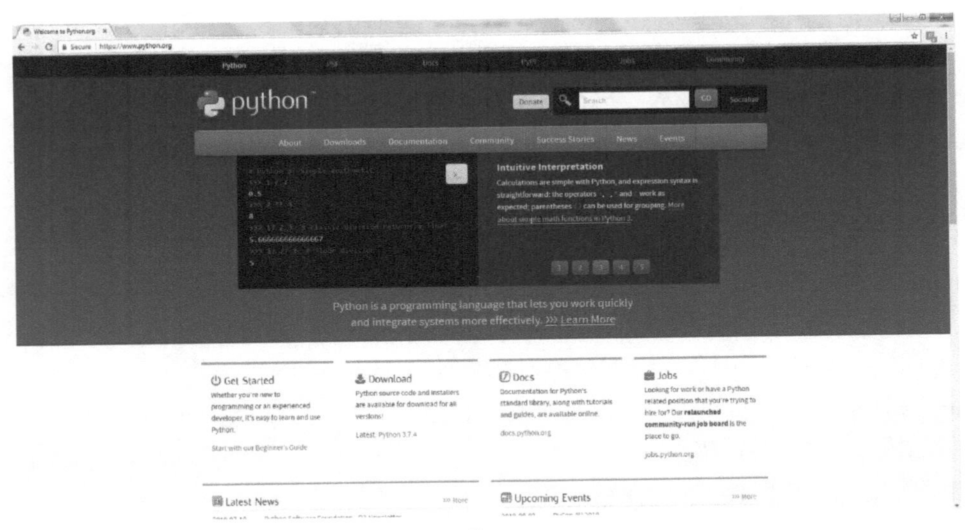

图 1-1

1.2.1　Windows 下的 Python 安装

当点击导航中的“Downloads”菜单，可以看到适合各种操作系统的下载链接，如图1-2所示。我们可以看到，适合Windows系统的最新正式版是3.7.4。我们可以直接点击按钮“Python3.7.4”下载。

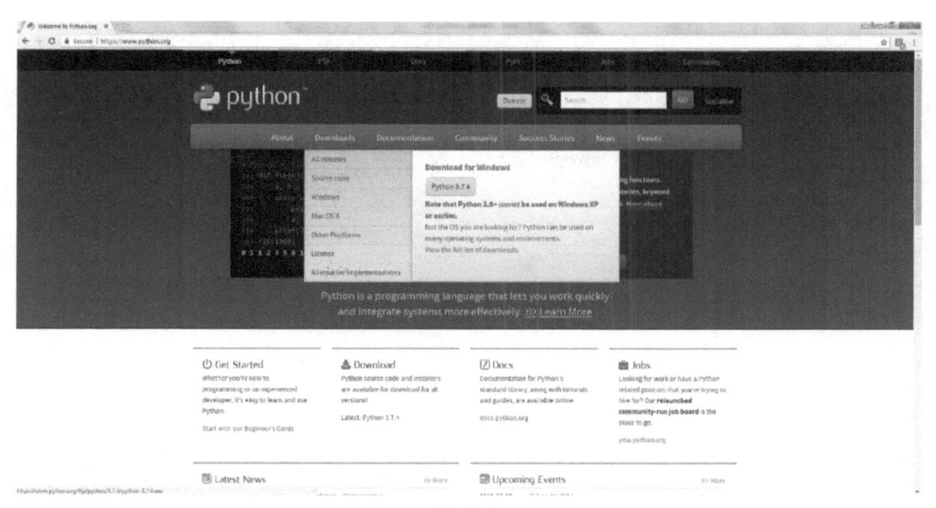

图 1-2

也可以点击左边“Windows”菜单，在下载页面中选择需要下载的Python版本，如图1-3所示。

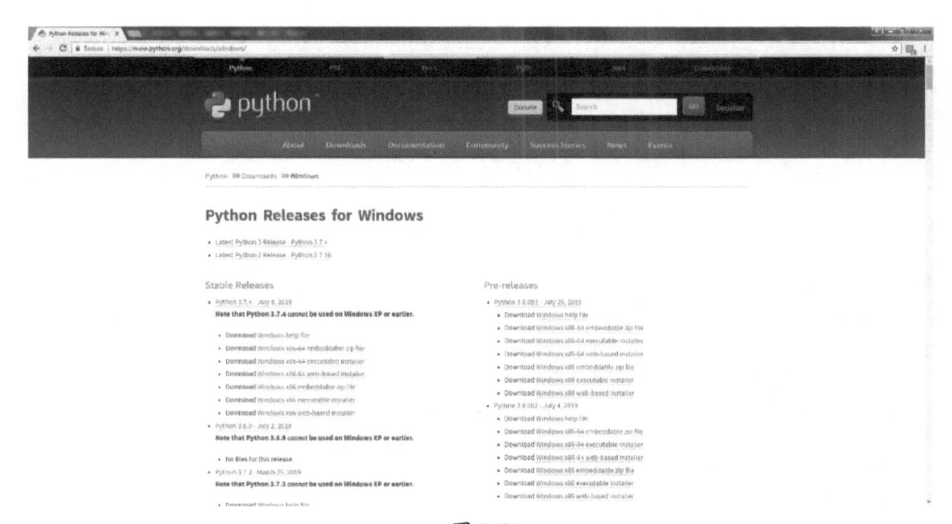

图 1-3

在这里，选择下载（写作本书时的）最新版本Python 3.7.4，下载完成后，可以看到一个安装文件，如图1-4所示。

提示　Python 仅支持微软所支持的生命周期内的Windows 版本。这意味着Python 3.7.4支持Windows Vista和更新版本。如果需要支持Windows XP，请安装Python 3.4。

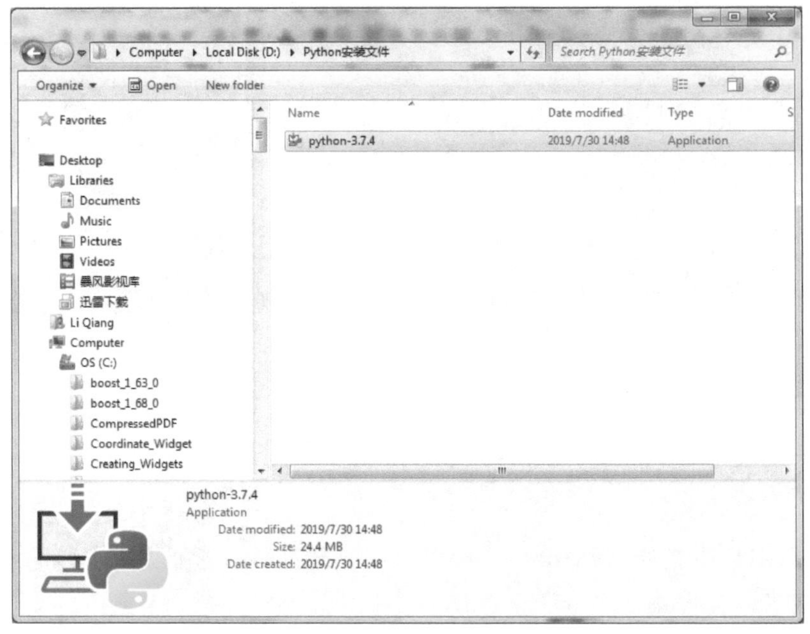

图 1-4

双击“python-3.7.4.exe”，弹出安装界面。简单起见，勾选“Install launcher for all users (recommended)”和“Add Python 3.7 to PATH”选项，然后直接点击“Install Now”按钮。如图 1-5 所示。

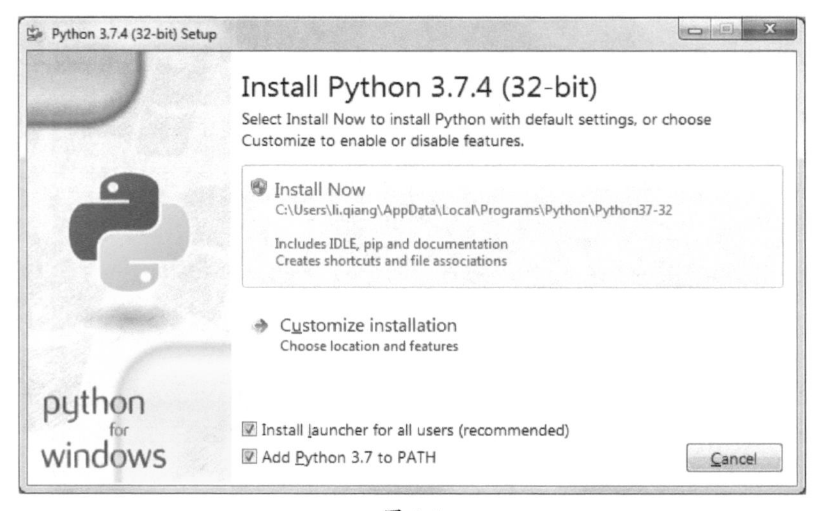

图 1-5

提示　选择“自定义安装”（Customize installation）将允许您选择：要安装的

功能、安装位置、其他选项或安装后的操作。

提示　安装时最好勾选“Add Python 3.7 to PATH”，这是因为Windows会根据环境变量path设置的路径去查找python.exe以及本书后面要用到的一些相关安装工具。所以，如果在安装时没有勾选这个选项，后面还得手动把这些路径添加到path的环境变量中。

然后会看到安装的进度条一直在往下走，如图1-6所示。

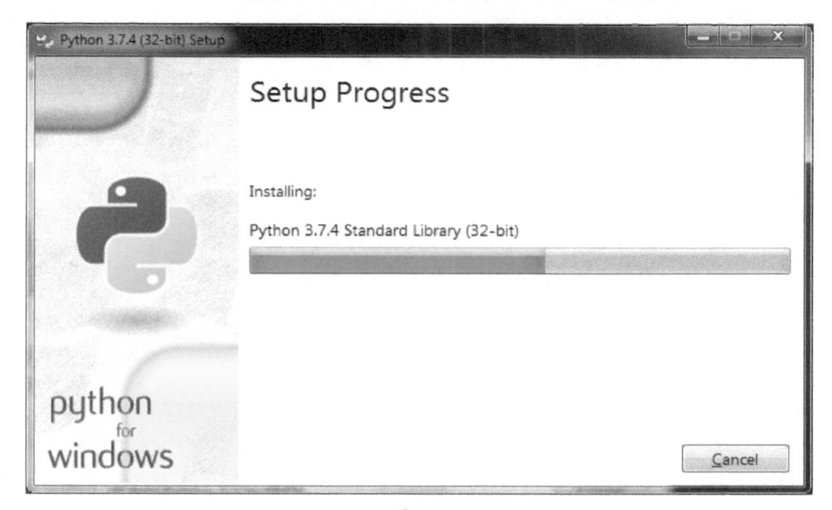

图 1-6

这里什么也不需要做，直到程序安装成功，安装成功的界面如图1-7所示。

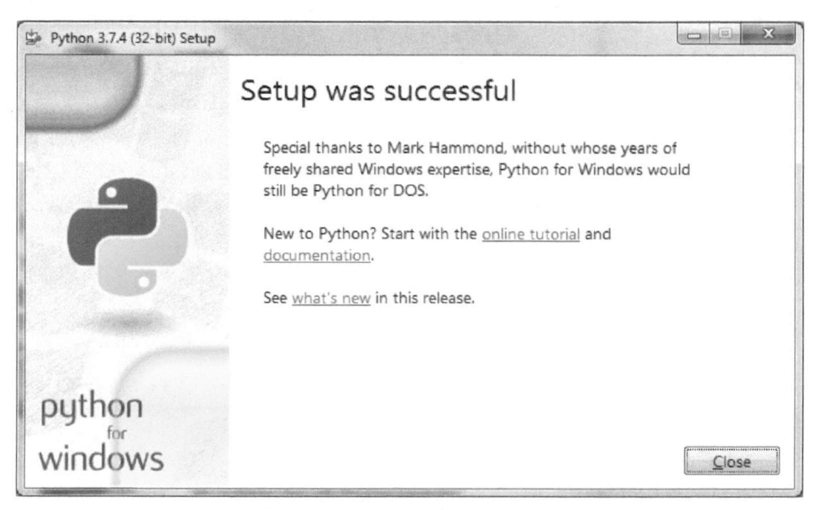

图 1-7

可以点击“documentation”链接去打开Python的帮助文档，如图1-8所示。

图 1-8

当Python安装好后 。只需要在Windows的命令行窗口中输入“python”命令，就可以打开Python的Shell命令行窗口，启动交互式解释器，如图1-9所示。

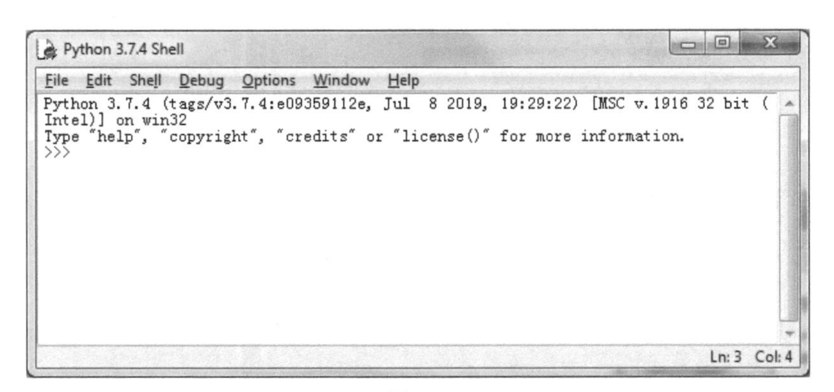

图 1-9

接下来，我们就可以在这个命令行窗口直接输入要执行的程序代码。

1.2.2　MAC 下的 Python 安装

当点击导航中的“Downloads”菜单，我们可以看到，适合Mac系统的最新正式版同样是3.7.4版。我们可以直接点击按钮“Python3.7.4”下载，如图1-10所示。

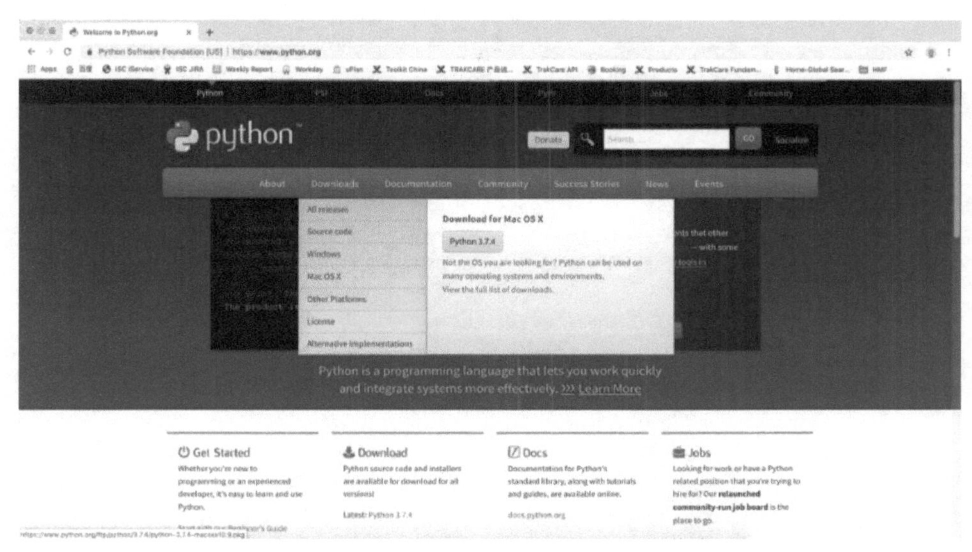

图 1-10

下载完成后，可以看到一个安装文件，如图1-11所示。

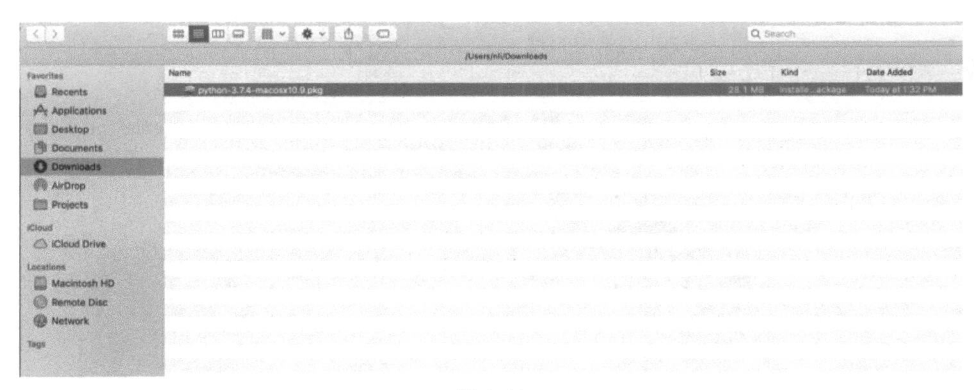

图 1-11

双击安装文件，弹出安装界面，直接点击“Continue”按钮，如图1-12所示。

然后会看到安装的进度条一直在往下走，如图1-13所示。

这里什么也不需要做，直到程序安装成功，界面如图1-14所示。

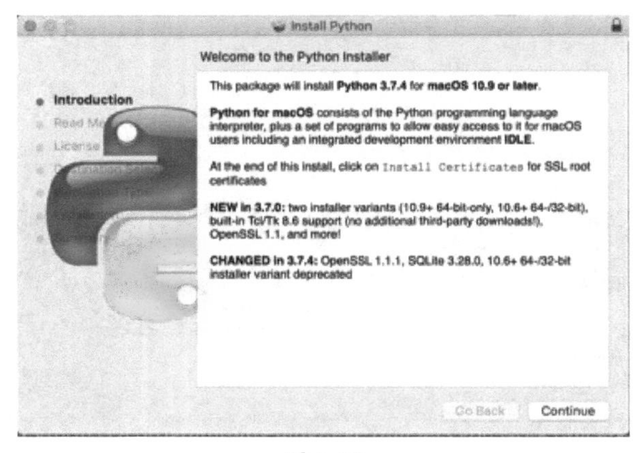

图 1-12

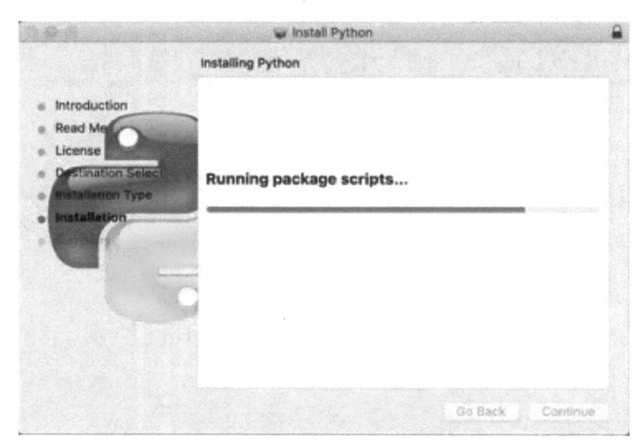

图 1-13

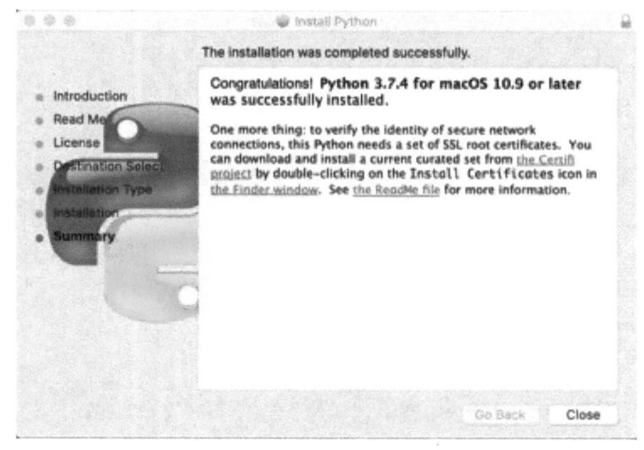

图 1-14

当Python安装好后。只需要在命令行窗口，输入“python”命令就可以打开Python的Shell命令行窗口，启动交互式解释器，如图1-15所示。你也可以参照1.4.2节的介绍打开IDLE来启动Python。

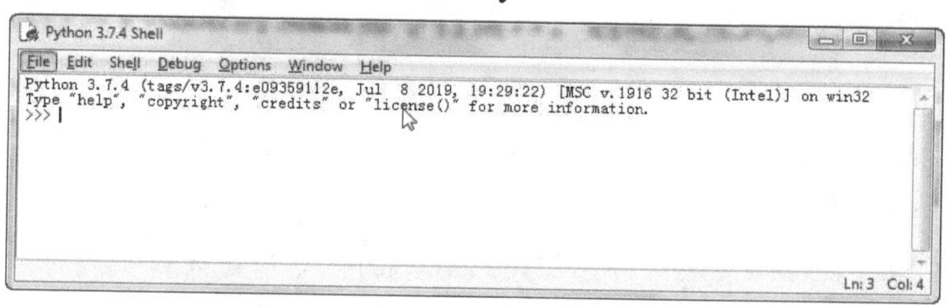

图 1-15

1.3 第一个程序 Hello World

安装好了Python之后，让我们先通过命令行窗口编写第一个Python程序并尝试运行一下。

在窗口中输入了一行代码“print("Hello World！")”，如图1-16所示。这行代码表达的含义是要将一行字“Hello World！”打印到屏幕上。因为这里我们只是介绍代码是什么样子的，所以大家可以不用太在意具体语句的含义。

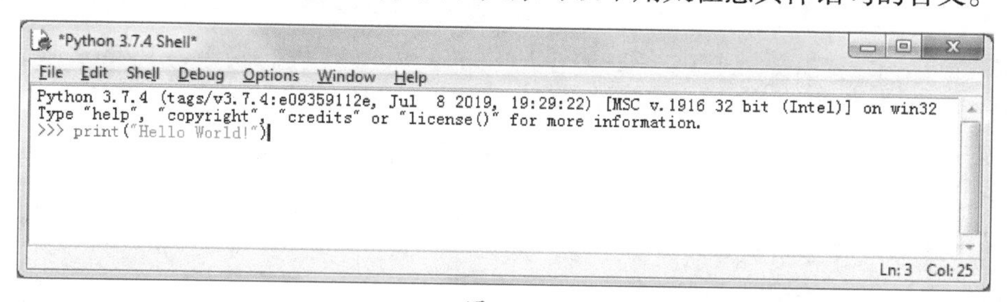

图 1-16

当按下回车键，可以看到屏幕上显示出了“Hello World！”，如图1-17所示。

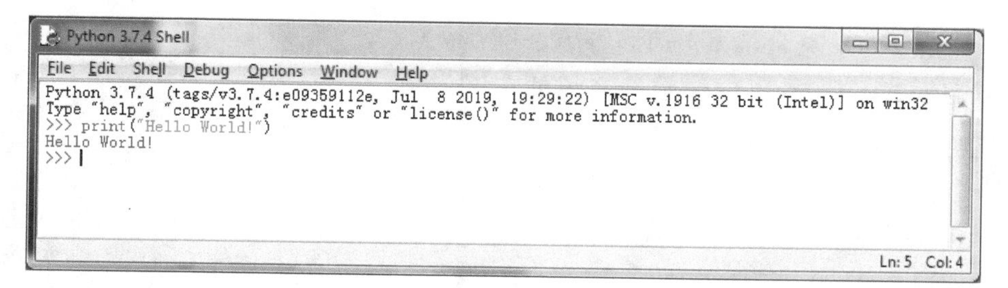

图 1-17

简单吧！我们的一个程序就这样实现了。

提示 Python是区分大小写的语言，所以关键字或者函数名都不能写错。例如print是打印函数，而Print则不是。

1.4　开发工具 IDLE

1.4.1　IDLE 简介

对于简单的程序，我们可以在命令行中完成，并且可以非常直观地得到了想要的结果。可是，当我们关闭Python并重新打开它时，就会发现之前的代码都丢失了。怎样才能让计算机记住我们输入的内容呢？

在实际开发程序的时候，我们总是要使用某个集成开发环境来写代码，然后将写好的代码保存到一个文件中。当我们想要使用这些代码的时候，就可以打开这个文件并对这个文件运行Python，这样一来，程序就可以反复执行了。

集成开发环境（Integrated Development Environment，IDE）是一种工具软件，它包含程序员编写和测试程序所需的所有基本工具。集成开发环境通常包含源代码编辑器、编译器或解释器以及调试器。

在学习Python编程的过程中，我们也少不了要接触IDE。这些Python开发工具可以帮助开发者加快开发速度，提高效率。IDLE是Python自带的集成开发环境，具备基本的IDE功能，包括交互式命令行、编辑器、调试器等基本组件，已经足以应付大多数简单应用的开发。当我们安装好Python以后，IDLE就自动安装好了，不再需要另外去安装。

IDLE为初学者提供了一个非常简单的开发环境，可以轻松地编写和执行Python程序。IDLE有两个主要的窗口，分别是命令行窗口和编辑器窗口。接下来，我们看一下如何使用IDLE来编写程序。

1.4.2　用 IDLE 编写程序

在Windows环境下，有多种方法可以启动IDLE。既可以像前面介绍的在Windows的命令行窗口，直接输入“python”命令打开Python的Shell命令行窗口，也可以通过快捷菜单或桌面图标等方式启动IDLE，如图1-18所示。

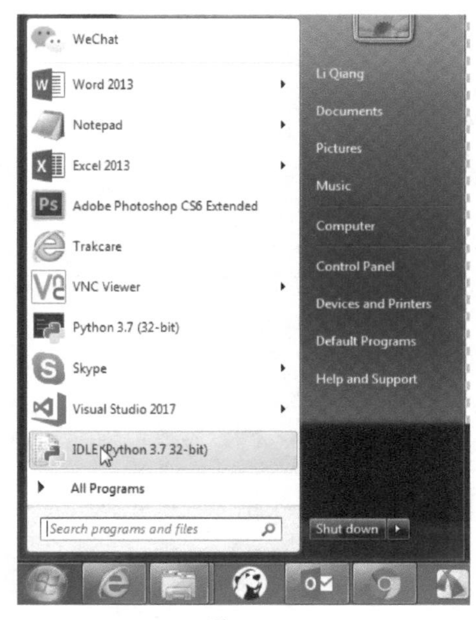

图 1-18

IDLE启动后的界面如图1-19所示。

在IDLE窗口中，可以选择“File”菜单下的“New File”命令，打开一个新的文件窗口，如图1-20所示。

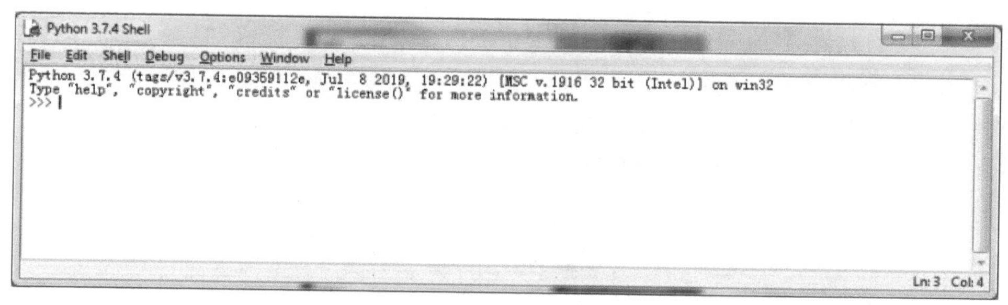

图 1-19

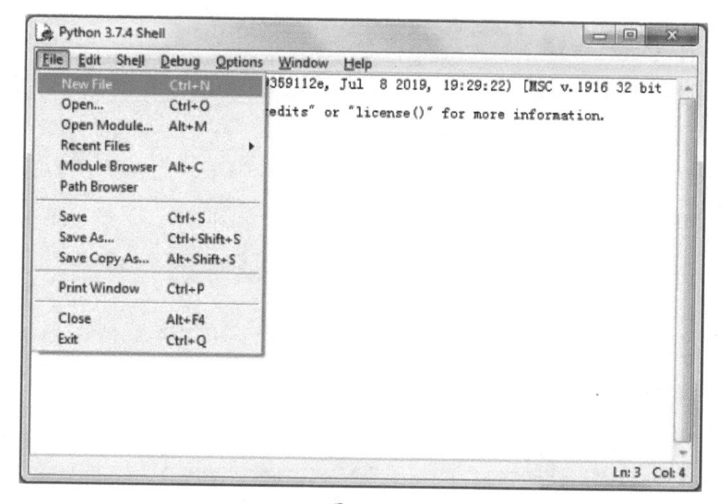

图 1-20

这时会弹出一个新的空白窗口，如图 1-21 所示。

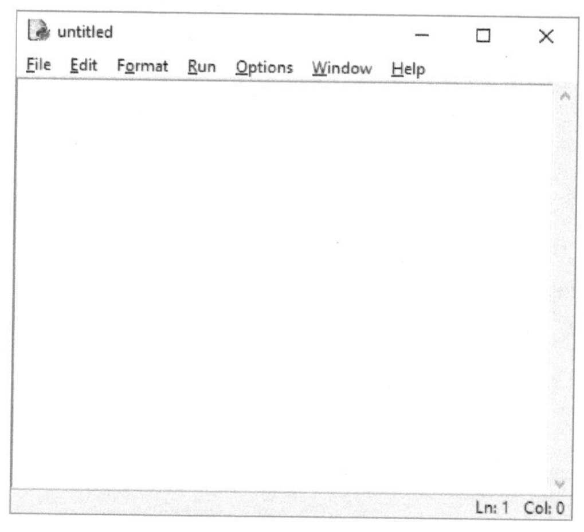

图 1-21

可以看到这个窗口中没有任何内容，它在等待我们输入命令。我们把这个窗口称为“程序”窗口，以区别于编译器窗口。我们可以在程序窗口中输入需要的指令。这里还是输入和前面我们在命令行窗口所输入的相同的代码，“print("Hello World ! ")”，如图 1-22 所示。

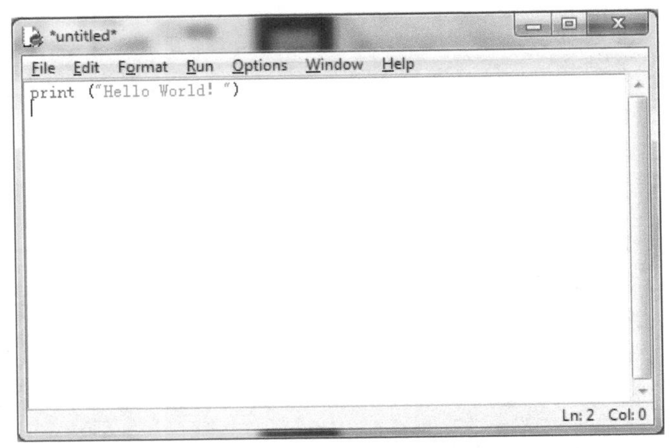

图 1-22

需要注意的是，这里没有命令行窗口那些“>>>”提示符号，因为这些符号并不是程序的组成部分。编译器窗口通过这些提示符号，就知道我们当前是在编译器窗口工作，但是当我们编辑一个独立的文件时，就需要去掉这些由编译器导入的辅助符号。

接下来，选择“File”菜单的“Save”命令，保存这个文件，如图 1-23 所示。因为是新文件，会弹出“Save As”对话框，我们可以在该对话框中指定文件名和保存位置。保存后，文件名会自动显示在屏幕顶部的蓝色标题栏中。如果文件中存在尚未保存的内容，标题栏的文件名前后会有星号（*）出现。

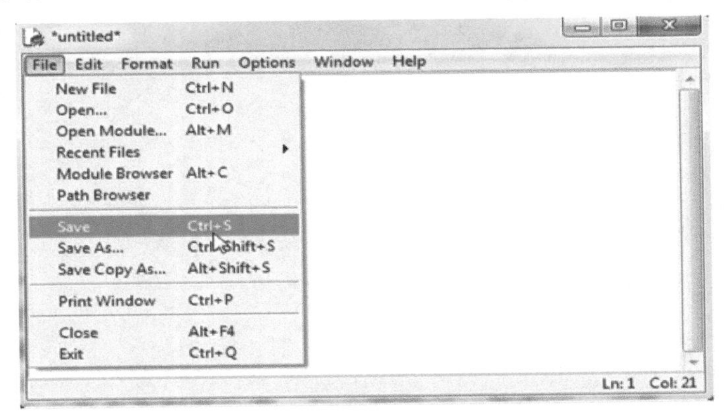

图 1-23

将文件保存到指定目录下，我们选择的路径是“D:\Python Programs\ch01”，文件名为“1.1”，如图1-24所示。

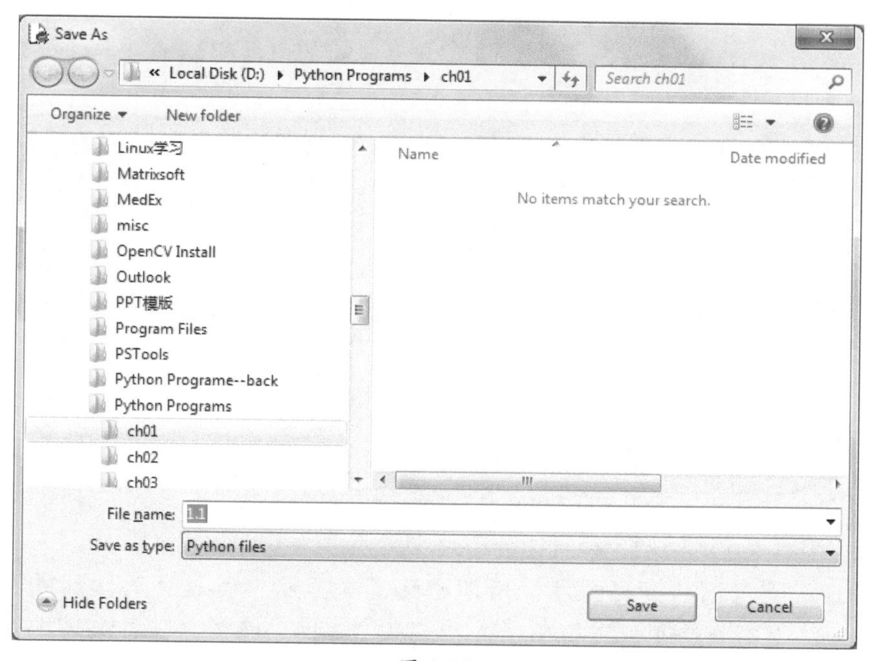

图 1-24

我们已经保存了这个程序，接下来怎样运行这个程序呢？选择“Run”菜单中的“Run Module”命令，如图1-25所示。

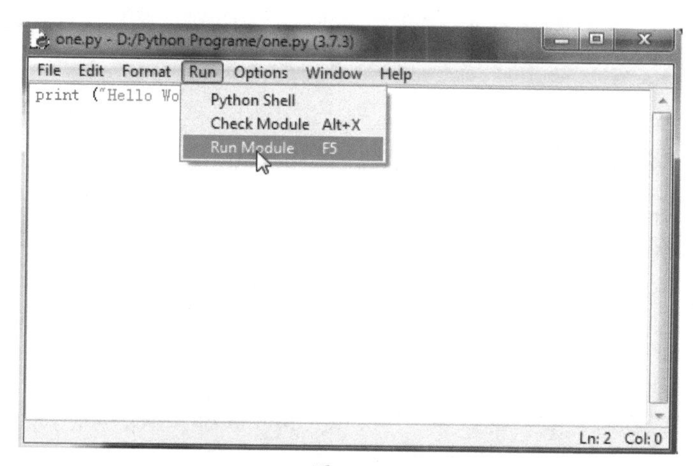

图 1-25

可以得到这个程序的运行结果，编译器窗口可以看到打印出来的“Hello World！”，如图 1-26 所示。

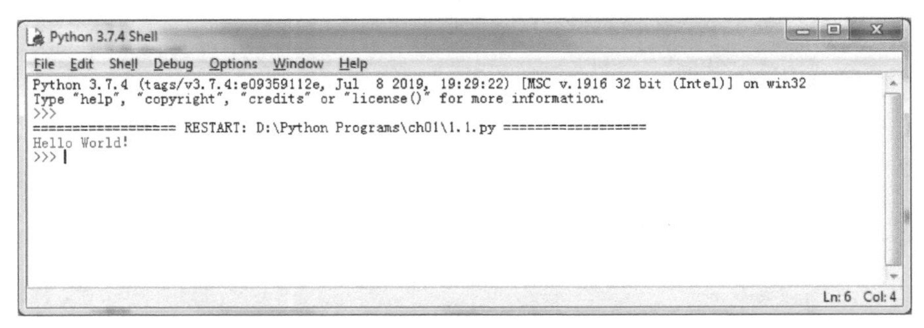

图 1-26

1.4.3　IDLE 的其他功能

IDLE 具有非常丰富的功能，其中的一些很值得我们去了解和体验一下，因为在编写程序的时候，很可能会用到。

IDLE 支持语法高亮显示。所谓语法高亮显示，就是针对代码的不同元素，使用不同的颜色进行显示，我们从图 1-16 中已经看到了其应用效果。默认情况下，关键字显示为橙色，字符串为绿色，定义和解释器的输出显示为蓝色，控制台输出显示为棕色。当我们输入代码时，IDLE 会自动应用这些颜色进行突出显示。语法高亮显示的好处是，用户可以更容易区分不同的语法元素，从而提高可读性；与此同时，语法高亮显示还降低了出错的可能性。比如，如果输入的变量名显示为橙色，那么你就需要注意了，这说明该名称与预留的关键字有冲突，所以必须给变量更换名称。

IDLE 还可以实现关键字自动完成。当用户输入关键字的一部分后，例如输入一个 P，可以从“Edit”菜单选择“Expand Word”命令（或者直接按 Alt+/ 组合键），如图 1-27 所示。这个关键字就可以自动完成，在这里，我们得到的是 print，如图 1-28 所示。

有时候，我们只记住了函数的开头几个字母，而不记得完整的函数名称，这该怎么办？例如，我们有个 input() 函数，它可以接收标准输入数据，返回值为 string 类型。如果我们只是隐约记住了 in，而忘记了后边的 put，这个时候，我可以选择“Edit”菜单的“Show Completions”命令（或者直接按下 Ctrl+space 组合键），如图 1-29 所示。

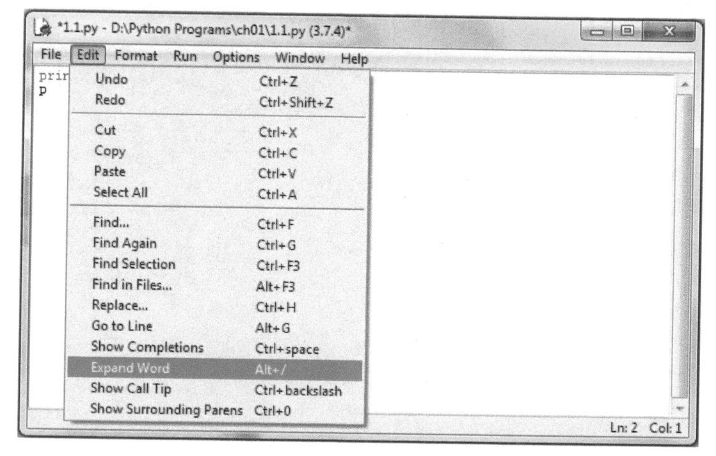

图 1-27

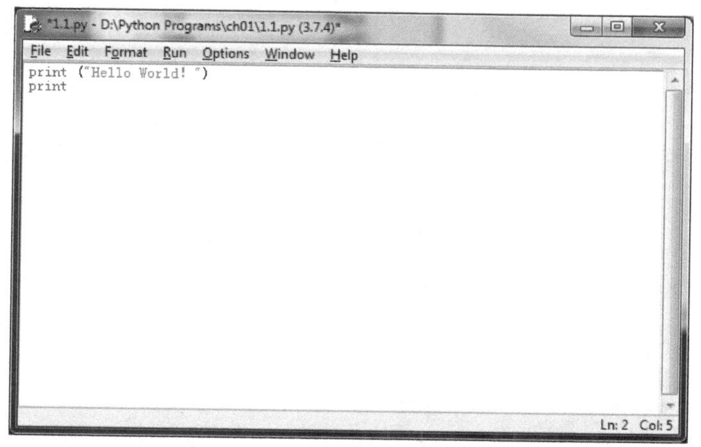

图 1-28

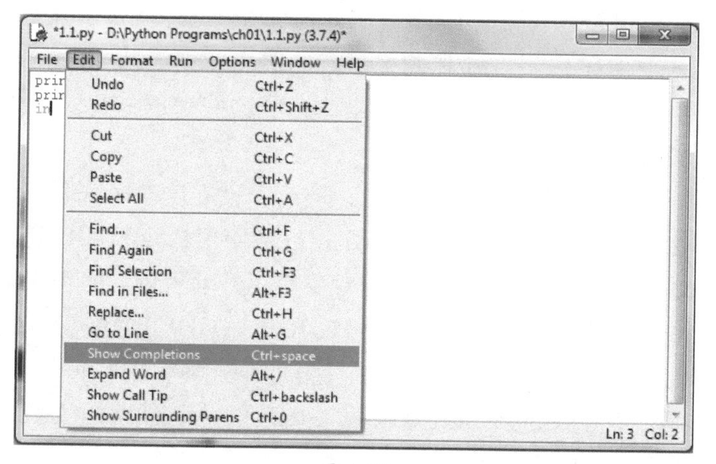

图 1-29

这时IDLE就会给出一些提示，如图1-30所示。

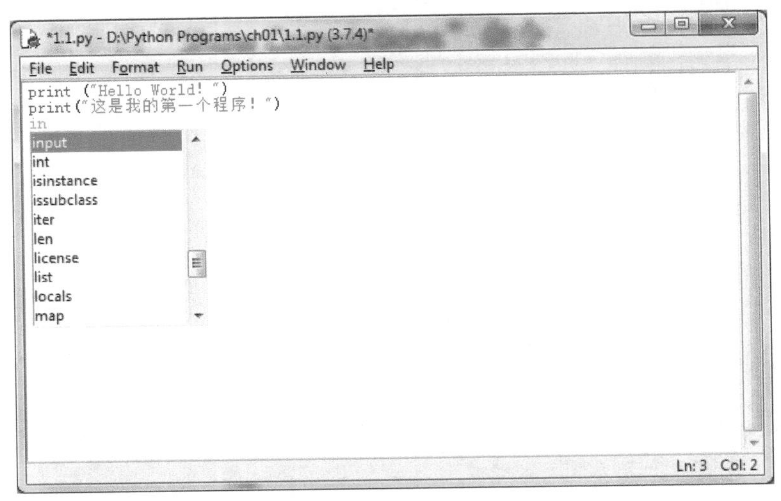

图 1-30

现在只要按下回车键，IDLE就会自动完成此函数名。如果当前选定的函数不是我们想要的函数的话，还可以使用向上、向下的方向键进行查找。

IDLE还有一些其他的功能，这里就不一一详述，在本书后面用到的时候再进一步介绍。读者如果对IDLE的更多功能感兴趣，可以自行查询一下帮助。

1.5 小结

这是本书的第1章。在这一章中，我们的主要任务是认识Python，了解如何安装Python，以及其自带的IDE——IDLE的功能和用法。

我们首先学习了程序设计和编程语言的概念，然后认识了Python这种编程语言，并且详细介绍了Python的特点。有了这些知识，我们就能理解为什么要学习Python编程。

接下来，本章针对Windows和Mac平台，介绍了如何下载和安装Python当前最新的版本。编写Python程序的方式包括使用命令行和使用IDE，本章分别介绍和展示了这两种方式。IDE是专业程序员编写较大的程序时必不可少的工具。我们进一步学习了Python自带的IDE——IDLE的使用方式，了解了IDLE的功能和特点。

通过本章，我们对Python及其编程工具有了一个感性的认识，这为接下来继续学习Python的语法、数据结构、函数等编程知识打下了一个基础。

第2章 变量、数字和字符串

编程总是离不开操作数据。那么，什么是数据呢？数据就是我们保存在各种数据类型、数据结构或数据库中的信息。例如，你的名字就是一条数据，年龄也是一条数据。头发的颜色，有几个兄弟姐妹，住在什么地方，是男生还是女生——所有这些都是数据。

Python 3中有6种标准的数据类型：数字、字符串、列表、元组、字典和集合。本章会介绍其中最常用的两种类型：数字和字符串。在后边的章节中，我们还会陆续介绍其他的数据类型。

在介绍数据类型前，我们来看一个重要的概念——变量。

2.1 变量

变量就像是一个用来装东西的盒子，我们把要存储的东西放在这个盒子里面，再给这个盒子起一个名字。当我们需要用到盒子里的东西的时候，只要说出这个盒子的名字，就可以找到其中的东西了。盒子里的东西是可以变化的，也就是说，我们可以把盒子里原来的东西取出来，再把其他的东西放进去。例如，我们将这个盒子（变量）命名为box，在其中放入数字12。那么，以后就可以用box来引用这个变量，它的值就是12。当我们把12从盒子中取出，再放入另一个数字21的时候，如果此后再引用变量box，它的值就变成21了，如图2-1所示。

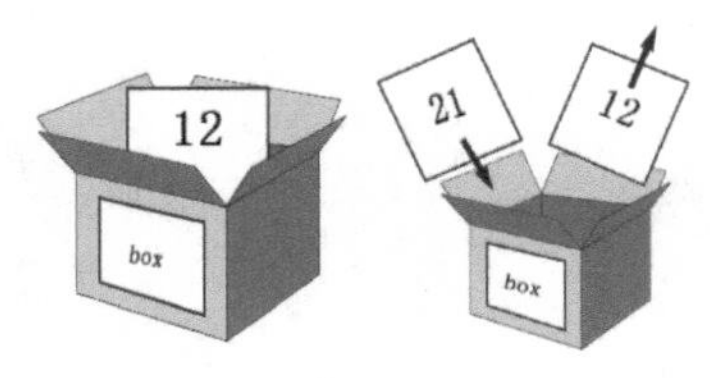

图 2-1

提示 变量是存储在内存中的值。这就意味着，当我们创建变量时，会在内存中开辟一个空间。根据变量的数据类型，解释器会分配指定的内存，并决定什么数据可以存储在内存中。因此，我们可以为变量指定不同的数据类型，这些变量可以存储整数、小数或字符等。

在Python中，声明变量很简单，直接为变量起一个名字，并且用等号（=）为它赋值就可以了。这个等号叫作赋值运算符，赋值运算符（=）左边是一个变量名，赋值运算符（=）右边是存储在变量中的值。

例如，我们声明一个叫作box的变量，然后将12赋值给变量box。

```
>>> box=12
```

然后，我们可以在提示符后面输入box，来看一下这个变量中的内容。

```
>>> box
12
```

我们看到box中的内容是12。如果我们将数字21重新赋值给box，那么box的值就会从12变为21，这就相当于图2-1所示的操作。

```
>>> box=21
>>> box
21
```

提示 如果代码前面用>>>开始，表示这是在命令行窗口执行的语句。如果代码前面没有>>>开始，表示这是要在编辑器窗口完成的代码。

2.1.1 变量的命名规则

变量名可以包括字母、数字、下划线，但是数字不能作为变量的开头。例如，name1是合法的变量名，而1name就不是，如下所示：

```
>>> name1=5
>>> 1name=3
SyntaxError: invalid syntax
```

我们可以看到，当变量名称有问题的时候，会出现红色的错误提示“SyntaxError：invalid syntax”，这表示出现了语法错误。

Python的变量名是区分大小写的，例如，name和Name被看作是两个不同的变量，而不是相同的变量。如下所示，变量name中的内容是“John”，变量Name中的内容是“Johnson”，这是两个不同的变量。

```
>>> name="John"
>>> Name="Johnson"
>>> name
'John'
>>> Name
'Johnson'
```

另外，也不要将Python的关键字和函数名作为变量名使用。例如，如果我们用关键字if当作变量并且为它赋值，系统直接就会报错。

```
>>> if=3
SyntaxError: invalid syntax
```

提示 解释器在加载上下文的时候，如果遇到一些预先设定的变量值，就会触发解释器内置的一些操作，这些预定的变量值就是关键字。

变量名不能够包含空格，但可使用下划线来分隔其中的单词。例如，变量名greeting_message是可以的，但变量名greeting message会引发错误。

```
>>> greeting_message="Hello"
>>> greeting message="Hello"
SyntaxError: invalid syntax
```

提示 总结一下，Python变量的命名规则。（1）变量名可以由字母、数字和下划线组成，但是不能以数字开头；（2）变量不能与关键字重名；（3）变量名是区分大小写的；（4）变量名不能够包含空格，但可使用下划线来分隔其中的单词。

通常，我们习惯于变量以小写字母开头，除了第一个单词外，其他单词的首字母都大写，如numberOfCandies。

除了上述变量命名方法之外，骆驼拼写法也很常用。就是将每个单词首字母大写，就像NumberOfCandies一样。之所以把这种拼写方法叫作骆驼拼写法，是因为这种形式看上去有点像是骆驼的驼峰，如图2-2所示。

图 2-2

2.1.2　多个变量赋值

我们还可以用一条语句，同时为多个变量赋值，例如，可以将变量a、b和c都设置为1。

```
>>> a=b=c=1
```

这叫作多变量赋值。现在，我们可以看到变量a、b和c现在都等于1。

```
>>> a
1
>>> b
1
>>> c
1
```

2.1.3　增量赋值

在Python 3中，等号可以和一个算术操作符组合在一起，将计算结果重新赋值给左边的变量，这叫作增量赋值。

```
>>> age=9+1
>>> age
10
```

提示　增量赋值通过使用赋值操作符，将数学运算隐藏在赋值过程当中。和普通赋值相比，增量赋值不仅仅是写法上的改变，其有意义之处在于，赋值运算符左边的对象仅仅处理和操作了一次。

2.2　数字

2.2.1　整数和数学运算

Python将不带小数点的正整数和负整数统称为整数。在Python中，我们可以对整数执行加、减、乘、除等基本的数学运算。要做这些运算，我们要用到算术操作符+、-、*和/。我们来看一个比较复杂的示例，12345加56789等于几？

```
>>> 12345+56789
69134
```

心算这道题，并不是很容易，但是Python可以毫不费力地计算它。我们还可以一次把多个数字加在一起：

```
>>> 22+33+44
99
```

Python还可以做减法运算：

```
>>> 1000-17
983
```

还可以使用星号（*）做乘法运算：

```
>>> 123*456
56088
```

使用斜杠（/）进行除法运算：

```
>>> 12345/25
493.8
```

我们还可以把这些简单的运算组合成一个较为复杂的计算：

```
>>> 987+47*6-852/3
985.0
```

按照数学的规则，乘法和除法总是在加法和减法之前进行，Python也遵循这个规则。图2-3展示了Python执行计算的顺序。首先，进行乘法运算，47*6得到282（用红色字体表示）。然后，进行除法运算，852/3得到284.0（用绿色字体表示）。接下来，进行加法运算，987+282得到1269（用蓝色字体表示）。最后计算减法，1269−284.0得到985.0（用紫色表示），这就是最后的结果。请注意，这里我们的结果是一个带小数的浮点数。

```
987 + 47 * 6 - 852 / 3
   987 + 282 - 852 / 3
    987 + 282 - 284.0
        1269 - 284.0
             985.0
```

图 2-3

提示 在Python 3中，除法/的结果包含小数，如果只想取整数，则需要使用//；而在Python 2中，除法/的取值结果会取整数。

如果想要在执行乘法和除法之前，先执行加法和减法运算，该怎么办呢？

来举个例子，假设你有两个好朋友，现在有9个苹果，你想要把苹果平均分给你自己和好朋友们，该怎么办？你必须用苹果数除以分苹果的人数。

下面是一种尝试：

```
>>> 9/1+2
11.0
```

这个结果显然是不对的。当你只有9个苹果时，是无法给每人分11个苹果的。问题就在于，Python在做加法前先做了除法，先计算9除以1（等于9），然后再加上2，得到的是11。要修正这个算式，以便让Python先做加法计算，我们需要使用括号：

```
>>> 9/(1+2)
3.0
```

这就对了，每人3个苹果。括号强制Python先计算1加2，然后再用9除以3。

2.2.2 浮点数

带小数点的数字都叫作浮点数。浮点数的例子如下所示：

```
>>> 0.1+0.1
0.2
>>> 4*0.2
0.8
>>> 4.8/2
2.4
>>> 2-0.8
1.2
>>> 9/3
3.0
```

需要注意的是，有的时候，运算结果包含的小数位可能是不确定的。

```
>>> 0.2+0.1
0.30000000000000004
>>> 4.8/0.4
11.999999999999998
```

我们看到0.2+0.1并不是等于0.3，而是等于0.30000000000000004。这并不是Python的问题，所有基于二进制的浮点数都会有这个问题，这是计算机本身存在的问题。Python会尽力找到一种方式，尽可能精确地表示结果，但鉴于计算机内部表示数字的方式，这在有些情况下是很难做到的。

2.3 字符串

到目前为止，我们只使用过数字。现在，我们再来学习另一种数据类型：字符串。Python中的字符串就是字符的序列（这和在大多数编程语言中是一样的），可以包含字母、数字、标点和空格。我们把字符串放在引号中，这样Python就会知道字符串从哪里开始到哪里结束。例如，下面是一个常见的字符串：

```
>>> "Hello World!"
'Hello World!'
```

要输入字符串，只要输入一个双引号（"），后面跟着想要的字符串文本，然后用另一个双引号结束字符串。也可以使用单引号（'）替代双引号。但是为了简单起见，在本书中，我们只使用双引号。

提示 大家要注意，这里的单引号和双引号都是英文（半角字符）的单引号和双引号。

字符串也可以存储到变量中，就像我们对数字所做的一样。

```
>>> myString="This is my string"
>>> myString
'This is my string'
```

提示 Python作为一门动态语言，其变量的类型可以自由变化。这个特性叫作动态类型，它提高了编写代码的效率，但也增加了阅读代码和维护代码的难度。

如果一个变量之前存储过字符串，这并不会影响到我们随后为其分配一个数字；同样，如果一个变量之前存储过数字，也不会影响到为其分配一个字符串。例如，我们先将变量myString赋值为数字5，这个时候我们可以看到，myString的内容是一个数字。接下来，我们为myString重新赋值，这次将一个字符串"This is a string"赋给变量，可以看到，myString的内容已经成了字符串。

```
>>> myString=5
>>> myString
5
>>> myString="This is a string"
>>> myString
'This is a string'
```

如果把一个数字放在引号中会怎么样呢？它是字符串还是数字呢？在Python中，如果把一个数字放在引号中，它会被当成是字符串。正如我们前面提到的，字符串就是一连串的字符（即使其中偶尔有一些字符是数字）。例如：

```
>>> numberEight=8
>>> stringEight="8"
```

numberEight是数字，stringEight是字符串。为了看出它们之间的区别，我们把它们相加：

```
>>> numberEight+numberEight
16
>>> stringEight+stringEight
'88'
```

我们把数字8加上8，就得到数字16。但是，当我们针对"8"和"8"使用+操作符时，只是把字符串直接连接在一起，得到了"88"，也就是把两个字符串连接成了一个更长的字符串。

2.3.1　连接字符串

正如你所见到的，我们可以对字符串使用+操作符，但是结果与对数字使用+操作符大相径庭。使用+连接两个字符串时，会将第二个字符串附加到第一个字符串的末尾，生成一个新的字符串，如下所示：

```
>>> greeting="Hello "
>>> name="Johnson"
>>> greeting+name
'Hello Johnson'
```

这里创建了两个变量greeting和name，分别为它们赋一个字符串值"Hello"和"Johnson"。当我们把这两个变量加在一起时，两个字符串就组合成一个新的字符串"Hello Johnson"。这里需要注意一下，Python是不会自动给字符串添加一个空格的，所以为了能隔开两个单词，我们需要在第一个字符串末尾增加一个空格。

2.3.2　内置函数

内置函数就是编程语言中预先定义的函数，它可以极大地提升程序员的效率和程序的可读性。我们来看几个常用的内置函数。

print() 函数

print() 函数将括号内的字符串显示在屏幕上，而这些要打印的字符串就是print() 的参数。

```
>>> print("Hello World!")
Hello World!
>>> print("What is your name?")
What is your name?
```

提示　函数的参数，就是在调用函数的时候用来运行函数的值，在调用该函数的时候，参数一般放在函数后面的括号中。

input() 函数

input() 函数等待用户在键盘上输入一些文本并按下回车键，由此获取用户输入的文本。在下面的示例中，我们使用input() 函数先将输入的字符串赋给变量myName，再调用print() 函数，在括号中包含表达式 "My Name is"+myName，然后就可以将拼接好的字符串输出到屏幕上。

```
>>> myName=input()
Johnson
>>> print("My name is "+myName)
My name is Johnson
```

len() 函数

可以向len()函数传递一个字符串（或包含字符串的变量），该函数会返回一个整数值，表示字符串中的字符的个数。

```
>>> len("Hello")
5
>>> myName="Johnson"
>>> len(myName)
7
```

2.3.3 字符串的方法

方法是Python可以对数据执行的函数。例如，在下面示例中，在myName.title()中，myName后面的句点（.）让Python对变量myName执行方法title所指定的操作。

```
>>> myName="johnson"
>>> myName.title()
'Johnson'
```

接下来，我们再来看几个经常用到的字符串方法。

title()

title()方法以首字母大写的方式显示每个单词，也就是将每个单词的首字母都改为大写。在上面示例中，我们用title()方法将"johnson"改变为"Johnson"。

upper()

upper()方法将字符串全部改写为大写字母，在下面示例中，upper()方法将"johnson"修改为"JOHNSON"。

```
>>> myName.upper()
'JOHNSON'
```

lower()

lower()方法将字符串全部改写为小写字母，在下面示例中，lower()方法将"JOHNSON"改为了"johnson"。

```
>>> "JOHNSON".lower()
'johnson'
```

2.4 数据类型转换

我们在前面介绍了数字类型和字符串类型，如果想把数字和字符串连接在一起，会出现什么问题呢？例如，8+" apples"：

```
>>> 8+" apples"
Traceback (most recent call last):
  File "<pyshell#63>", line 1, in <module>
    8+" apples"
TypeError: unsupported operand type(s) for +: 'int' and 'str'
```

我们会看到，有错误提示出现。这是一个类型错误，因为在Python中，不能将不同数据类型的值连接到一起。所以，要想将不同的数据类型连接在一起，需要先进行数据类型转换。

2.4.1　str() 函数

str() 函数可以将非字符串值转换为字符串。还是用刚才的例子，我们通过str(8)将数字8转换为字符串"8"，然后就可以将它和后边的字符串连接了，如下所示。

```
>>> str(8)+" apples"
'8 apples'
```

2.4.2　int() 函数

int() 函数可以将非整数值表示为整数。假设我们要为班级中每位同学购买3个作业本，那么如果知道班级里学生的数量，就可以求出需要多少个作业本。我们可以通过input() 函数，让用户输入班级学生的数量。但是，我们知道，input() 函数总是返回一个字符串，即便用户输入的是数字。所以，我们还要通过int() 函数，把输入的数值转换为整数，然后再进行数学运算，如下所示。

```
>>> studentNumber=input()
33
>>> studentNumber
'33'
>>> int(studentNumber)*3
99
```

int() 函数还可以把浮点数转换为整数，它会将小数点后边的内容全部忽略掉，如下所示。

```
>>> int(3.1415926)
3
>>> int(9.9)
9
```

2.4.3　float() 函数

float() 函数用于将整数和字符串转换成浮点数。如下所示：

```
>>> float(8)
8.0
>>> float("13")
13.0
>>> float("5")*8
40.0
```

2.5 成绩单

通过前面的学习，我们已经知道如何在Python中使用变量、数字和字符串。接下来，我们综合运用前面所介绍的这些知识来创建一个成绩单，以便记录班级里的同学的成绩。

首先，我们需要使用input()函数提示用户输入学号和姓名。然后，要求用户输入语文成绩、数学成绩和英语成绩。接下来，我们会使用print()函数把这位同学的学号、姓名、语文成绩、数学成绩、英语成绩和三门功课的总分数打印出来。因为输入的各科得分是字符串类型，所以为了计算总分，我们还需要用float()函数把字符串类型转换成数字类型来进行求和计算。代码如下所示：

```
name = input("请输入学生姓名：")
userID = input("请输入学生学号：")
score1 = input("请输入学生语文成绩：")
score2 = input("请输入学生数学成绩：")
score3 = input("请输入学生英语成绩：")
total = float(score1) + float(score2) + float(score3)
print ("学号      姓名      语文      数学      英语      总分")
print (userID,"    ",name, "    ",score1, "    ",score2, "    ",score3,"    ",total)
```

我们把这段代码保存到D:\Python Programs\ch02目录下，并且将程序文件命名为2.1.py。运行程序后，其输出结果图2-4所示。

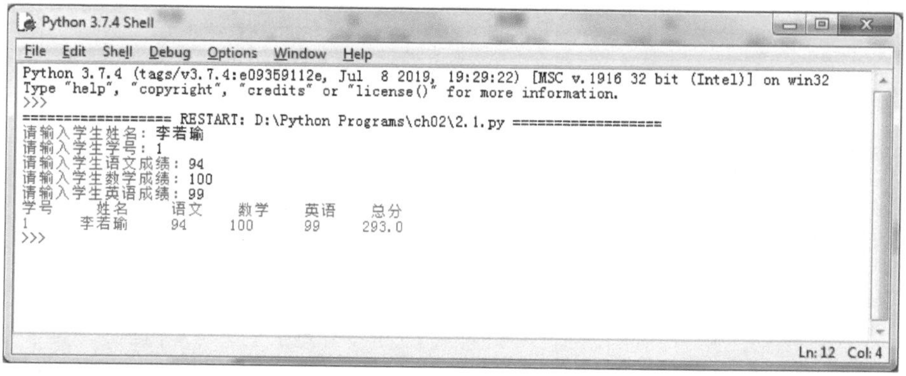

```
Python 3.7.4 Shell
File  Edit  Shell  Debug  Options  Window  Help
Python 3.7.4 (tags/v3.7.4:e09359112e, Jul  8 2019, 19:29:22) [MSC v.1916 32 bit (Intel)] on win32
Type "help", "copyright", "credits" or "license()" for more information.
>>>
================== RESTART: D:\Python Programs\ch02\2.1.py ==================
请输入学生姓名：李若瑜
请输入学生学号：1
请输入学生语文成绩：94
请输入学生数学成绩：100
请输入学生英语成绩：99
学号      姓名      语文      数学      英语      总分
1      李若瑜      94      100      99      293.0
>>>
Ln: 12  Col: 4
```

图 2-4

2.6　小结

在本章中，我们首先介绍了变量的基本概念，了解了变量的命名规则、变量的赋值方法等知识。在此基础上，我们进一步学习了Python的两种基本数据类型——数字和字符串，它们可以用来存储不同类型的变量。

针对数字类型，我们介绍了算术运算符、整数、浮点数和数学运算等知识。对于字符串，我们介绍了Python的一些内置函数和常用的字符串方法。最后，我们介绍了整数、浮点数、字符串等数据类型之间的转换，并且通过一个记录并显示成绩单的小示例，综合运用了本章所学到的知识。

2.7　练习

1. 以下哪些可以作为变量的名称？哪些不可以，为什么？

1number　number1　apple-3　else　numberOfApples　num of apples

2. 假设笑笑打算举办一次聚会，并且计划让每个人吹破两个气球。最初有15个人要来，后来她又邀请了9个人。她试图使用下面的Python代码来计算一共要买多少个气球：

```
>>> 15+9*2
33
```

但这似乎不对。问题在于乘法在加法之前计算。为确保Python先做加法，需要怎样加括号呢？笑笑实际上需要买多少个气球呢？

3. 编写一个程序来帮助用户计算长方形的面积。要提示用户自己输入长和宽，然后根据用户输入的数值，告知用户长方形的面积是多少。

第3章 列表

在第2章中，我们学习了数字和字符串这两种在程序中最常用的基本数据类型。但是，数字和字符串也有不太方便的时候，所以Python允许我们使用列表，以更为高效的方式来创建数据并把它们组合在一起。

例如，如果让你列出几位最好的朋友，你就可以依次用这些朋友的名字来创建一个列表：

```
>>> bestFriends=["Jerry","Mark","Justin","Jonny"]
>>> bestFriends
['Jerry', 'Mark', 'Justin', 'Jonny']
```

这样一来，你就可以使用一个单独的列表来表示所有这些朋友的名字，而不需要为此创建4个字符串。

3.1 什么是列表

还是以列出朋友的名字为例。假设你想要使用一个程序来记录自己的好朋友，可以像下面这样为每位朋友创建一个变量：

```
>>> bestFriend1="Jerry"
>>> bestFriend2="Mark"
>>> bestFriend3="Justin"
>>> bestFriend4="Jonny"
>>> bestFriend5="Tom"
>>> bestFriend6="Marry"
>>> bestFriend7="Jenny"
>>> bestFriend8="Daniel"
>>> bestFriend9="Tony"
```

然而，这样书写很不方便，因为现在要记录所有朋友的名字，必须使用这9个不同的变量。想象一下，如果要记录1000种动物呢？你就需要创建1000个不同的变量，这几乎是不可能完成的工作。

如果能够把9位好朋友都放在一起，显然会更简单一些。我们可以通过列表来实现这一目标。

3.2 创建列表

在Python中，用方括号（[]）来表示列表，并且用逗号来分隔列表中的元素。例如，可以创建一个名为bestFriends的列表，把好朋友的名字都保存在这个列表中。

```
>>> bestFriends=["Jerry","Mark","Justin","Jonny","Tom","Marry","Jenny","Daniel",
"Tony"]
```

提示　有时候，一些代码行太长了，无法在图书页面中放到一行之中，那么代码的文本会换到新的一行中。但是，在程序录入中，其实并没有换行，只是因为排版方式导致这样的情况出现。例如，在上面示例中，bestFriends是紧跟随在>>>之后出现的，而不是分为两行。

如果让Python将列表打印出来，Python将打印列表的完整信息，包括方括号，如下所示。

```
>>> print(bestFriends)
['Jerry', 'Mark', 'Justin', 'Jonny', 'Tom', 'Marry', 'Jenny', 'Daniel', 'Tony']
```

3.3 访问列表元素

要访问列表中的元素，使用方括号加上想要的元素索引就可以了。还是以bestFriends列表为例，假设我们想要访问列表中的第1个元素、第2个元素和第8个元素，实现方法如下所示：

```
>>> bestFriends=["Jerry","Mark","Justin","Jonny","Tom","Marry","Jenny","Daniel",
"Tony"]
>>> print(bestFriends)
['Jerry', 'Mark', 'Justin', 'Jonny', 'Tom', 'Marry', 'Jenny', 'Daniel', 'Tony']
>>> bestFriends[0]
'Jerry'
>>> bestFriends[1]
'Mark'
>>> bestFriends[7]
'Daniel'
```

元素是保存在列表中的值，索引是和列表中元素的位置相对应的数字。在Python中，索引是从0开始计数的。因此，第1个列表元素的索引是0，而不是1；列表中第2个元素的索引是1，第3个元素的索引是2，以此类推。要访问列表中的任何元素，可以将其位置减1作为索引。这就是为什么我们向bestFriends列表请求索引0的元素会返回“Jerry”（列表中的第1个元素），而请求索引1的元素会返回“Mark”（列表中的第2个元素）。

提示 在大多数编程语言中，列表的索引都是从零开始计数的，这与列表操作的底层实现相关。

访问列表中单个的元素的功能非常有用。例如，如果想要向别人介绍你的某一位最好的朋友，并不需要把整个bestFriends列表都展现出来，而只需要展示第一个元素即可。

```
>>> bestFriends[0]
'Jerry'
```

Python为访问最后一个列表元素提供了一种特殊方法——通过将索引指定为-1，可以让Python返回最后一个列表元素。例如，bestFriends[-1]就返回了最后一个元素“Tony”。

```
>>> bestFriends[-1]
'Tony'
```

这种语法很有用，因为我们经常需要在不知道列表长度的情况下访问最后的元素。这种表示方法也适用于其他的负数索引，例如，索引-2返回倒数第2个列表元素，索引-3返回倒数第3个列表元素，以此类推。

```
>>> bestFriends[-1]
'Tony'
```

```
>>> bestFriends[-2]
'Daniel'
>>> bestFriends[-3]
'Jenny'
```

3.4　设置和修改列表中的元素

我们创建的大多数列表都是动态的，这意味着，列表创建后，程序会在运行的过程中设置和修改列表中的元素。例如，你的好朋友名单可能发生变动，要么有新的好朋友加入名单，要么有的人已经不再是你的好朋友了。

3.4.1　修改列表元素

我们可以使用方括号中的索引来设置、修改或增加列表中的元素。

修改列表元素的语法与访问列表元素的语法类似，要修改列表元素，可以指定列表名和所要修改的元素的索引，然后再指定该元素的新值。还是以bestFriends列表为例，如果要用“Christina”替换bestFriends列表中的第一个元素“Jerry”，操作方式如下所示。

```
>>> bestFriends[0]="Christina"
>>> print(bestFriends)
['Christina', 'Mark', 'Justin', 'Jonny', 'Tom', 'Marry', 'Jenny', 'Daniel', 'Tony']
```

可以看到，列表中的第1个元素已经从“Jerry”变为“Christina”了。

3.4.2　添加列表元素

向列表中添加新元素时，最简单的方式是将元素附加到列表末尾。我们还是使用之前的示例，如果又有了新的朋友Frozy，那么要在列表末尾添加新的元素。方法append()可以将元素“Frozy”添加到列表末尾，而不会影响列表中的其他元素。

```
>>> bestFriends.append("Frozy")
>>> print(bestFriends)
['Christina', 'Mark', 'Justin', 'Jonny', 'Tom', 'Marry', 'Jenny', 'Daniel',
'Tony', 'Frozy']
```

我们也可以先创建一个空列表，再使用一系列的append()语句添加元素。下面来创建一个关于水果的空的列表fruits，再在其中添加元素“apple”“banana”“orange”和“grape”如图3-1所示。

用如下的代码就可以完成这些操作：

```
>>> fruits=[]
>>> fruits.append("apple")
```

```
>>> fruits.append("banana")
>>> fruits.append("orange")
>>> fruits.append("grape")
>>> print(fruits)
['apple', 'banana', 'orange', 'grape']
```

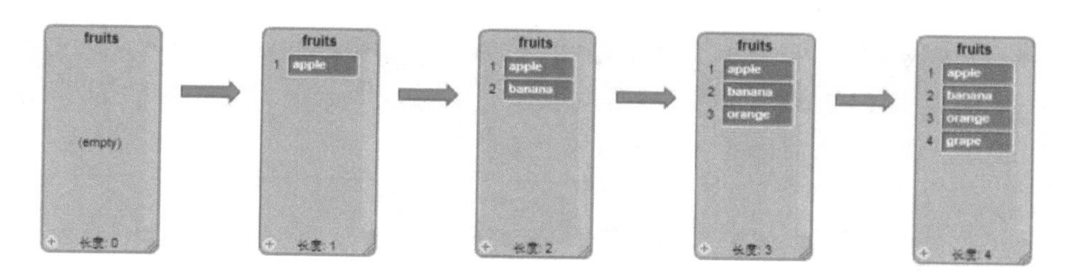

图 3-1

首先，用fruits = []创建了一个空列表。然后，在接下来的每一行中，都使用append()方法为列表添加一个值。一旦填充完了这个列表，我们就可以用print()函数把列表中的内容全部输出到屏幕上。

这种创建列表的方法很常见，因为经常要等到程序运行后，我们才知道用户要在程序中存储哪些数据。这样就可以先创建一个空列表，用于存储数据，等到需要的时候，再将新值添加到列表中。

除了append()方法，我们还可以使用insert()方法来给列表添加新的元素。和append()方法不同，insert()方法可以将新元素添加到列表中的任意位置，为此，我们需要指定新元素的索引。还是以fruits列表为例，假设我们现在要在第2个位置插入“cherry”。

用下面的代码就可以做到：

```
>>> fruits.insert(1,"cherry")
>>> print(fruits)
['apple', 'cherry', 'banana', 'orange', 'grape']
```

在插入新元素后，列表如图3-2所示。

在这个示例中，我们用到了insert()方法。需要注意的是，前面介绍过，列表的索引是从0开始计数的，所以索引1表示列表中第2个位置，因此会把“cherry”插入到了“banana”前面，现在“cherry”成为列表中的第2个元素，其后的元素的索引依次增加1位，“banana”成为第3个元素，“orange”成为第4个元素，以此类推。

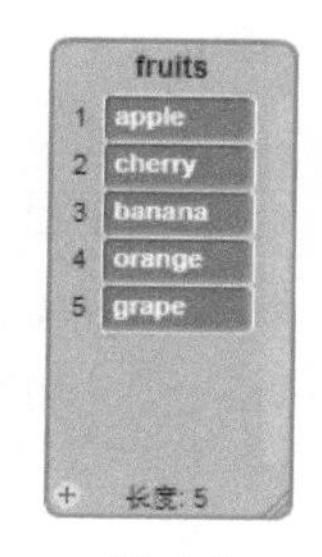

图 3-2

3.4.3　删除列表元素

我们经常需要从列表中删除一个或多个元素，例如，假设我们想要把“orange”从fruits列表中删除。

del语句

如果我们已经知道了要删除的元素的索引，就可以使用del语句。在关键字del后面加上要删除的列表元素就可以了，因为“orange”在列表中的索引是3，所以在fruits后面的方括号中放上索引3。

```
>>> print(fruits)
['apple', 'cherry', 'banana', 'orange', 'grape']
>>> del fruits[3]
>>> print (fruits)
['apple', 'cherry', 'banana', 'grape']
```

可以看到，我们已经将“orange”成功地从列表fruits中删除了。

remove()方法

如果我们不知道要删除的元素的索引，只知道它的值，就可以使用remove()方法来删除指定的元素。还是以fruits列表为例，让我们重新为列表赋值。

```
>>> fruits=["apple","cherry","banana","orange","grape"]
>>> print(fruits)
['apple', 'cherry', 'banana', 'orange', 'grape']
```

还是要删除“orange”，这次我们使用remove()方法，并且放入括号的值就是“orange”。

```
>>> fruits.remove("orange")
>>> print(fruits)
['apple', 'cherry', 'banana', 'grape']
```

可以看到，我们已经成功地将“orange”从列表fruits中删除了。

pop()方法

有时候，我们要将元素从列表中删除，并且接下来要继续使用它的值，这个时候可以使用pop()方法。还是以fruits列表为例，我们想要把列表中的最后一个元素删除，并且告诉大家所删除的水果的名称是什么。

```
>>> fruits=["apple","cherry","banana","orange","grape"]
>>> print(fruits)
['apple', 'cherry', 'banana', 'orange', 'grape']
>>> poppedFruit=fruits.pop()
>>> print("The popped fruits is "+poppedFruit)
```

```
The popped fruits is grape
>>> print(fruits)
['apple', 'cherry', 'banana', 'orange']
```

首先，我们把现有的fruits列表中的元素输出显示到屏幕上，可以看到列表中的元素有“apple”“cherry”“banana”“orange”和“grape”。然后，调用pop()方法删除列表中的最后一个元素，也就是“grape”，并且将其赋值给变量poppedFruit。将字符串"The popped fruit is "和变量poppedFruit连接到一起，输出到屏幕上，我们看到的是"The popped fruit is grape"。最后打印出fruits列表中剩余的元素，也就是“apple”“cherry”“banana”和“orange”，可以看到，列表中已经不存在“grape”了。

另外，我们也可以使用pop()方法来删除列表中任何位置的元素，只要在括号中指定要删除的元素的索引就可以了。例如，我们要删除上述fruits列表中的第3个元素“banana”，那么就在pop()的括号中指定索引2，代码如下所示。

```
>>> otherPoppedFruit=fruits.pop(2)
>>> print("The other popped fruit is "+otherPoppedFruit)
The other popped fruit is banana
>>> print(fruits)
['apple', 'cherry', 'orange']
```

可以看到，我们删除的元素是“banana”，fruits列表中剩余的元素是“apple”“cherry”和“orange”。

提示 我们看到pop()方法和del语句的效果是一样的，那二者之间有什么区别呢？如果不确定该使用哪一种方法，有一个简单的判断标准：如果从列表中删除一个元素，并且不再使用这个元素，就用del语句；如果删除这个元素后还想要继续使用它的值，就用pop()方法。

3.5 使用列表

对于列表而言，除了设置和修改其中的元素，还有一些其他的方法也很有用，我们来具体看一下。

3.5.1 获取列表的长度

有时候，知道列表中有多少个元素的话，会很有帮助。例如，如果我们不断地向fruits中添加水果，可能就会忘记有多少种水果。使用len()函数可以快速获取列表的长度。在下面的示例中，fruits列表包含了5个元素，因此其长度为5：

```
>>> fruits=["apple","cherry","banana","orange","grape"]
>>> len(fruits)
5
```

fruits列表中有5个元素，我们知道它们的索引分别是0、1、2、3和4。这给我们了一条有用的信息：列表中的最后一个索引总是等于列表的长度减去1。这意味着，不管列表有多长，都有一种简单的方法来访问列表中的最后一个元素：

```
>>> fruits[len(fruits)-1]
'grape'
```

3.5.2 查找列表中单个元素的索引

要查找列表中单个元素的索引，使用index()方法。我们还是以fruits列表为例，来获取其中某个元素的索引，如下所示。

```
>>> fruits=["apple","cherry","banana","orange","grape"]
>>> print(fruits)
['apple', 'cherry', 'banana', 'orange', 'grape']
>>> fruits.index("banana")
2
>>> fruits.index("grape")
4
```

我们使用fruits.index("banana")和fruits.index("grape")来获取元素“banana”和“grape”的索引位置。因为列表中“banana”元素的索引是2，所以fruits.index("banana")返回2。列表中“grape”元素的索引是4，所以fruits.index("grape")返回4。

3.5.3 使用sort()方法对列表排序

如果想要对列表中的元素进行排序，可以使用sort()方法。我们还是以fruits列表为例，假设想要按照字母顺序来排列列表中的元素，方法如下所示。

```
>>> fruits=["apple","cherry","banana","orange","grape"]
>>> print(fruits)
['apple', 'cherry', 'banana', 'orange', 'grape']
>>> fruits.sort()
>>> print(fruits)
['apple', 'banana', 'cherry', 'grape', 'orange']
```

可以看到，列表中元素的位置发生了变化，现在变成了按照元素的第1个字母的顺序排列。这里需要注意的是，当我们使用sort()方法对列表元素排序后，元素的排列顺序就彻底改变了，没有办法再恢复到原来的顺序。

如果我们想要按照字母相反的顺序排列列表中的元素，只需要在sort()方法的括号中增加reverse=True就可以，这是我们为该方法传递的参数，用来告诉该方法要以倒序排列元素。还是以fruits列表为例，代码如下所示：

```
>>> fruits.sort(reverse=True)
>>> print(fruits)
['orange', 'grape', 'cherry', 'banana', 'apple']
```

提示 sort方法接受两个参数，但这两个参数只能通过关键字来传递。第1个参数key，指定在进行比较之前要在每个列表元素上调用的函数，它接受一个参数并返回一个用于对列表排序的键；其默认值为None，表示每次比较排序之前不对比较项进行任何操作。第2个参数reverse，表示是否要进行倒序排列；其默认值是False，表示按照顺序排列。

这个方法的相关概念比较抽象，在这里，读者只需要简单了解即可，后面我们会介绍什么是参数，什么是函数，并且会看到sort方法的用法示例。

3.5.4 用reverse()方法反转列表

除了用sort()方法对列表元素进行排序，我们还可以使用reverse()方法将列表中的元素进行反向排列。还是以fruits列表为例，假设最初的元素排列顺序是['apple', 'cherry', 'banana', 'orange', 'grape']，通过reverse()方法，我们可以将列表中的元素的顺序全部反转过来，变成['grape', 'orange', 'banana', 'cherry', 'apple']。代码如下所示：

```
>>> fruits=["apple","cherry","banana","orange","grape"]
>>> print(fruits)
['apple', 'cherry', 'banana', 'orange', 'grape']
>>> fruits.reverse()
>>> print(fruits)
['grape', 'orange', 'banana', 'cherry', 'apple']
```

3.6 字符串和列表的相互转换

通过字符串的一些方法，我们可以实现字符串和列表的相互转换。

3.6.1 列表转换成字符串

我们可以使用字符串的join()方法，用指定的字符将列表中的元素连接起来，生成一个新的字符串。例如，我们要把fruits列表转换成一个字符串，其中的每个元素之间用空格隔开，就可以用空格作为字符串，然后调用join()方法，调用的参数就是fruits列表，并且把结果赋值给变量strFruits。然后，我们打印出这个字符串变量strFruits，代码如下所示。

```
>>> fruits=["apple","cherry","banana","orange","grape"]
>>> strFruits=" ".join(fruits)
>>> print(strFruits)
apple cherry banana orange grape
```

3.6.2　字符串转换成列表

我们还可以通过字符串的split()方法，使用指定的分隔符将字符串分割成列表。假设我们有一个记录同学姓名的字符串strName，其中每个姓名之间用逗号隔开。我们使用split()方法用指定的分隔符来对这个字符串进行切片操作，然后将分割后的字符串列表作为返回值，赋值给变量listName，再打印出整个列表，代码如下所示。

```
>>> strName="朱小宇,李小轩,张小睿,李小一"
>>> listName=strName.split(",")
>>> print(listName)
['朱小宇', '李小轩', '张小睿', '李小一']
```

3.7　列表的用途

我们已经介绍了创建列表的方法，以及使用列表的许多不同方法。在本节中，我们要编写一个小程序，来展示使用列表这种数据类型所能做的一些有用的事情。

帮 Johnson 找到回家的路

故事是这样的：Johnson第一天上学，放学后要自己回家。因为担心找不到回家的路，所以他把从自己家到学校途经的路标记录到一个列表中。当他放学后要回家的时候，通过pop()方法，每次获取下一个路标，这样他就知道接下来该怎么走了。

我们先来创建一个空的列表roadSign。以空列表作为开始，因为Johnson真正开始动身去学校之前，还并不知道会遇到哪些路标。之后，就可以把去学校路途中的重要的路标描述都append()到roadSign列表的末尾。当Johnson回家的时候，只要从roadSign列表中pop()出每个路标即可。

```
>>> roadSign=[]
>>> roadSign.append("Johnson's house")
```

```
>>> roadSign.append("Fox streetlamp")
>>> roadSign.append("Guang Hualu kindergarten")
>>> roadSign.append("Dog rescue center")
>>> roadSign.append("Samll street park")
>>> roadSign.append("Ri Tan School")
```

在这里，创建了一个名为roadSign的空列表，然后使用append()方法把去学校时路过的重要路标都保存在roadSign列表中。

当Johnson到达学校，就可以查看roadSign列表了。第1个元素是“Johnson's house”，后边是“Fox streetlamp”，依次类推，直到列表的最后一个元素“Ri Tan School”。

```
>>> print(roadSign)
["Johnson's house", 'Fox streetlamp', 'Guang Hualu kindergarten', 'Dog rescue
center', 'Samll street park', 'Ri Tan School']
```

当要回家的时候，只需要使用pop()方法，将列表元素从后向前一个一个地取出来，就知道回家的路要怎么走了。

```
>>> nextRoadSign=roadSign.pop()
>>> print(nextRoadSign)
Ri Tan School
>>> nextRoadSign=roadSign.pop()
>>> print(nextRoadSign)
Samll street park
>>> nextRoadSign=roadSign.pop()
>>> print(nextRoadSign)
Dog rescue center
>>> nextRoadSign=roadSign.pop()
>>> print(nextRoadSign)
Guang Hualu kindergarten
>>> nextRoadSign=roadSign.pop()
>>> print(nextRoadSign)
Fox streetlamp
>>> nextRoadSign=roadSign.pop()
>>> print(nextRoadSign)
Johnson's house
```

当Johnson顺利到家后，我们可以看到，roadSign又成为一个空的列表了。

```
>>> print(roadSign)
[]
```

3.8 成绩单

从第2章开始，我们用学习过的知识创建了一个成绩单，来记录班级同学的成绩。在第2章中，我们成功地为一位同学录入了成绩，并且计算出了他的总分。但是，我们发现一个问题，就是现在的成绩单只能记录一个人的成绩；显然，这不能满足我们的要求。接下来，我们要使用本章学习的列表，为多位同学记录成绩。

首先，我们想把3位同学的成绩都记录下来，这就要用到列表的功能。例如，用nameList列表来记录姓名，用IDList列表来记录学号，用scoreList1列表来记录所有人的语文成绩，用scoreList2列表来记录所有人的数学成绩，用列表scoreList3来记录所有人的英语成绩。另外，我们还创建了一个totalList列表，用来记录所有人的总成绩。代码参见ch03\3.1.py。

```
nameList=["李若瑜","张子栋","王小明"]
IDList=["1","2","3"]
scoreList1=[94,100,99]
scoreList2=[93,100,95]
scoreList3=[100,94,100]
totalList=[scoreList1[0] +scoreList2[0] + scoreList3[0],
           scoreList1[1] + scoreList2[1] + scoreList3[1],
           scoreList1[2] +scoreList2[2] + scoreList3[2]]
print( "现在已经有"+str(len(nameList)) +"位同学的成绩，他们的得分如下：")
print (" 学号        姓名        语文        数学        英语        总分")
print (IDList[0],"    " ,nameList[0], "    ",scoreList1[0], "    ",scoreList2[0],
"    ",scoreList3[0],"    ",totalList[0])
print (IDList[1],"    " ,nameList[1], "    ",scoreList1[1], "    ",scoreList2[1],
"    ",scoreList3[1],"    ",totalList[1])
print (IDList[2],"    " ,nameList[2], "    ",scoreList1[2], "    ",scoreList2[2],
"    ",scoreList3[2],"    ",totalList[2])
```

我们创建了nameList列表，记录3位同学的姓名，分别是“李若瑜”“张子栋”和“王小明”。然后我们创建了IDList列表，记录上述3位同学的学号，分别是“1”“2”和“3”。接下来用scoreList1列表记录3位同学的语文成绩，分别是94、100和99；用scoreList2列表记录3位同学的数学成绩，分别是93、100和95；用scoreList3列表记录3位同学的英语成绩，分别是100、94和100。然后用加法把scoreList1、scoreList2和scoreList3的各项元素的加和作为totalList列表的元素，分别表示3位同学的总分。接下来，我们根据nameList的长度，告诉用户现在记录了多少位同学的成绩。最后，把他们具体的得分情况列了出来。运行结果如图3-3所示。

这个时候，我们发现第2位同学的语文成绩记录错误，要由100改为98分，相关代码参见ch03\3.2.py。

```
print( "第2位同学的语文成绩录入有误，要改为98分")
scoreList2[1]=98
```

```
totalList[1]=scoreList1[1] + scoreList2[1] + scoreList3[1]
print( "第2位同学修改后的成绩如下：")
print (" 学号      姓名      语文      数学      英语      总分")
print (IDList[1],"      " ,nameList[1], "      ",scoreList1[1], "      ",scoreList2[1],
"      ",scoreList3[1],"      ",totalList[1])
```

```
Python 3.7.4 Shell
File  Edit  Shell  Debug  Options  Window  Help
Python 3.7.4 (tags/v3.7.4:e09359112e, Jul  8 2019, 19:29:22) [MSC v.1916 32 bit (Intel)] on win32
Type "help", "copyright", "credits" or "license()" for more information.
>>>
================== RESTART: D:\Python Programs\ch03\3.1.py ==================
现在已经有3位同学的成绩，他们的得分如下：
 学号      姓名      语文      数学      英语      总分
1      李若瑜      94      99      100      293
2      张子栋      100      100      94      294
3      王小明      99      95      100      294
>>>
Ln: 10  Col: 4
```

图 3-3

我们修改了scoreList2列表中的第2个元素，指定新的元素数值为98。然后打印这位同学的得分，可以看到他的语文成绩已经由100改为98，并且总分也从294改为292。运行结果如图3-4所示。

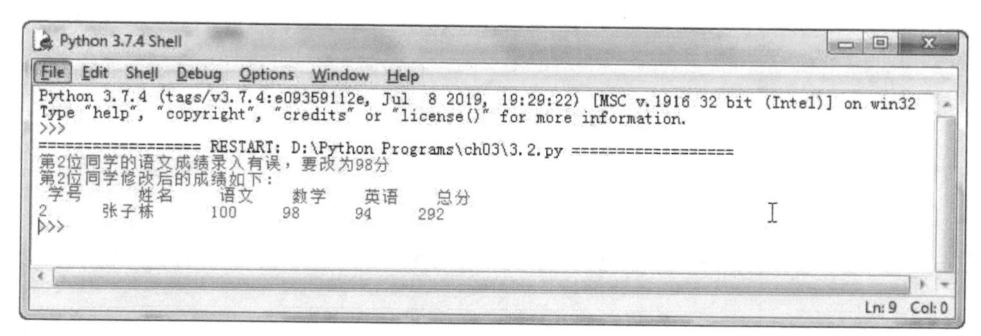

图 3-4

接下来，我们又要录入一位同学的信息。我们使用append()方法，为各个列表添加新的元素，完整代码参见ch03\3.3.py。

```
print( "接下来要录入一位新同学的成绩")
nameList.append ( input("请输入学生姓名：") )
IDList.append(input("请输入学生学号："))
scoreList1.append( input("请输入学生语文成绩："))
scoreList2.append( input("请输入学生数学成绩："))
scoreList3.append(input("请输入学生英语成绩："))
totalList.append(float(scoreList1[3]) + float(scoreList2[3]) + float
(scoreList3[3]))
```

```
print( "现在已经有"+str(len(nameList)) +"位同学的成绩，他们的得分如下：")
print (" 学号        姓名        语文        数学        英语        总分")
print (IDList[0],"        " ,nameList[0], "        ",scoreList1[0], "        ",scoreList2[0],
"        ",scoreList3[0],"        ",totalList[0] )
print (IDList[1],"        " ,nameList[1], "        ",scoreList1[1], "        ",scoreList2[1],
"        ",scoreList3[1],"        ",totalList[1])
print (IDList[2],"        " ,nameList[2], "        ",scoreList1[2], "        ",scoreList2[2],
"        ",scoreList3[2],"        ",totalList[2])
print (IDList[3],"        " ,nameList[3], "        ",scoreList1[3], "        ",scoreList2[3],
"        ",scoreList3[3],"        ",totalList[3])
```

我们使用append()方法把用户输入的姓名增加到了nameList列表中，把输入的学号加入到IDList列表，把语文成绩加入到scoreList1列表，把数学成绩加入到scoreList2列表，把英语成绩加入到scoreList3列表。然后通过float()函数把输入的字符串转换成数字，并且把相加后的结果添加到totalList列表。根据nameList列表的长度，我们知道现在已经有4位同学的成绩，并且把他们具体的得分情况列了出来。运行结果如图3-5所示。

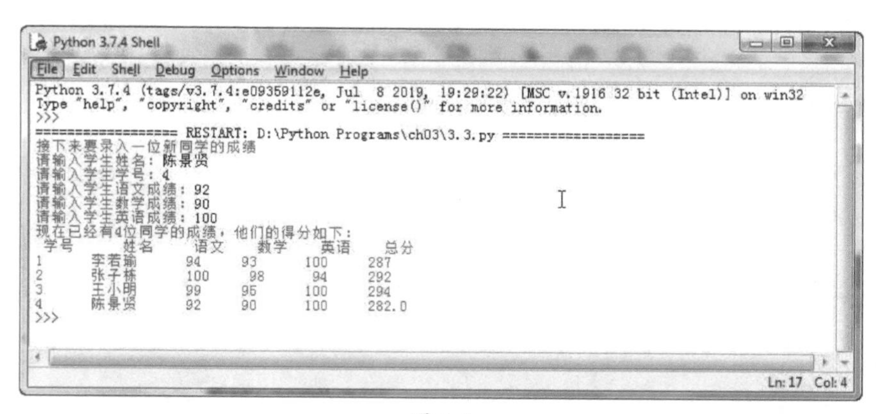

图 3-5

这个时候，我们又发现王小明同学已经转学了，所以需要将他从我们的成绩单中移除。我们使用index()方法查找到王小明同学在列表中的索引值，然后把各个列表中对应的索引元素移除，完整代码参见ch03\3.4.py。

```
print( "现在要将王小明同学的记录从列表中删除")
index=nameList.index("王小明")
del nameList[index],IDList[index],scoreList1[index],scoreList2[index],scoreList3
[index], totalList[index]
print( "现在已经有"+str(len(nameList)) +"位同学的成绩，他们的得分如下：")
print (" 学号        姓名        语文        数学        英语        总分")
print (IDList[0],"        " ,nameList[0], "        ",scoreList1[0], "        ",scoreList2[0],
"        ",scoreList3[0],"        ",totalList[0])
```

```
print (IDList[1],"    " ,nameList[1], "    ",scoreList1[1], "    ",scoreList2[1],
"    ",scoreList3[1],"    ",totalList[1])
print (IDList[2],"    " ,nameList[2], "    ",scoreList1[2], "    ",scoreList2[2],
"    ",scoreList3[2],"    ",totalList[2])
```

我们使用index()方法在nameList列表中找到“王小明”在列表中的位置，并且将其赋值给变量index。然后使用del()方法将所有列表中的第index项元素都删除掉。然后我们再次打印成绩单，现在可以看到只有3位同学的成绩，“王小明”的信息已经不在成绩单中。运行结果如图3-6所示。

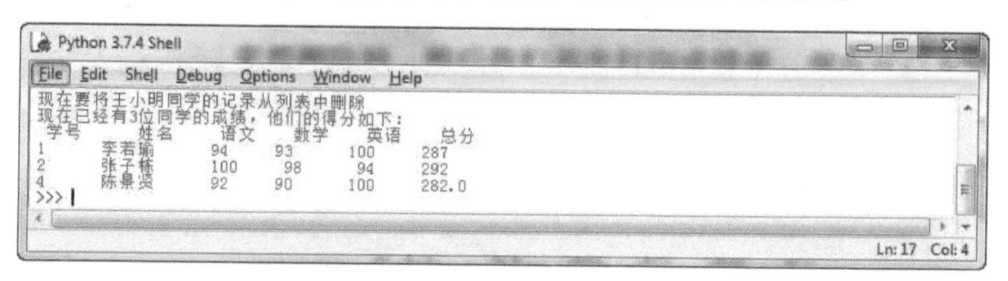

图 3-6

最后，我们需要把总成绩按照由低到高排列出来，可以使用sort()方法来列表排序，从而完成这个任务，完整代码参见ch03\3.5.py。

```
print( "请把总成绩按照从低到高排列")
totalList.sort()
print(totalList)
```

使用sort()方法对totalList列表排序，然后把结果打印了出来。运行结果如图3-7所示。

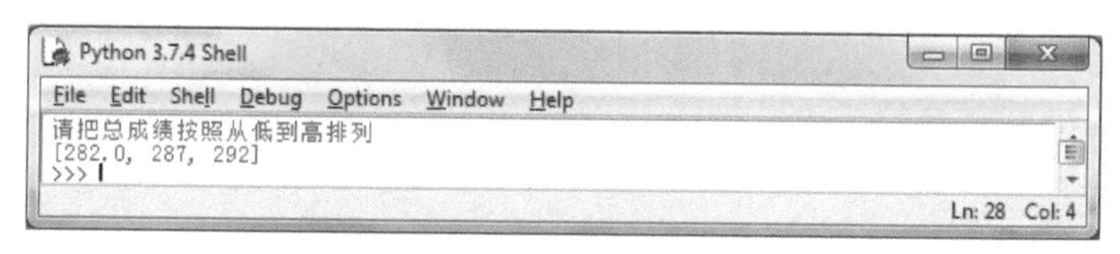

图 3-7

我们看到，3位同学中最低分是282分，最高分是292分。但是，由于同学们信息都是存储在不同的列表中，如果改变了其中一个列表的顺序，那么所有的信息就都混乱了。

有没有更好的解决办法呢？别着急，在第4章，我们会利用新的知识点来进一步改进成绩单的示例。

3.9 小结

Python列表是保存多个值的一种数据结构。在本章中，我们学习了如何创建和使用列表、访问列表、设置和修改列表中的元素、查看列表长度，以及排序和反转列表等。列表的很多操作，都是通过丰富多样的列表方法来实现的。然后，我们用一个帮Johnson找到放学回家的路的小示例，展示了列表的用途。最后，我们使用列表改进第2章的成绩单程序，用它来记录多位同学的成绩。

3.10　练习

1. 请创建一个关于食物的列表foodList，要包含cake、bread、fish、meat和rice等元素。
2. 请在foodList列表中增加fruit和icecream元素，并打印foodList。
3. 请告诉我们现在foodList列表中有多少个元素并打印出来。
4. 请将cake和bread从foodList列表中删除。
5. 请将foodList中剩余的元素按照字母顺序排序并且打印出来。

第4章 元组和字典

在第3章中，我们介绍了列表数据类型。本章将介绍另外两个数据类型：元组和字典。

4.1 元组

通过第3章的学习，我们知道列表是可以修改的。然而，有时候我们需要创建一组不可以修改其中的元素的列表，例如表示周一到周日的元素应该是固定不变的，这个时候，元组就派上了用场。Python将不可以修改元素的值的列表称为元组。元组和列表有两个主要的区别：首先，元组是不可变的，而列表是可以修改其中的元素的；其次，元组用圆括号来表示的，而列表是使用方括号来表示的。

4.1.1 创建元组

我们先来创建一个week元组，记录从周一到周日的每一天。

```
>>> week=("Monday","Tuesday","Wednesday","Thursday","Friday","Saturday","Sunday")
>>> print(week)
('Monday', 'Tuesday', 'Wednesday', 'Thursday', 'Friday', 'Saturday', 'Sunday')
```

当week元组创建后，就不能修改、删除和增加元素了。我们尝试修改其中的元素，看看结果会怎么样。

```
>>> print(week[1])
Tuesday
>>> week[1]="Tue"
Traceback (most recent call last):
  File "<pyshell#19>", line 1, in <module>
    week[1]="Tue"
TypeError: 'tuple' object does not support item assignment
```

我们先打印元组中第2个元素，可以看到是"Tuesday"，然后，当我们试图修改它的值的时候，Python会返回类型错误消息，告诉我们元组类型是不支持数据赋值的。

4.1.2　修改元组变量

虽然不能修改元组中的元素，但是我们可以给存储元组的变量重新赋值。我们还是以week元组为例，参见如下的代码：

```
>>> week=("Monday","Tuesday","Wednesday","Thursday","Friday","Saturday","Sunday")
>>> print(week)
('Monday', 'Tuesday', 'Wednesday', 'Thursday', 'Friday', 'Saturday', 'Sunday')
>>> week=("Mon","Tue","Wed","Thu","Fri","Sat","Sun")
>>> print(week)
('Mon', 'Tue', 'Wed', 'Thu', 'Fri', 'Sat', 'Sun')
```

我们先定义了变量week，然后将一个元组赋值给它，并且将其输出到了屏幕上；接下来，将另一个新的元组重新赋值给了变量week，并且将其输出到了屏幕上。这次，Python不会报错了，因为给变量重新赋值是合法的。并且我们看到，变量week的值已经变成了最后赋值给它的那个新的元组。

4.1.3　使用元组

元组也有一些常用的方法，我们来看一下。

获取元组的长度

使用len()方法可以获取元组的长度。在下面的示例中，元组week包含7个元素，因此其长度为7：

```
>>> week=("Monday","Tuesday","Wednesday","Thursday","Friday","Saturday","Sunday")
>>> len(week)
7
```

查找元组中单个元素的索引

要查找元组中单个元素的索引，使用index()方法。我们还是以week元组为例，要获取其中元素“Friday”的索引，代码如下所示。

```
>>> week=("Monday","Tuesday","Wednesday","Thursday","Friday","Saturday","Sunday")
>>> week.index("Friday")
4
```

数据类型转换函数list()和tuple()

我们在第2章中介绍过数据类型转换，可以使用str()函数将非字符串值转换为字符串表示，例如，用str(8)将数字8转换为字符串"8"。

与str()函数类似，list()函数和tuple()函数可以实现列表和元组之间的类型转换。list()函数可以将元组转换为列表，而tuple()函数可以将列表转换为元组。例如，我们可以将week元组转换为week列表。首先我们将一个元组赋值给变量week，并将其打印出来，这时可以很清楚地看到，元组的元素是用圆括号括起来的。

```
>>> week=("Monday","Tuesday","Wednesday","Thursday","Friday","Saturday","Sunday")
>>> print(week)
('Monday', 'Tuesday', 'Wednesday', 'Thursday', 'Friday', 'Saturday', 'Sunday')
```

然后，我们使用list()函数将元组转换为列表，并将其赋值给变量week。打印出week列表，我们可以清晰地看到，列表的元素是用方括号括起来的。之后，我们尝试将week列表的第一个元素修改为“Mon”，可以看到修改成功了，而且Python没有报错，因为列表是允许修改其中的元素的。

```
>>> week=list(week)
>>> print(week)
['Monday', 'Tuesday', 'Wednesday', 'Thursday', 'Friday', 'Saturday', 'Sunday']
>>> week[0]="Mon"
```

还可以使用函数tuple()，将列表转换为元组，这次我们将已经成为列表的week变量转换为元组。

```
>>> week=tuple(week)
>>> print(week)
('Mon', 'Tuesday', 'Wednesday', 'Thursday', 'Friday', 'Saturday', 'Sunday')
```

当变量week从列表转换为元组后，我们就不能够修改其中的元素的值了，否则会报错。

```
>>> week[0]="Monday"
Traceback (most recent call last):
  File "<pyshell#46>", line 1, in <module>
    week[0]="Monday"
TypeError: 'tuple' object does not support item assignment
```

这里的例子，让我们熟悉了list()和tuple()函数的用法，也进一步认识到了列表和元组之间的区别。

4.2　字典

字典是Python中的另一种数据类型，它也可以存储一组数据。和列表与元组不同的是，它可以存储任意类型的对象，如字符串、数字、列表和元组等其他数据类型。

和列表一样，字典之中也包含了许多的值。但是和列表不同，字典不仅可以使用整数作为索引，还可以使用其他的数据类型作为索引。我们把字典中的元素的索引叫作“键”，将元素的内容叫作“值”，将关联的“键”和“值”叫作“键—值”对。这就好像我们查字典一样，总是要先通过拼音或笔画检字法，找到一个汉字和相关的词语的解释——拼音或笔画检字法，就是字典的不同的“键”；而汉字和相关的词语的解释，就是字典的元素的“值”。通过这个比方，你明白为什么这种数据类型要叫作字典了吧。

4.2.1　创建字典

在Python中，字典用放在花括号中的一系列键—值对表示，每个键—值对中的键和值用冒号“:”分隔，每个键—值对之间用逗号“,”分隔，格式如下所示：

```
>>>
person={"name":"Johnson","age":9,"gender":"male","height":"140cm"}
>>> print(person)
{'name': 'Johnson', 'age': 9, 'gender': 'male', 'height': '140cm'}
```

我们将一个字典赋值给变量person，字典中的键分别是“name”“age”“gender”和“height”，对应的值分别是“Johnson”“9”“male”和“140cm”。我们可以通过键来访问对应的值。

```
>>> person["name"]
'Johnson'
>>> person["gender"]
'male'
```

但是如果用字典里没有的键来访问值，Python会输出错误信息，如下所示：

```
>>> person["grade"]
Traceback (most recent call last):
  File "<pyshell#12>", line 1, in <module>
    person["grade"]
KeyError: 'grade'
```

person字典中没有“grade”这个键，所以Python会报出“键错误”（Key Error）的信息。

也可以用整数值作为字典的键，就像我们使用整数值作为列表的索引一样，不过这个整数值可以是任意的数字，而且也不一定要是顺序排列的。例如，可以用100、105和8分别作为3个元素的索引值。

提示 字典中的元素是没有顺序的，如下所示。

```
>>> fruits={100:"apple",105:"banana",8:"orange"}
>>> print(fruits)
{100: 'apple', 105: 'banana', 8: 'orange'}
```

我们也可以先创建一个空字典，再逐行添加各个键—值对。我们来看一下如何使用这种方式创建字典person。

```
>>> person={}
>>> person["name"]="Johnson"
>>> person["age"]=9
>>> person["gender"]="male"
>>> person["height"]="140cm"
>>> print(person)
{'name': 'Johnson', 'age': 9, 'gender': 'male', 'height': '140cm'}
```

字典中的键是唯一的，如果有重复的键，后面的键—值对会替换前面的键—值对。但是，值不需要是唯一的，也就是说，不同的键可以拥有相同的值。

```
>>> fruits={100:"apple",105:"banana",8:"orange",100:"cherry",200:"banana"}
>>> print(fruits)
{100: 'cherry', 105: 'banana', 8: 'orange', 200: 'banana'}
```

我们看到，键“100”对应的值是“cherry”，而值“apple”已经被覆盖掉了。但是，键“105”和“200”对应的值都是“banana”，这没有任何问题。

4.2.2 修改和新增字典中的值

修改字典中的值的语法与访问字典中的值的语法类似，需要指定字典名和所要修改的值的键，再指定要和该键关联的新的值。我们还是以person字典为例，先将一个字典赋值给person变量。

```
>>> person={"name":"Johnson","age":9,"gender":"male","height":"140cm"}
>>> print(person)
{'name': 'Johnson', 'age': 9, 'gender': 'male', 'height': '140cm'}
```

现在要把键为“age”的值从9修改为8，并且打印出字典person。

```
>>> person["age"]=8
>>> print(person)
{'name': 'Johnson', 'age': 8, 'gender': 'male', 'height': '140cm'}
```

我们可以看到，字典person中的键“age”对应的值现在是8而不是9。

向字典添加新的内容的方法就是增加新的键—值对。例如，我们要向person字典中增加新的键“grade”，并且给这个键赋值整数3。

```
>>> person["grade"]=3
>>> print(person)
{'name': 'Johnson', 'age': 9, 'gender': 'male', 'height': '140cm', 'grade': 3}
```

通过打印person字典，我们可以看到已经有新的键—值对加入到了字典中。

4.2.3　删除键—值对

对于字典中不再需要的信息，我们可以使用del语句将其删除。使用del语句时，指定字典名和要删除的键。我们还是以person字典为例，这次要删除键为“age”的键—值对。

```
>>> person={"name":"Johnson","age":9,"gender":"male","height":"140cm"}
>>> print(person)
{'name': 'Johnson', 'age': 9, 'gender': 'male', 'height': '140cm'}
>>> del person["age"]
>>> print (person)
{'name': 'Johnson', 'gender': 'male', 'height': '140cm'}
```

可以看到，键“age”及其对应的值9已经从字典person中删除掉了，其他键—值对并未受到影响。

我们也可以使用字典的clear()方法，把字典中全部的键—值对都删除掉。我们还是以person字典为例，调用clear()方法后，再次打印person字典，可以看到字典里边已经没有任何内容了。

```
>>> person.clear()
>>> print(person)
{}
```

4.2.4　返回指定键的值

对于字典中已知的键，可以使用get语句返回指定的键所对应的值，如果该键不在字典中，则返回默认值。我们还以person字典为例，这次要获取键“name”和“weight”所对应的值。

```
>>> person={"name":"Johnson","age":9,"gender":"male","height":"140cm"}
>>> print (person.get("name"))
Johnson
```

```
>>> print (person.get("weight"))
None
```

可以看到，键“name”对应的值是“Johnson”；键“weight”的值在字典中是不存在的，所以返回了系统默认值“None”。

我们也可以指定一个需要的默认值，例如“unKnown”。

```
>>> print (person.get("weight","unKnown"))
unKnown
```

这次返回的默认值就是“unKnown”，而不是“None”。

4.2.5 字典和列表的互相转换

有3个字典方法：keys()、values()和items()。它们可以返回类似列表的值，分别对应于字典的键、值和键—值对。但是这些方法返回的值并不是真正的列表，因为它们不能被修改，也没有append()方法。但是，我们可以使用转换函数list()很方便地将它们的返回值转换成真正的列表。还是以字典person为例来说明。

```
>>> person={"name":"Johnson","age":9,"gender":"male","height":"140cm"}
>>> person.keys()
dict_keys(['name', 'age', 'gender', 'height'])
>>>list1=list(person.keys())
>>>list1
['name', 'age', 'gender', 'height']
>>>list2=list(person.values())
>>>list2
['Johnson', 9, 'male', '140cm']
>>>list3=list(person.items())
>>>list3
[('name', 'Johnson'), ('age', 9), ('gender', 'male'), ('height', '140cm')]
```

可以看到，list1中的元素就是字典person中的键；list2中的元素就是字典person中的值；而list3是一个嵌套了元组的列表，列表中的元素就是字典person中的键—值对。

字典是无法排序的，但是当有排序需求时，我们就可以把字典转化成列表，把字典中的每一个键—值对转化为嵌入到列表中的两位元组，然后再进行排序等操作。现在，假设我们有一个记录得分的字典scoreDict，键是名字，值是得分，现在要使用sort()方法对它进行排序。

```
>>> scoreDict={"John":82,"Christina":96,"Johnson":100,"Marry":73,"Emily":88,
"Justin":92}
>>> scoreList=list(scoreDict.items())
>>> scoreList.sort()
>>> print (scoreList)
[('Christina', 96), ('Emily', 88), ('John', 82), ('Johnson', 100), ('Justin',
92), ('Marry', 73)]
```

我们可以看到，现在scoreList的顺序已经发生了变化，它是按照键的升序排列的，也就是按照姓名的字母顺序排列的，分别是“Christina”“Emily”“John”“Johnson”“Justin”和“Marry”。

但是，有的时候，我们不仅仅需要按照键来排序，还需要按照值来进行排序。例如，可能需要将得分从低到高进行排列。在第3章介绍sort()方法时，我们曾提到，sort()方法可以接受关键字为key的参数，我们可以通过将key指定为一个特殊的lambda表达式，从而指定用于排序的元素。

在这个例子中，我们指定用items中的第2个元素，也就是说，按照得分来排序，代码如下所示。

```
>>> scoreList.sort(key=lambda items: items[1])
>>> print(scoreList)
[('Marry', 73), ('John', 82), ('Emily', 88), ('Justin', 92), ('Christina', 96),
('Johnson', 100)]
```

提示　lambda表达式用来创建匿名函数，它可以接收任意多个参数并且返回单个表达式的值。这个概念稍微有点复杂，我们只需要简单了解即可。

我们还可以使用函数dict()将嵌套列表转换为字典。

```
>>>list4= [["key1","value1"],["key2","value2"],["key3","value3"]]
>>> dict1=dict(list4)
>>> dict1
{'key1': 'value1', 'key2': 'value2', 'key3': 'value3'}
```

4.3　成绩单

在第3章中，我们使用列表设计了一个成绩单，可以记录多位同学的各科成绩和总分等信息。但是，这些信息保存在不同的列表中，当一个列表出现变化，尤其是列表中元素顺序改变时，就会影响到其他的列表。那么有没有什么办法，在一个列表中保存所有这些信息呢？

我们可以利用本章介绍的字典来保存每位同学的信息，然后把每个字典作为元素添加到列表中，这样通过嵌套字典的列表，我们就把所有的信息都包含到一个列表之中。完整代码参见ch04\4.1.py。

```
studentList=[]
student={}
student={"name":"李若瑜","ID":"1","score1":95,"score2":100,"score3":96,"total":291}
studentList.append(student)
student={"name":"张子栋","ID":"2","score1":93,"score2":100,"score3":95,"total":288}
```

```
studentList.append(student)
student={"name":"王小明","ID":"3","score1":100,"score2":94,"score3":100,"total":294}
studentList.append(student)
print( "现在已经有"+str(len(studentList)) +"位同学的成绩，他们的得分如下：")
print (" 学号        姓名        语文        数学        英语        总分")
print (
studentList[0].get("ID"),"      " ,studentList[0].get("name"), "      ",studentList[0].
get("score1"), "      ",studentList[0].get("score2"), "      ",studentList[0].
get("score3"), "      ",studentList[0].get("total"))
print (
studentList[1].get("ID"),"      " ,studentList[1].get("name"), "      ",studentList[1].
get("score1"), "      ",studentList[1].get("score2"), "      ",studentList[1].
get("score3"),"      ",studentList[1].get("total"))
print (studentList[2].get("ID"),"      " ,studentList[2].get("name"), "      ",
studentList[2].get("score1"), "      ",studentList[2].get("score2"), "      ",studentList[2].
get("score3"),"      ",studentList[2].get("total"))
```

我们先创建了空的列表studentList和空的字典student。然后，将一个字典赋值给变量student，字典中的键分别是“name”“ID”“score1”“score2”“score3”和“total”，对应的值分别是“李若瑜”“1”“95”“100”“96”和“291”。然后使用append()方法把student作为一个元素添加到列表studentList中。接下来，依次添加“张子栋”和“王小明”的信息。当把studentList打印出来时，可以看到这个列表中就包含了上述3位同学的信息，如图4-1所示。

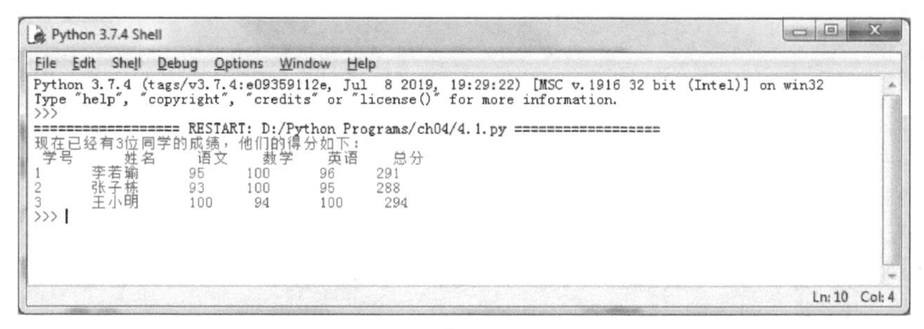

图 4-1

假设还是要把第2位同学的语文成绩由100改为98分，完整代码参见ch04\4.2.py。

```
studentList[1]["score2"]=98
studentList[1]["total"]=studentList[1]["score1"]+studentList[1]
["score2"]+studentList[1]["score3"]
print( "第2位同学的语文成绩录入有误，要改为98分")
print( "第2位同学修改后的成绩如下：")
print (" 学号        姓名        语文        数学        英语        总分")
print (
    studentList[1].get("ID"),"      " ,studentList[1].get("name"), "      ",studentList[1].
get("score1"), "      ",studentList[1].get("score2"), "      ",studentList[1].
get("score3"),"      ",studentList[1].get("total"))
```

将studentList列表中的第2个元素中的键"score1"所对应的值，修改为"98"。然后打印这位同学的得分，可以看到他的语文成绩已经由100改为98，并且总分也从288改为286，如图4-2所示。

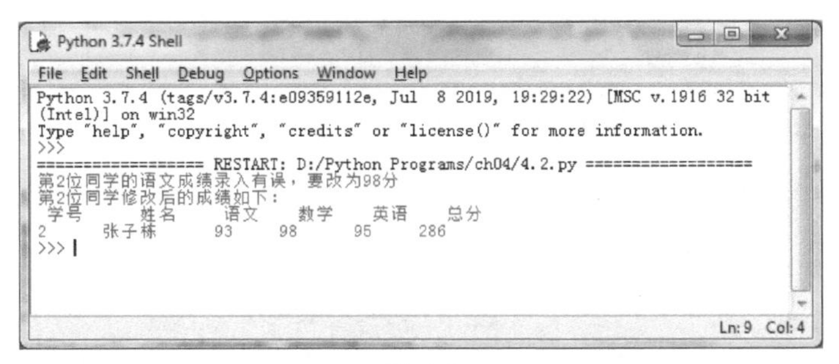

图 4-2

接下来又要录入一位同学的成绩。使用append()方法增加字典student，完整代码参见ch04\4.3.py。

```
print( "接下来要录入一位新同学的成绩")
student={}
student["name"]=input("请输入学生姓名：")
student["ID"]=input("请输入学生学号：")
student["score1"]=input("请输入学生语文成绩：")
student["score2"]=input("请输入学生数学成绩：")
student["score3"]=input("请输入学生英语成绩：")
student["total"]=float(student["score1"]) + float(student["score2"]) +
float(student["score3"])
studentList.append(student)
print( "现在已经有"+str(len(studentList)) +"位同学的成绩，他们的得分如下：")
print (" 学号        姓名        语文        数学        英语        总分")
print (
    studentList[0].get("ID"),"      ",studentList[0].get("name"), "      ",studentList[0].
get("score1"), "      ",studentList[0].get("score2"), "      ",studentList[0].
get("score3"),"      ",studentList[0].get("total"))
print (
    studentList[1].get("ID"),"      ",studentList[1].get("name"), "      ",studentList[1].
get("score1"), "      ",studentList[1].get("score2"), "      ",studentList[1].
get("score3"),"      ",studentList[1].get("total"))
print (
    studentList[2].get("ID"),"      ",studentList[2].get("name"), "      ",studentList[2].
get("score1"), "      ",studentList[2].get("score2"), "      ",studentList[2].
get("score3"),"      ",studentList[2].get("total"))
print (
    studentList[3].get("ID"),"      ",studentList[3].get("name"), "      ",studentList[3].
get("score1"), "      ",studentList[3].get("score2"), "      ",studentList[3].
get("score3"),"      ",studentList[3].get("total"))
```

上面的代码的运行结果如图4-3所示。

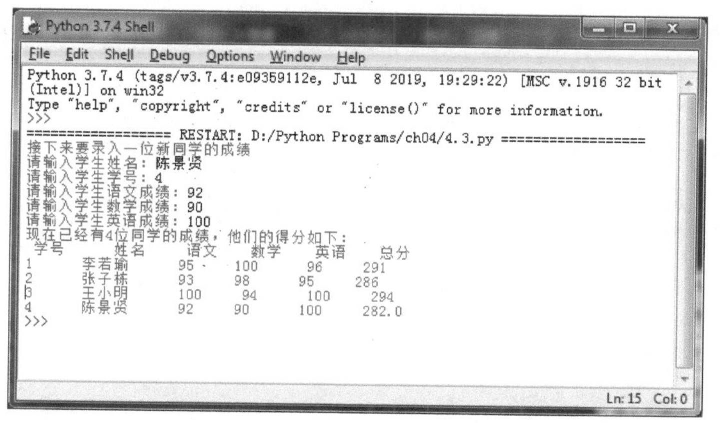

图 4-3

假设需要把总成绩按照由低到高排列出来，可以使用sort()方法对列表排序，而且还需要指定参数key，完整代码参见ch04\4.4.py。

```
studentList.sort(key=lambda x: x["total"])
print ("按照总分由低到高排列学生信息")

print (" 学号        姓名        语文       数学       英语       总分")
print (
    studentList[0].get("ID"),"        ",studentList[0].get("name"), "        ",studentList[0].
get("score1"), "        ",studentList[0].get("score2"), "        ",studentList[0].
get("score3"),"        ",studentList[0].get("total"))
print (
    studentList[1].get("ID"),"        ",studentList[1].get("name"), "        ",studentList[1].
get("score1"), "        ",studentList[1].get("score2"), "        ",studentList[1].
get("score3"),"        ",studentList[1].get("total"))
print (
    studentList[2].get("ID"),"        ",studentList[2].get("name"), "        ",studentList[2].
get("score1"), "        ",studentList[2].get("score2"), "        ",studentList[2].
get("score3"),"        ",studentList[2].get("total"))
print (
    studentList[3].get("ID"),"        ",studentList[3].get("name"), "        ",studentList[3].
get("score1"), "        ",studentList[3].get("score2"), "        ",studentList[3].
get("score3"),"        ",studentList[3].get("total"))
```

以上代码的运行结果如图4-4所示。

当然，也可以按照总分从高到低来排列，只需要在sort()方法的括号中增加reverse=True就可以，这表示按照倒序排列，完整代码参见ch04\4.5.py。

```
studentList.sort(key=lambda x: x["total"],reverse=True)
```

代码的运行结果如图4-5所示。

如果想要按照某一门课程的成绩来排序，也是可以做到的，例如要按照语文成绩排序。但是需要注意的是，因为陈景贤的语文成绩是录入的，也就是说，他的语文成绩现在是字符串型的，所以排序时，需要使用float()函数将其转换成浮点数。完整代码参见ch04\4.6.py。

```
studentList.sort(key=lambda x: float(x["score1"]))
```

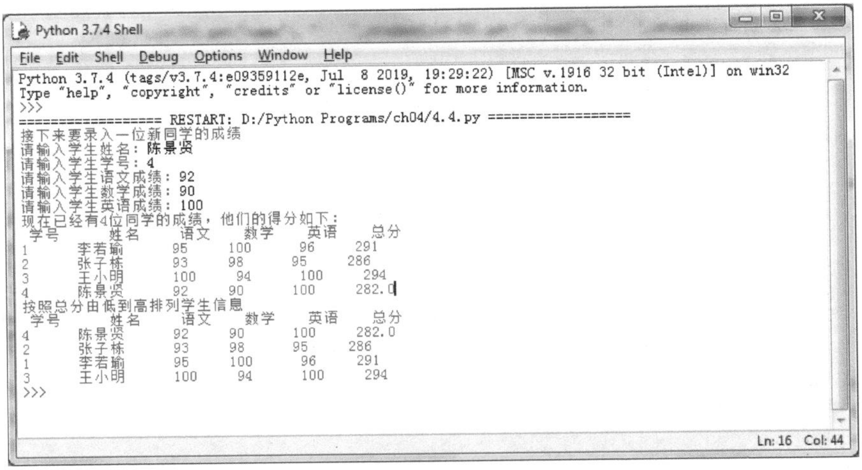

```
Python 3.7.4 Shell
File  Edit  Shell  Debug  Options  Window  Help
Python 3.7.4 (tags/v3.7.4:e09359112e, Jul  8 2019, 19:29:22) [MSC v.1916 32 bit (Intel)] on win32
Type "help", "copyright", "credits" or "license()" for more information.
>>>
================== RESTART: D:/Python Programs/ch04/4.4.py ==================
接下来要录入一位新同学的成绩
请输入学生姓名: 陈景贤
请输入学生学号: 4
请输入学生语文成绩: 92
请输入学生数学成绩: 90
请输入学生英语成绩: 100
现在已经有4位同学的成绩，他们的得分如下:
 学号     姓名     语文    数学    英语    总分
1       李若瑜      95     100     96     291
2       张子栋      93     98      95     286
3       王小明      100     94     100     294
4       陈景贤      92      90     100     282.0
按照总分由低到高排列学生信息
 学号     姓名     语文    数学    英语    总分
4       陈景贤      92      90     100     282.0
2       张子栋      93      98     95     286
1       李若瑜      95     100     96     291
3       王小明      100     94     100     294
>>>
                                                        Ln: 16  Col: 44
```

图 4-4

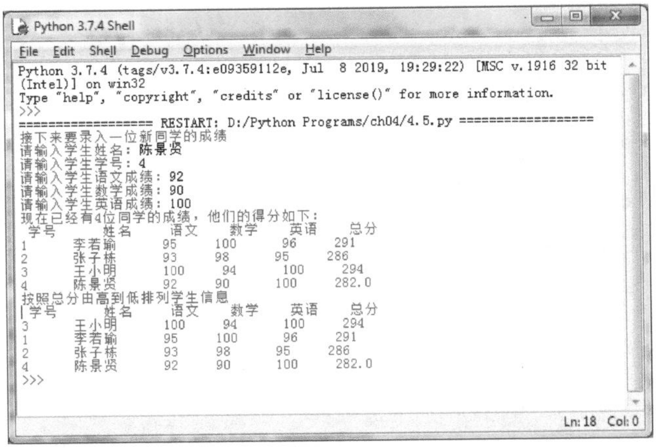

```
Python 3.7.4 Shell
File  Edit  Shell  Debug  Options  Window  Help
Python 3.7.4 (tags/v3.7.4:e09359112e, Jul  8 2019, 19:29:22) [MSC v.1916 32 bit
(Intel)] on win32
Type "help", "copyright", "credits" or "license()" for more information.
>>>
================== RESTART: D:/Python Programs/ch04/4.5.py ==================
接下来要录入一位新同学的成绩
请输入学生姓名: 陈景贤
请输入学生学号: 4
请输入学生语文成绩: 92
请输入学生数学成绩: 90
请输入学生英语成绩: 100
现在已经有4位同学的成绩，他们的得分如下:
 学号     姓名     语文    数学    英语    总分
1       李若瑜      95     100     96     291
2       张子栋      93     98      95     286
3       王小明      100     94     100     294
4       陈景贤      92      90     100     282.0
按照总分由高到低排列学生信息
 学号     姓名     语文    数学    英语    总分
3       王小明      100     94     100     294
1       李若瑜      95     100     96     291
2       张子栋      93      98     95     286
4       陈景贤      92      90     100     282.0
>>>
                                                        Ln: 18  Col: 0
```

图 4-5

代码的运行结果如图4-6所示，陈景贤的语文成绩最低，所以排在第1位，而王小明的成绩最高，排在最后。

现在，我们又面临一个问题。如果我们想查看某位同学的得分，该怎么做呢？在第3章中，我们使用index()方法找到对应的索引值，但是现在由于列表中的元素是字典类型，所以没有办法直接使用index()方法。没关系，先不着急！在后续的章节中，我们将利用新学习的知识来进一步改进成绩单程序。

```
Python 3.7.4 Shell
File Edit Shell Debug Options Window Help
Python 3.7.4 (tags/v3.7.4:e09359112e, Jul  8 2019, 19:29:22) [MSC v.1916 32 bit (Intel)] on win32
Type "help", "copyright", "credits" or "license()" for more information.
>>>
================== RESTART: D:/Python Programs/ch04/4.6.py ==================
接下来要录入一位新同学的成绩
请输入学生姓名: 陈景贤
请输入学生学号: 4
请输入学生语文成绩: 92
请输入学生数学成绩: 90
请输入学生英语成绩: 100
现在已经有4位同学的成绩，他们的得分如下:
 学号        姓名       语文      数学      英语      总分
1       李若瑜       95      100      96      291
2       张子栋       93      98      95      286
3       王小明       100      94      100      294
4       陈景贤       92      90      100      282.0
按照语文成绩由低到高排列学生信息
 学号        姓名       语文      数学      英语      总分
4       陈景贤       92      90      100      282.0
2       张子栋       93      98      95      286
1       李若瑜       95      100      96      291
3       王小明       100      94      100      294
>>>
Ln: 23 Col: 4
```

图 4-6

4.4 小结

在本章中，我们学习了什么是元组，以及它和列表的区别，并且学习了如何访问元组，以及如何修改元组变量和使用元组。

我们介绍了字典，知道它是以一系列键—值对的形式组织起来的；还介绍了如何创建字典、修改和新增字典中的值，如何逐一删除字典中的键—值对，以及如何使用clear()方法删除字典中全部的键—值对；还介绍了如何返回指定键的值，以及如何实现字典和列表之间的相互转换。最后，我们使用字典进一步改进了成绩单程序。

在第8章介绍循环的时候，我们还会学习更多的字典特性。

4.5 练习

1. 创建一个名为animal的元组，其中包含dog、cat、sheep、cow、horse和duck。

2. 请尝试把animal元组中第2个元素修改为mouse，看一下是否能够成功。如果不能成功，想想这是为什么。

3. 请告诉我们现在animal元组中有多少个元素并打印出来。

4. 请创建一个名为timeTable的字典来记录星期一的课程，用键表示第几节课，用值表示是什么课程。

5. 请告诉我们星期一的第4节课是什么课。

6. 如果要将星期一的第2节课改为体育课，请修改timeTable字典。

第5章 布尔类型

在本章中，我们来介绍Python中的一种特殊的整数类型——布尔（Boolean）类型。布尔类型只有两个值：True（真）或False（假）。我们把True和False叫作布尔值。一个简单的布尔表达式如下所示。

```
>>> thisIsBool=True
>>> print(thisIsBool)
True
```

这个示例中，我们创建了一个名为thisIsBool的变量，并且把布尔值True赋值给它。在下一行中，我们打印这个thisIsBool变量，得到的结果是True。

提示　在所有的高级语言中，都有这么一类叫作布尔类型的变量，这是用乔治•布尔的名字来命名的。乔治•布尔是19世纪英国最重要的数学家之一，由于他在符号逻辑运算中的特殊贡献，很多计算机语言中将逻辑运算称为布尔运算，将其结果称为布尔值。

5.1 比较运算符

比较运算符是比较两个值，然后得到一个布尔值。比较运算符包含：==、!=、>、<、>=和<=。这些运算符根据为它们提供的值，得到True或者False作为比较结果。我们具体来看一下这些运算符。

5.1.1 等于（==）

如果==运算符两边的值都一样，那么得到的结果是True；如果不一样，得到的结果是False。例如，表达式42==42的结果是True，但是表达式42==24的结果是False。

```
>>> 42==42
True
>>> 42==24
False
```

提示 要判断两个值是否相等，记住，要使用两个等号（==），而不是一个等号（=）。==表示“两边的值是否相等？”，而=表示“把右边的值保存到左边的变量中”。当使用=时，变量名必须放在左边，值必须放在右边。而==只是用来比较两个值是否相等，所以值放在哪一边都无所谓。

在表达式42==42.0中，虽然两边的类型不同，一个是整数，一个是浮点数，但是其值是相同的，所以结果仍然是True。

```
>>> 42==42.00
True
```

但是表达式42= ="42"的结果是False，因为Python认为整数与字符串是不相同的。

```
>>> 42=="42"
False
```

表达式"Johnson"=="johnson"的返回值是False，因为两个字符串的首字母的大小写不同，所以Python认为它们是不同的两个字符串。

```
>>> "Johnson"=="johnson"
False
```

而表达式"Johnson"=="Johnson"的返回值是True，因为两个字符串完全一样。

```
>>> "Johnson"=="Johnson"
True
```

5.1.2　不等于（!=）

和等于运算符（==）相反的是不等于运算符（!=），它是由惊叹号和等号组合而成的，其中惊叹号表示非（或者不、否、反等表示否定的含义），在很多编程语言中都具有相似的含义。我们可以使用不等于符号（!=）来判断第1个值是否不等于第2个值。例如，表达式42!="42"的结果是True，"Johnson"!="johnson"的结果也是True。

```
>>> 42!="42"
True
>>> "Johnson"!="johnson"
True
```

5.1.3　大于（>）和大于等于（>=）

可以使用大于符号（>）来判断第1个值是否大于第2个值。例如，表达式42>24是成立的，结果是True；表达式42>62是不成立的，结果是False。

```
>>> 42>24
True
>>> 42>62
False
```

使用大于等于符号（>=）来判断第1个值是否大于等于第2个值。如果第1个值大于第2个值，大于等于符号的结果是True；如果第1个值等于第2个值，大于等于符号的结果同样也是True。

```
>>> 42>=42
True
```

5.1.4　小于（<）和小于等于（<=）

和大于运算符（>）相反的是小于运算符（<），和大于等于运算符（>=）相对应的是小于等于运算符（<=）。使用小于符号（<）来判断第1个值是否小于第2个值；使用小于等于符号（<=）来判断第1个值是否小于等于第2个值。具体可以参见如下的几个示例，请留意其比较的结果：

```
>>> 42<62
True
>>> 42<=42
True
>>> 42<24
False
```

5.2 布尔运算符

就像可以用算术运算符（+、–、*、/等）把数字组合起来一样，我们也可以用布尔运算符把布尔值组合起来。Python中的3个主要布尔运算符是and、or和not。当用布尔运算符组合两个或多个布尔值时，其结果还是一个布尔值。

5.2.1 and（与）

and表示“与”，使用这个运算符来判断两个布尔值是否都为True。当两个布尔值都为True时，结果为True；否则，结果为False。

```
>>> True and True
True
>>> True and False
False
>>> False and False
False
```

来看一个例子，我们用变量isAfterSchool表示“是否放学”，用变量is-FinishHomework表示“是否完成作业”，只有当“已经放学”并且“完成作业”后，才可以出去玩。然后，我们将变量isAfterSchool设置为True，表示已经放学；将变量isFinishHomework设置为False，表示没有完成作业。通过表达式isAfterSchool and isFinishHomework的结果，我们来看能不能出去玩。

```
>>> isAfterSchool=True
>>> isFinishHomework=False
>>> isAfterSchool and  isFinishHomework
False
```

结果是False，表示两个条件没有全部满足，所以不能出去玩。

当作业完成以后，我们把变量isFinishHomework修改为True，再来看一下表达式isAfterSchool and isFinishHomework的结果：

```
>>> isAfterSchool=True
>>> isFinishHomework=True
>>> isAfterSchool and isFinishHomework
True
```

这次的结果是True，表示已经具备了出去玩的条件。

5.2.2 或（or）

布尔运算符or表示“或”，使用该运算符可以判断两个布尔值中是否有一个为True。当两个布尔值中至少有一个为True时，结果为True；否则，结果为False。

```
>>> True or True
True
>>> True or False
True
>>> False or False
False
```

还是来看前面给出的例子，这次我们修改了条件，只要“已经放学”或者“完成作业”有一项满足，就可以出去玩了。我们将变量isAfterSchool设置为True，表示已经放学；将变量isFinishHomework设置为False，表示没有完成作业。通过表达式isAfterSchool or isFinishHomework的结果，我们来看能不能出去玩。

```
>>> isAfterSchool=True
>>> isFinishHomework=False
>>> isAfterSchool or isFinishHomework
True
```

结果是True，因为至少满足了两个条件之中的一个，所以可以出去玩。

5.2.3　not（非）

not表示“非”，使用这个运算符将值取反，把False转换成True，或者把True转换成False。

```
>>> not True
False
>>> not False
True
```

还是来看前面给出的例子，假设已经将变量isFinishHomework设置为True，表示已经完成了作业。突然发现，还漏了一项作业，这时我们可以通过not运算符，来修改isFinishHomework变量。

```
>>> isFinishHomework=True
>>> not isFinishHomework
False
```

5.2.4　组合布尔运算符

当我们把布尔运算符组合到一起时，事情变得有趣起来。例如，如果今天是周末，那么可以出去玩；如果今天不是周末，那么需要放学并且完成作业才可以出去玩。

```
>>> isWeekend=False
>>> isAfterSchool=True
```

```
>>> isFinishHomework=True
>>> isWeekend or (not isWeekend and isAfterSchool and isFinishHomework)
True
```

在上面的示例中，我们看到今天不是周末，已经放学并且写完了作业，结果是可以出去玩。我们把not isWeekend and isAfterSchool and isFinishHomework放到括号中，是为了保证这部分要一起执行。

5.3 小结

在本章中，我们介绍了布尔类型并且了解了布尔类型只有两个值：True和False。

我们还学习了6个比较运算符：等于（= =）、不等于（!=）、大于（>）、大于等于（>=）、小于（<）和小于等于（<=）。可以使用比较运算符来比较两个值，然后得到一个布尔值。

最后，我们介绍了3种布尔运算符，分别是and、or和not，它们可以把布尔值组合起来，得到的结果还是一个布尔值。

在后续学习条件语句的章节中，我们可以根据一条或多条语句的布尔值结果，来决定程序执行什么操作。

5.4 练习

1. 下列表达式的值为True的是

A. 8= ="8"　　B. 17>71　　C. 17<71　　D. "Apple"= ="apple"

2. 下列表达式的结果是True还是False

```
65+2*3 > (65+2)*3
```

3. 下列表达式的结果是True还是False

```
not ((True or False) and False)
```

第6章 条件语句

条件语句用来判定所给条件是否满足要求，根据判定的结果，决定接下来的操作。条件语句是一种控制结构，因为它们允许根据定义的特定条件，控制在何时执行哪一部分的代码。我们在第5章中介绍过的布尔表达式，就可以用作条件，条件的结果是布尔值True或False。

条件语句是Python中最重要的概念之一。在Python中，条件语句是由if关键字开头的，后面跟着一个条件和一个冒号（：），冒号之后的代码行要放到一个代码块中。如果满足条件，就会运行代码块的指令。格式如下所示，代码参见ch06\6.1.py。

```
if 3>2 :
    print("Three is greater than two")
```

输出结果图6-1所示。

这个条件语句中，因为3>2的结果为True，所以会打印字符串"Three is greater than two"。在正式介绍条件语句之前，让我们先来介绍一个与代码块相关的概念——缩进。

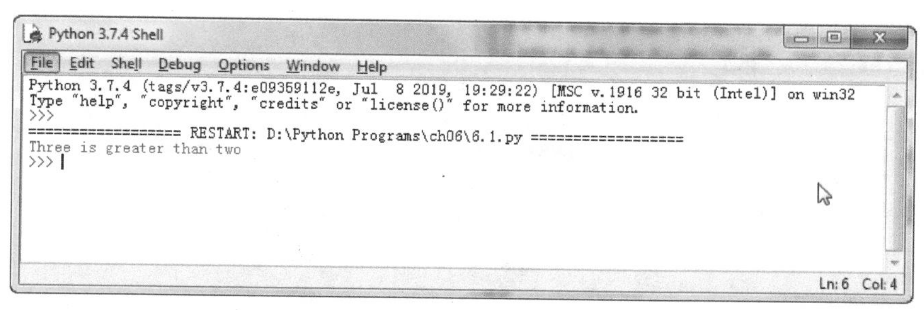

图 6-1

6.1 缩进

在写作文的时候，老师会告诉我们每段要空两格，这两个空格标志着一个新的段落开始了。你手里的这本书也是这样的，每一个新开始的段落，都要空两格。在编写程序的时候，我们也要采用类似的方式，通过缩进来表示代码块的开始和结束。

在前几章的例子中，我们所编写的都是简单的表达式语句，没有缩进。但是，要创建复合语句，就需要用到缩进这个重要的概念。我们可以把许多代码行组织到一个代码块中，其中的每一行代码的开始，都保持相同的空格数，通过查看代码行前面的空格数，就可以判断代码块的起始和结束，而这个空格数就是缩进。Python根据缩进来判断当前代码行和前面代码行的关系。缩进的好处是让代码看上去更加清晰易读，如果代码段比较长，通过缩进，我们可以快速了解程序的组织结构，而且也不容易出错。下面，我们来看一个有很多行代码的例子。因为程序的代码段比较长，如果没有缩进，我们会很难分清代码的组织结构。这段代码只是想说明缩进的重要性，具体含义大家可以不必关心，代码参见ch06\6.2.py。

```
letter = input("please input:")

if letter == 'S':
    print ('please input second letter:')
    letter = input("please input:")
    if letter == 'a':
        print ('Saturday')
    elif letter  == 'u':
        print ('Sunday')
    else:
        print ('data error')

elif letter == 'F':
    print ('Friday')
```

```
elif letter == 'M':
    print ('Monday')

elif letter == 'T':
    print ('please input second letter')
    letter = input("please input:")

    if letter  == 'u':
        print ('Tuesday')
    elif letter  == 'h':
        print ('Thursday')
    else:
        print ('data error')

elif letter == 'W':
    print ('Wednesday')
else:
    print ('data error')
```

提示　很少有哪种语言能像Python这样重视缩进。对于其他语言而言，缩进对于代码的编写来说是“有了更好”，而并不是“没有不行”，因为缩进只是代码书写风格的问题。但是，对于Python语言而言，缩进则是一种语法，它可以告诉我们Python代码从哪里开始，到哪里结束。Python中的复合语句是通过缩进来表示的。这样做的好处就是减少了程序员的自由度，有利于统一风格，使得人们在阅读代码时会更加轻松。但是，在编写Python程序的时候，我们也要记住，如果缩进不正确，程序可能无法运行或者会出错。

6.1.1　缩进的长度

将代码块缩进多长并不重要，只要保证整个代码块的缩进程度是一样的就可以了。为此，IDLE提供了自动缩进功能，它能将光标定位到下一行的指定位置。当我们键入类似于if这样与控制结构对应的关键字之后，按下回车键，IDLE就会启动自动缩进功能，代码参见ch06\6.3.py。

```
if 3>2 :
    print("Three is greater than two")
```

一般情况下，IDLE将代码缩进一级是4个空格。如果想改变这个默认的缩进量的话，可以从“Format”菜单选择“New Indent Width”命令，如图6-2所示。

在弹出的窗口中，默认是4个空格，我们也可以按照自己的需要，修改这个值，如图6-3所示。

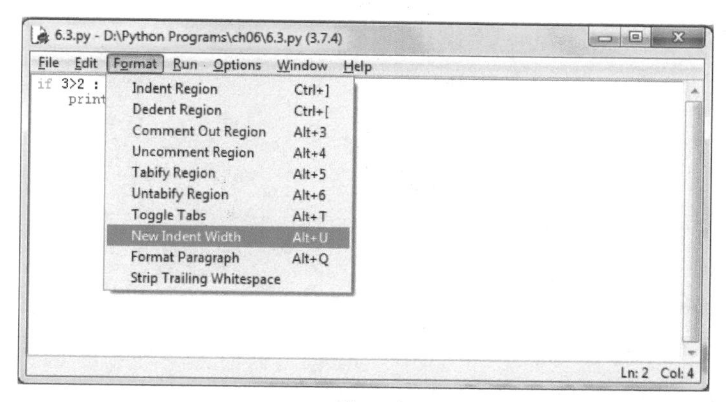

图 6-2

对初学者来说，需要注意的是：尽管自动缩进功能非常方便，但是我们不能完全依赖它，因为有时候自动缩进未必完全符合我们的要求，所以，写完程序，还需要仔细检查一下。

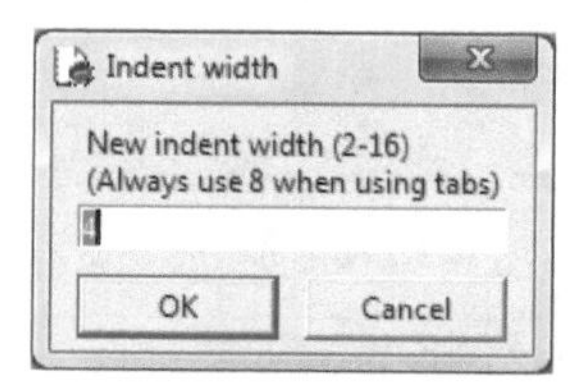

图 6-3

6.1.2 常见的缩进问题

遗漏缩进

我们前面介绍过，在if语句后面且属于条件组成部分的代码行，是需要缩进的。如果像下面的代码一样（代码参见ch06\6.4.py），忘记了缩进：

```
if 3>2 :
print("Three is greater than two")
```

那么，编译的时候，Python会告诉我们这里有语法错误，需要一个缩进，错误信息如图6-4所示。

通常，对紧跟在if语句之后的代码行增加缩进后，就个错误就会消失。

增加没有必要的缩进

如果在不需要缩进的地方，不小心增加了缩进，会出现什么样的情况呢？我们来看一段代码，它在不需要缩进的地方增加了缩进，代码参见ch06\6.5.py。

```
print ("This is an apple")
    print("This is a banana")
```

编译的时候，Python会给出错误提示，告知这里有不该出现的缩进，如图6-5所示。

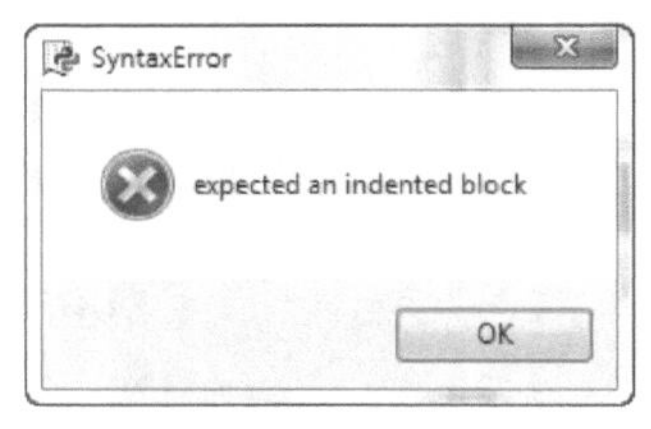

图 6-4

图 6-5

缩进导致程序的逻辑错误

前面介绍的遗漏缩进和增加冗余的缩进这两种情况，都是语法错误，Python会很容易地识别出问题。但是，缩进有时候会导致程序的逻辑错误，这样的问题，Python是检测不出来的，只能由我们自己根据运行程序所得到的结果是否和预期的结果相同来做出判断。

我们来看一个示例。假设有这样一个程序，它让用户输入一个数字，然后根据这个数字给出用户提示。当输入的数字大于10时，会提示数字大于10并且将其重新设置为0，如果用户输入的数字不大于10，那么直接显示该数字，代码参见ch06\6.6.py。

```
number=input("Please input a number: ")
if (int(number)>10):
    print("Your number is greater than ten and reset it zero")
    number="0"
print("Your number is: "+number)
```

当我们输入1的时候，因为1不大于10，所以会直接显示"Your number is：1"。如果输入 18的时候，因为18大于10，所以number会被重置为0，显示内容就成为"Your number is：0"，如图6-6所示。

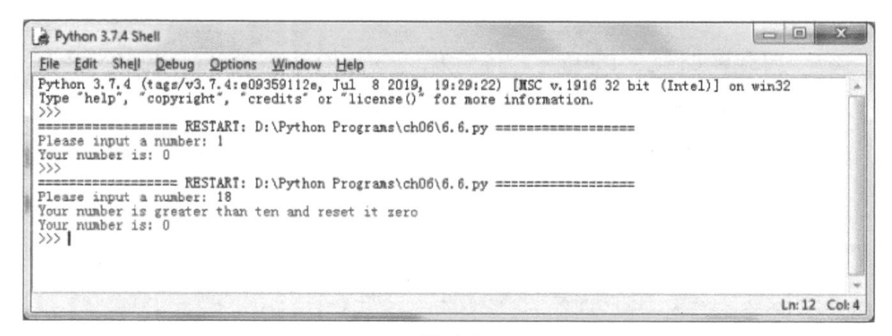

图 6-6

接下来，我们修改一下代码的缩进，代码参见ch06\6.7.py。

```
number=input("Please input a number: ")
if (int(number)>10):
```

```
    print("Your number is greater than ten and reset it zero")
number="0"
print("Your number is: "+number)
```

可以看到，number="0"这条语句现在没有了缩进，这意味着无论输入的数字是否大于0，都会将number重新设置为“0”，如图6-7所示。

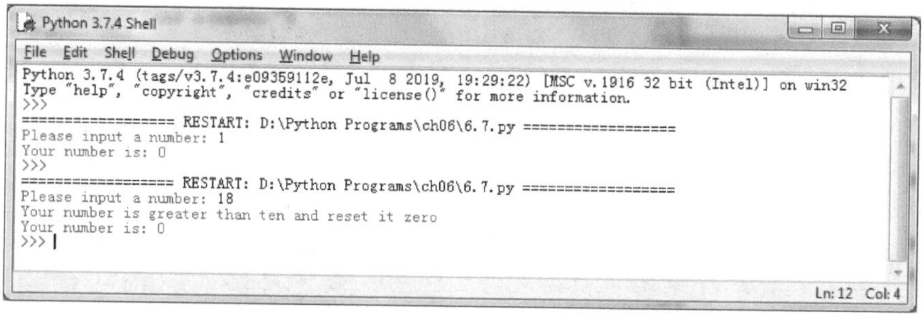

```
Python 3.7.4 Shell
File Edit Shell Debug Options Window Help
Python 3.7.4 (tags/v3.7.4:e09359112e, Jul  8 2019, 19:29:22) [MSC v.1916 32 bit (Intel)] on win32
Type "help", "copyright", "credits" or "license()" for more information.
>>>
================== RESTART: D:\Python Programs\ch06\6.7.py ==================
Please input a number: 1
Your number is: 0
>>>
================== RESTART: D:\Python Programs\ch06\6.7.py ==================
Please input a number: 18
Your number is greater than ten and reset it zero
Your number is: 0
>>> |
Ln: 12 Col: 4
```

图 6-7

尽管我们输入的数字还是1和18，但是得到的结果却都是"Your number is 0"。可以看到，缩进有时会影响到整个程序的逻辑。

6.2 if 语句

if语句在编程语言中用来判定所给定的条件是否满足，根据判定的结果来决定执行哪些操作——如果条件为True，执行代码块，如果条件为False，则跳过而不执行其后面的语句。

在Python中，if语句包含以下部分：

- if关键字；
- 条件；
- 冒号；
- 从下一行开始，缩进的代码块（即主体）。

if语句有两个主要部分：条件和主体。条件应该是一个布尔值。主体是一行或多行代码。如果条件为True，就可以执行这些代码。例如，我们将用户输入的内容赋值给变量name，然后判断赋值的内容是否等“Johnson”，如果相等，就打印出"Hello my son."，代码参见ch06\6.8.py。

```
name=input("Please input your name: ")
if name=="Johnson":
    print ("Hello my son.")
```

可以看到，当输入内容是“Johnson”，满足条件name= ="Johnson"，才会打印出"Hello my son."，而如果输入其他内容，因为该条件不满足，所以不会打印任何内容，如图6-8所示。

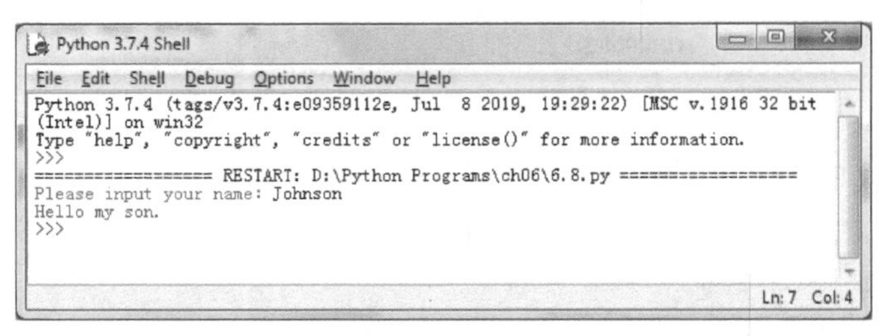

图 6-8

6.3　else 语句

我们在前面介绍过，只有条件为True时，if语句才会执行代码块。如果条件为False，我们还是想要做些事情，就需要使用if...else语句了。if...else语句看上去和if语句很相似，只不过它有两个代码块。关键字else放在两个代码块中间。在if...else语句中，当if语句条件为False时，else子句才会执行。else语句中不包含条件，在代码中，else语句中包含以下部分：

- else关键字；
- 冒号；
- 从下一行开始，缩进的代码块。

我们回到刚才的示例中，这次要加上else语句，如果名字不是Johnson，那么会说"Hello my friend."，代码参见ch06\6.9.py。

```
name=input("Please input your name: ")
if name=="Johnson":
    print ("Hello my son. ")
else:
    print ("Hello my friend.")
```

这次，如果输入的不是“Johnson”而是“Alex”，那么程序会打印出"Hello my friend."，如图6-9所示。

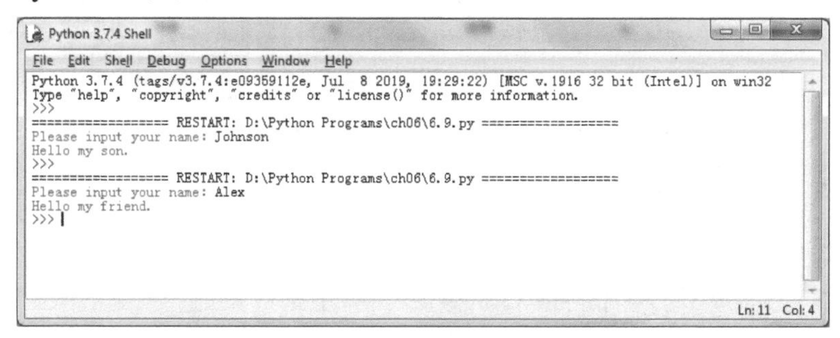

图 6-9

6.4 elif 语句

我们经常需要查看一系列的条件，当其中某一个条件为True时，就做相对应的事情，这时候，就要创建一连串的if...else语句。在这种情况下，就可以从常规的if语句开始，在主体的代码块之后，输入关键字elif，紧跟着是另一个条件和另一个语句块。我们可以一直这样做下去，直到所有的条件都执行完，并且对于条件的数量是没有限制的。如果没有条件为真，就会执行最后一个else部分。elif语句中包含以下部分：

- elif关键字；
- 条件；
- 冒号；
- 从下一行开始，缩进的代码块。

我们还是继续刚才的示例，如果用户输入的是“Johnson”，那么要打印的字符串就是"Hello my son."；如果用户输入“Judy”，那么要打印的字符串就是"Hello my daughter."；如果输入“Aric”，那么要打印的字符串就是"Hello my friend"；如果是“John”，那么要和自己打个招呼"Hello to myself."；如果以上内容都不是，要打印的字符串就变成了"Hello others."。如果愿意的话，我们可以有任意多个elif子句，代码参见ch06\6.10.py。

```
name=input("Please input your name: ")
if name=="Johnson":
    print("Hello my son.")
elif name=="Judy":
    print("Hello my daughter.")
elif name=="Aric":
    print("Hello my friend.")
elif name=="John":
    print("Hello to myself.")
else:
    print("Hello others.")
```

我们可以像下面这样来解释一下这些elif语句：

1. 如果第1个条件为True，执行第1个代码块。
2. 否则，如果第2个条件为True，执行第2个代码块。
3. 否则，如果第3个条件为True，执行第3个代码块。
4. ....
5. 否则，执行else部分。

当使用这样一个带elif部分的if...else语句串的时候，我们就可以确保只有一个代码块会执行。当发现某一个条件为True，就会执行其所对应的代码块，而不会再验证其他的条件了。如果所有的条件都不为True，就会执行else代码块。

还有一件事需要注意：最后的else是可选的。然而，如果没有这个else，当所有条件都不为真时，if...else语句块中的内容都将不会执行，代码参见ch06\6.11.py。

```
name=input("Please input your name: ")
if name=="Johnson":
    print("Hello my son.")
elif name=="Judy":
    print("Hello my daughter.")
elif name=="Aric":
    print("Hello my friend.")
elif name=="John":
    print("Hello to myself.")
```

上面这段代码省略了最终else部分，当输入“Peter”时候，因为这不是你想要打招呼的人，所以不会打印出任何内容，如图6-10所示。

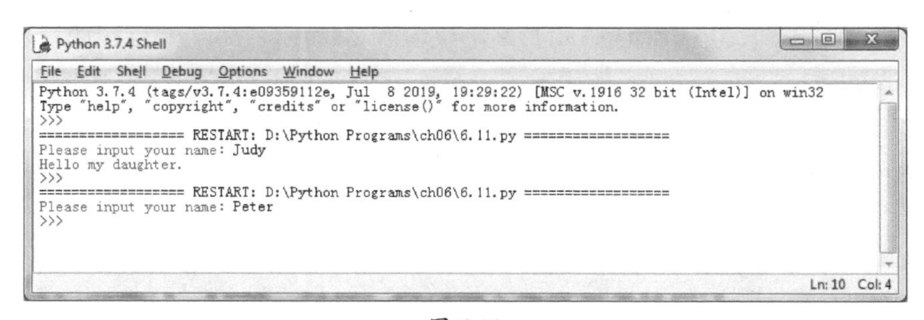

图 6-10

6.5　成绩单

我们在第4章已经实现了用一个嵌套字典的列表来保存学生的信息。在本章中，我们继续来完善这个程序。

接下来，我们打算询问用户是否要添加新的学生的信息，如果用户输入Yes或者Y，我们就开始录入信息。录入的时候，我们需要确保输入的表示成绩的数字符合要求，例如大于等于0并且小于等于100，如果录入的成绩不符合要求，就不会在列表中增加这个元素。完整代码参见ch06\6.12.py。

```
choice = input("是否需要输入新的学生信息（Yes/Y表示需要录入）？ ")
if choice.upper()=="YES" or choice.upper()=="Y":
    isError=False
    student={}
    student["name"]=input("请输入姓名：")
```

```
student["ID"]=input("请输入学号：")
score1=float(input("请输入语文成绩："))
if score1 <= 100 and score1 >= 0 :
    student["score1"]=score1
else:
    print ("输入的语文成绩有错误！")
    isError=True
score2=float(input("请输入数学成绩："))
if score2 <= 100 and score2 >= 0 :
    student["score2"]=score2
else:
    print ("输入的数学成绩有错误！")
    isError=True
score3=float(input("请输入英语成绩："))
if score3 <= 100 and score3 >= 0 :
    student["score3"]=score3
else:
    print ("输入的英语成绩有错误！")
    isError=True
if isError==False:
    student["total"]=student["score1"] + student["score2"] + student["score3"]
    studentList.append(student)
    print (student["name"]+"的成绩录入成功！")
else:
    print ("输入有误，录入成绩失败！")
```

当程序运行后，它会询问用户是否需要输入新的学生信息，并且将用户输入的内容赋值给变量choice。然后使用upper方法，将choice的值转换为全部大写，再判断它是否等于YES或者Y。这里使用upper()方法的目的是，忽略用户输入的大小写问题，也就是不管用户输入Yes、yes、YES、Y还是y，程序都认为是有效的值。如果输入内容不在以上列举的范围内，则程序结束。例如，输入的是N，程序结束，如图6-11所示。

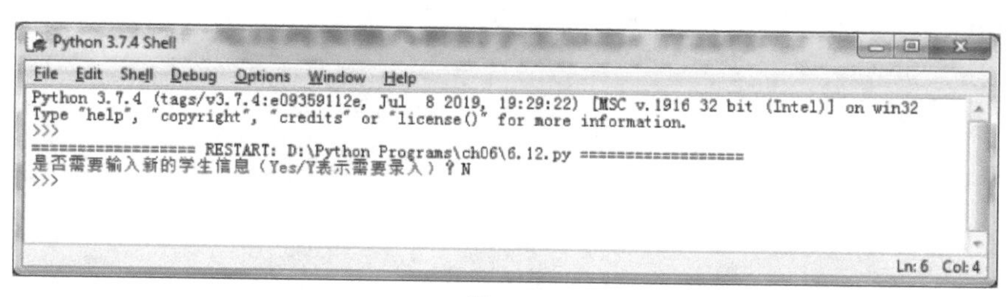

图 6-11

如果输入Yes，那么满足条件，执行缩进的子句。首先创建一个变量isError，用它来记录用户录入是否出现错误。一开始将这个变量设置为False，当它的值变为True时，表示录入出现了错误。

接下来创建了一个空的字典student。然后提示用户输入姓名和学号，并且将输入的内容作为值对应到键“name”和“ID”。

然后提示用户输入语文成绩，如果用户输入的数字不是在0到100之间，会提示用户输入错误，并且会将isError改为True。如果输入的是0到100之间的数字，会将输入内容作为值对应到键“score1”。

然后会提示输入数学成绩和英语成绩，并且会采用同样的方式判读输入的数字是否正确，如果不正确，会将isError改为True。

如果isError等于True，那么会提示输入有误，录入成绩失败，如图6-12所示。

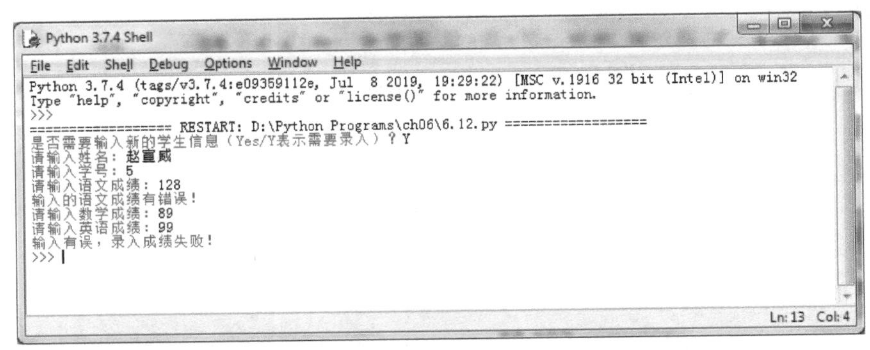

图 6-12

如果输入正确，程序会将语文成绩、数学成绩和英语成绩加和的结果作为键“total”所对应的值。然后使用append()方法增加字典student到studentList列表中，并且提示录入成功，如图6-13所示。

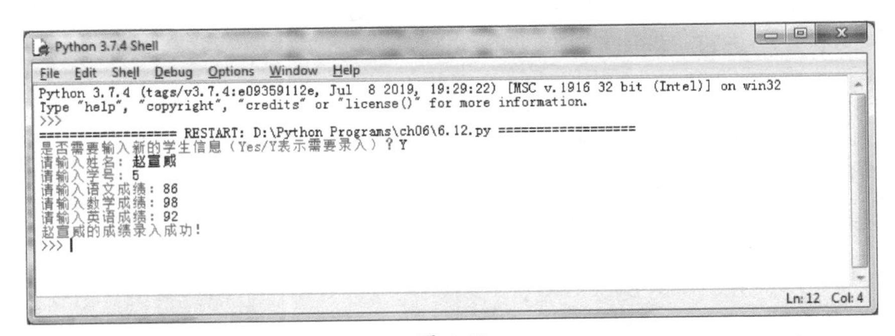

图 6-13

使用条件，我们可以更好地和用户互动，并且能够判断用户的输入是否正确。然而，我们又面临一个新的问题，就是每次运行程序，只能录入一次信息，而无法连续录入。没关系，在下一章中，我们会继续完善这个程序，介绍如何连续录入学生的信息以及如何查找和修改学生的信息。

6.6 小结

在本章中，我们首先介绍了缩进。对于复合语句，缩进这个概念非常重要。Python完全根据缩进来判断当前代码行和前面代码行的关系。通过缩进，我们可以快速了解程序的组织结构，而且也不容易出错。

然后本章介绍了条件语句，在编程语言中，我们要用条件语句来判定所给定的条件是否满足，根据判定的结果来决定执行哪些操作。当条件为True时，会执行if子句；如果条件为False，会执行else子句。有时，我们需要查看一系列的条件，这时会用到elif语句，当其中某一个条件满足时，才执行相应的子句。

6.7 练习

1. 请编写一段代码，要求小朋友输入是否完成作业，如果是Yes或者Y，就告知他可以出去玩。

2. 假设你在为游乐场工作，现在因为游乐设施有身高限制，请你编写一个程序。要求户输入以米作为单位的身高，然后判断小朋友的身高是否小于1.4米，如果条件为真，请告诉小朋友因为身高限制，不能参加该游乐项目；否则，告诉小朋友欢迎参加这项游戏。

3. 假设你要帮体育老师设计一个程序，为同学们的跳绳成绩打分。1分钟跳80个以下是不及格，80到89是及格，90到99是良好，100到109是优秀，110及以上是100分。同学们可以通过你的程序输入每分钟跳绳数量，然后程序会告知同学们会得到什么样的成绩。

第7章 循环

在第6章中，我们介绍了条件语句，如果一个条件为真，就允许执行后面的代码块一次。而循环则是，如果一个条件持续为真，就允许将同一段代码执行多次。例如，只要还没有放学，我们就要一节课接着一节课地上下去；在马拉松比赛中，只要还没有到最后的冲刺，运动员就要一直跑下去。

循环实际上就是根据条件来重复执行一段代码。有时，它重复执行一定的次数；有时它一直重复执行直到某个条件为True；有时，它一直重复执行直到用户让它停止。

在本章中，我们将学习：

- while循环；
- for循环；
- 在现实世界，何时使用循环。

7.1 while 循环

while循环是最简单的循环类型，就是当某个条件为True时重复执行代码。也就是说，while循环重复执行它的主体，直到特定条件不再为True。编写while循环，就像是在说："当这个条件为真时，一直这么做；当条件变为假时，停止这么做。"

在Python中，while语句包含以下部分：

- while关键字；
- 条件；
- 冒号；
- 从下一行开始，缩进的代码块。

就像if语句一样，如果条件为True，就会执行while循环的代码块。但是和if语句不同的是，while循环在执行完代码块之后，还会再次检查条件，如果条件仍然为True，会再次运行代码块。循环往复，直到条件为False。

7.1.1 while 循环示例

我们来看一个示例。假设你在夜里难以入睡，想要数羊。但是，你是一名程序员，可以编写一段代码来替你数羊，当数到30的时候，你就能够进入睡眠状态。代码参见ch07\7.1.py。

```
sheepCounted=0
while sheepCounted<30:
    print("I have counted "+str(sheepCounted)+ " sheep.")
    sheepCounted=sheepCounted+1
print("I fall asleep.")
```

我们首先创建一个名为sheepCounted的变量，并且把它的值设置为0。当开始while循环的时候，查看sheepCounted是否小于30。因为sheepCounted现在的值是0，是小于30的，所以执行代码块（循环的主体）中的语句。首先，语句"I have counted "+str(sheepCounted)+ " sheep."将在屏幕上显示"I have counted 0 sheep."。接下来，语句sheepCounted=sheepCounted+1会把sheepCounted的值加上1。现在，sheepCounted的值是1。然后回到循环的起始位置，再次判断sheepCounted是否小于30。如此一遍又一遍地循环往复，直到sheepCounted变为30，此时条件变为假（30是不小于30的），程序就跳出了循环。这时，会打印出"I fall asleep."，如图7-1所示。

当要求用户输入正确的输入时，while循环也非常有用。我们可以持续判断，直到用户输入正确。假设我们想让用户输入Johnson，只要用户没有输入正确的内容（或者输入的内容格式不符合要求），我们就可以一直让用户重新输入，代码参见ch07\7.2.py。

```
name=input("Please input my son's name: ")
while name!="Johnson":
    print("I'm sorry, but the name is not valid.")
    name=input("Please input my son's name: ")
print("Yes. "+name+" is my son.")
```

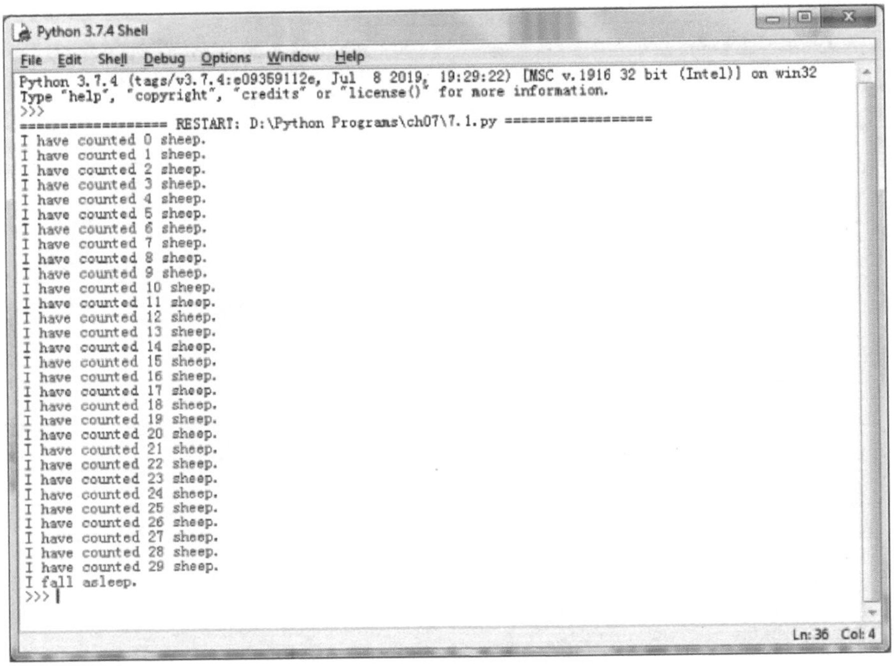

```
Python 3.7.4 Shell
File Edit Shell Debug Options Window Help
Python 3.7.4 (tags/v3.7.4:e09359112e, Jul  8 2019, 19:29:22) [MSC v.1916 32 bit (Intel)] on win32
Type "help", "copyright", "credits" or "license()" for more information.
>>>
================== RESTART: D:\Python Programs\ch07\7.1.py ==================
I have counted 0 sheep.
I have counted 1 sheep.
I have counted 2 sheep.
I have counted 3 sheep.
I have counted 4 sheep.
I have counted 5 sheep.
I have counted 6 sheep.
I have counted 7 sheep.
I have counted 8 sheep.
I have counted 9 sheep.
I have counted 10 sheep.
I have counted 11 sheep.
I have counted 12 sheep.
I have counted 13 sheep.
I have counted 14 sheep.
I have counted 15 sheep.
I have counted 16 sheep.
I have counted 17 sheep.
I have counted 18 sheep.
I have counted 19 sheep.
I have counted 20 sheep.
I have counted 21 sheep.
I have counted 22 sheep.
I have counted 23 sheep.
I have counted 24 sheep.
I have counted 25 sheep.
I have counted 26 sheep.
I have counted 27 sheep.
I have counted 28 sheep.
I have counted 29 sheep.
I fall asleep.
>>>
Ln: 36 Col: 4
```

图 7-1

在上面这个例子中，while循环下面的代码块将继续运行，直到语句name!="Johnson"为False。也就是说，这个循环将持续运行，直到用户输入的内容是Johnson，也就是name!="Johnson"的结果是False。图7-2是该程序输出的示例。

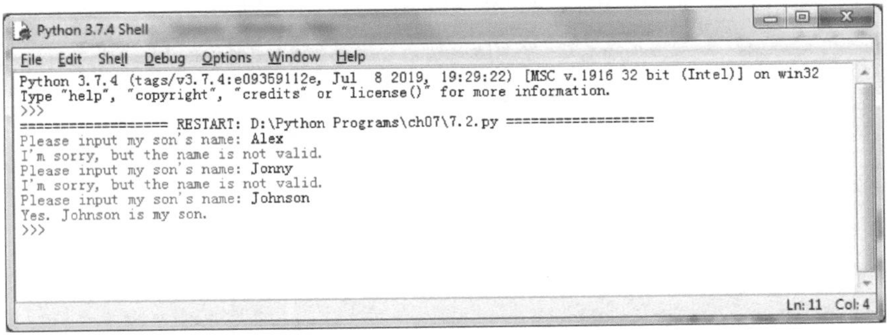

```
Python 3.7.4 Shell
File Edit Shell Debug Options Window Help
Python 3.7.4 (tags/v3.7.4:e09359112e, Jul  8 2019, 19:29:22) [MSC v.1916 32 bit (Intel)] on win32
Type "help", "copyright", "credits" or "license()" for more information.
>>>
================== RESTART: D:\Python Programs\ch07\7.2.py ==================
Please input my son's name: Alex
I'm sorry, but the name is not valid.
Please input my son's name: Jonny
I'm sorry, but the name is not valid.
Please input my son's name: Johnson
Yes. Johnson is my son.
>>>
Ln: 11 Col: 4
```

图 7-2

7.1.2 无止尽的 while 循环

当使用循环时，要记住：如果我们设置的条件永远都不会是False，那么循环就会进入到无限循环中（除非关闭或退出Python）。例如，在数羊的示例程序中，如果去掉sheepCounted=sheepCounted+1这一句，那么sheepCounted将永远保持为0，程序就无法结束了。得到的结果如图7-3所示。

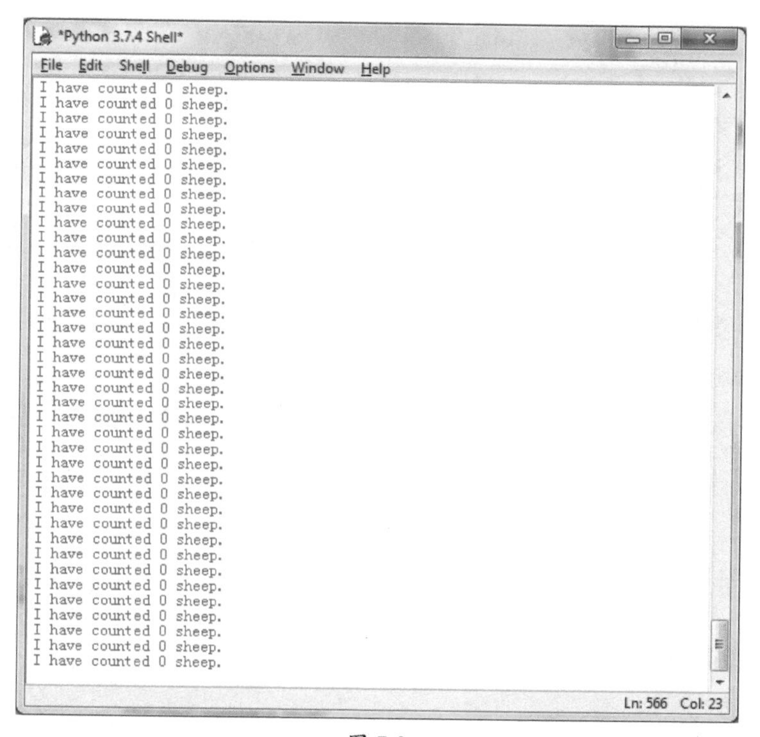

图 7-3

我们再来看之前另一个例子，只有当用户输入Johnson时，才会退出循环。代码参见ch07\7.3.py。

```
name=""
while name!="Johnson":
    name=input("Please input a name: ")
```

但是如果用户永远不能正确地输入Johnson，那么程序就会永远“问”下去，如图7-4所示。

在实际编写程序的过程中，我们要避免这种无限循环的情况发生。

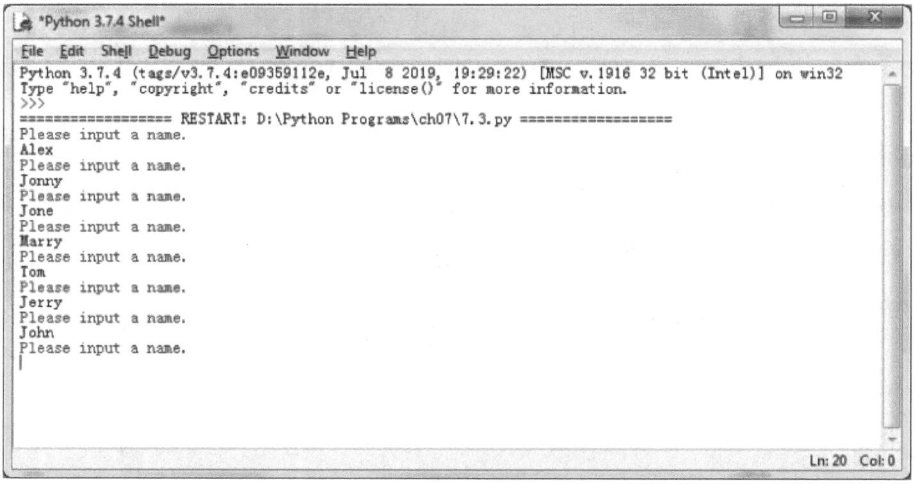

```
*Python 3.7.4 Shell*
File Edit Shell Debug Options Window Help
Python 3.7.4 (tags/v3.7.4:e09359112e, Jul  8 2019, 19:29:22) [MSC v.1916 32 bit (Intel)] on win32
Type "help", "copyright", "credits" or "license()" for more information.
>>>
================== RESTART: D:\Python Programs\ch07\7.3.py ==================
Please input a name.
Alex
Please input a name.
Jonny
Please input a name.
Jone
Please input a name.
Marry
Please input a name.
Tom
Please input a name.
Jerry
Please input a name.
John
Please input a name.
|
Ln: 20 Col: 0
```

图 7-4

7.1.3　break 语句

如果像上一小节那样，程序进入到无止尽的循环中，我们有一种捷径，可以让while循环立即中断。这就是break语句。

还是以刚才的代码为例，我们对它稍作修改，代码参见ch07\7.4.py。

```
name=""
while name!="Johnson":
    print("Please input a name. Enter 'q' to quit: ")
    name=input()
    if name == "q":
        break
```

这次我们留了个“后门”，如果用户不能正确输入名称，可以输入字母“q ”来退出循环，如图7-5所示。

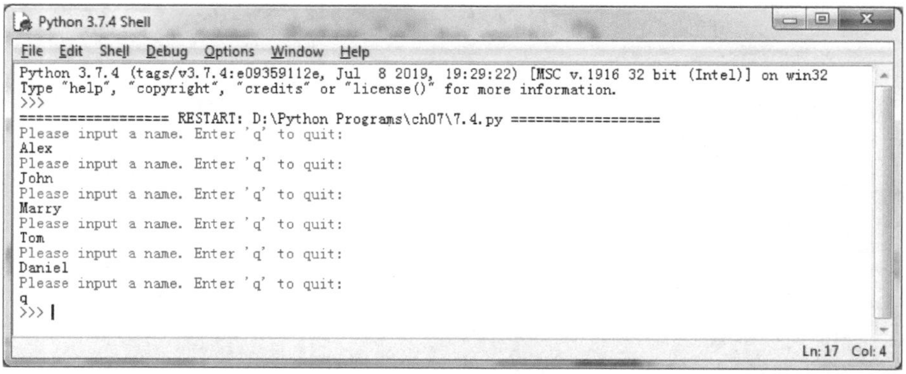

```
Python 3.7.4 Shell
File Edit Shell Debug Options Window Help
Python 3.7.4 (tags/v3.7.4:e09359112e, Jul  8 2019, 19:29:22) [MSC v.1916 32 bit (Intel)] on win32
Type "help", "copyright", "credits" or "license()" for more information.
>>>
================== RESTART: D:\Python Programs\ch07\7.4.py ==================
Please input a name. Enter 'q' to quit:
Alex
Please input a name. Enter 'q' to quit:
John
Please input a name. Enter 'q' to quit:
Marry
Please input a name. Enter 'q' to quit:
Tom
Please input a name. Enter 'q' to quit:
Daniel
Please input a name. Enter 'q' to quit:
q
>>> |
Ln: 17 Col: 4
```

图 7-5

我们可以在程序中的某个位置添加一条break语句，以确保用户不会陷入一个永不退出的程序中。例如，在Python中，我们经常会用到while True这样一个看上去像是永久的循环语句，但是同时会在代码中加入break条件判断，用以在循环内部的某个条件达成时终止循环。

我们来看一个示例，假设了一个保险柜的密码是“338822”，程序要求用户输入正确的密码后，才能够打开保险柜，代码参见ch07\7.5.py。

```
password = "338822"
while True:
    userInput = input("请输入6位密码：")
    if userInput == password:
        print("打开保险柜")
        break
    else:
        print("您输入的密码不正确，请重新输入")
```

因为while后面跟着是True，那么意味着整个循环会一直执行，直到输入的数字等于设定的密码后，才会跳出循环，如图7-6所示。

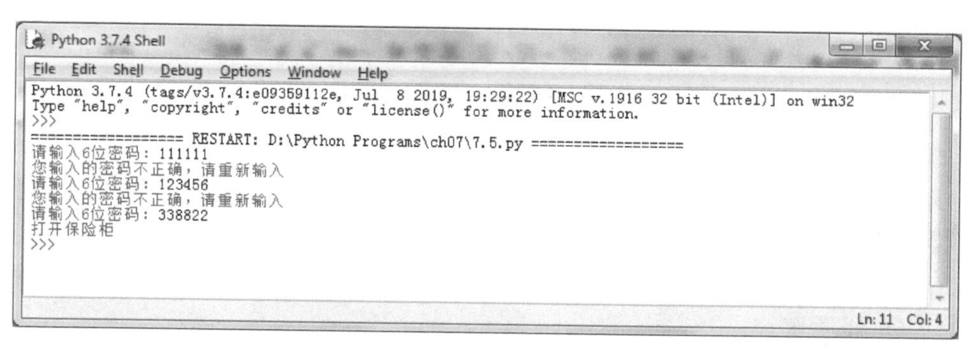

图 7-6

7.1.4 continue 语句

在while循环中，如果我们只是想要返回到循环开头处，然后根据条件来决定是否继续执行循环，而不是直接退出循环，可以使用continue语句。例如，我们要打印出1到10的数字，但是不打印3的倍数，代码参见ch07\7.6.py。

```
number=0
while number<10:
    number=number+1
    if number %3 ==0:
        continue
    print ("The current number is :"+str(number))
```

我们首先创建了一个名为number的变量，并且把它的初始值设置为0。当开始while循环的时候，先查看number是否小于10。因为number现在的值是0，小于10，所以执行代码块（循环的主体）中的语句，首先语句number=number+1会把number的值加1。接下来，语句number %3 = =0会判断number是否能够被3整除。如果这个条件为True，则执行continue语句跳出本次循环，直接进入下一次循环；否则，打印当前number的数值。程序运行的结果如图7-7所示。

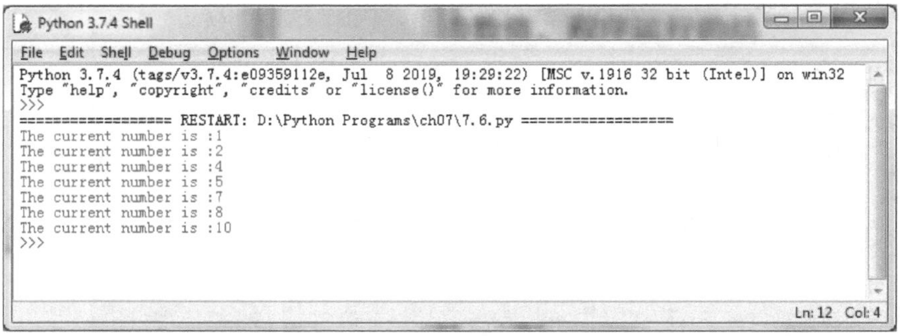

```
Python 3.7.4 Shell
File Edit Shell Debug Options Window Help
Python 3.7.4 (tags/v3.7.4:e09359112e, Jul  8 2019, 19:29:22) [MSC v.1916 32 bit (Intel)] on win32
Type "help", "copyright", "credits" or "license()" for more information.
>>>
================== RESTART: D:\Python Programs\ch07\7.6.py ==================
The current number is :1
The current number is :2
The current number is :4
The current number is :5
The current number is :7
The current number is :8
The current number is :10
>>>
Ln: 12  Col: 4
```

图 7-7

7.2　for 循环

除了while循环，还有一种更具有可读性的循环结构，这就是for循环，它可以将同一段代码重复执行一定的次数。for循环使得编写一个循环更为简单：只需要创建一个变量，当条件为真时一直循环，并且在每轮循环的末尾修改变量就可以了。

在Python中，for语句包含以下部分：

- for关键字；
- 变量；
- in关键字；
- 范围；
- 冒号；
- 从下一行开始，缩进的代码块。

提示　for循环用于循环代码一定次数，而while循环是只要满足某个条件就会不断重复。

for循环的一种很常见的用法是，对列表中每个元素执行操作，或者对字符串中的每个字符执行操作（用术语来讲，这种操作称为遍历或迭代）。例如，如下所示的for循环会把动物园中的动物打印出来，代码参见ch07\7.7.py。

```
animals = ["Tiger","Lion","Panda","Bear","WOlf"]
for animal in animals:
    print ("This zoo contains a "+animal+".")
```

这段程序的运行结果如图7-8所示。

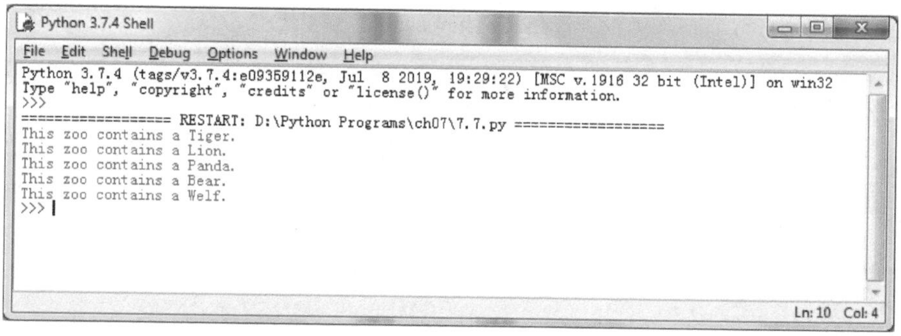

```
Python 3.7.4 Shell
File Edit Shell Debug Options Window Help
Python 3.7.4 (tags/v3.7.4:e09359112e, Jul  8 2019, 19:29:22) [MSC v.1916 32 bit (Intel)] on win32
Type "help", "copyright", "credits" or "license()" for more information.
>>>
================= RESTART: D:\Python Programs\ch07\7.7.py =================
This zoo contains a Tiger.
This zoo contains a Lion.
This zoo contains a Panda.
This zoo contains a Bear.
This zoo contains a Wolf.
>>> 
Ln: 10  Col: 4
```

图 7-8

我们还可以使用for循环来改写一下前面数羊的while循环，代码参见ch07\7.8.py。

```
for sheepCounted in [0,1,2,3,4,5,6,7,8,9]:
    print("I have counted "+str(sheepCounted)+ " sheep.")
print("I fall asleep.")
```

得到的结果如图7-9所示。

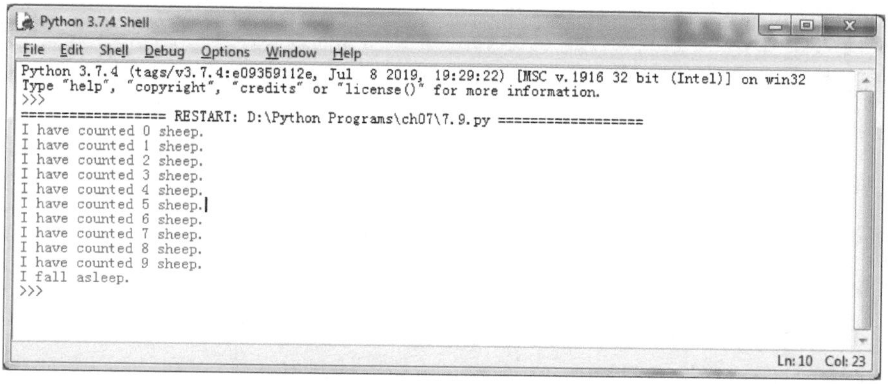

```
Python 3.7.4 Shell
File Edit Shell Debug Options Window Help
Python 3.7.4 (tags/v3.7.4:e09359112e, Jul  8 2019, 19:29:22) [MSC v.1916 32 bit (Intel)] on win32
Type "help", "copyright", "credits" or "license()" for more information.
>>>
================= RESTART: D:\Python Programs\ch07\7.9.py =================
I have counted 0 sheep.
I have counted 1 sheep.
I have counted 2 sheep.
I have counted 3 sheep.
I have counted 4 sheep.
I have counted 5 sheep.
I have counted 6 sheep.
I have counted 7 sheep.
I have counted 8 sheep.
I have counted 9 sheep.
I fall asleep.
>>>
Ln: 10  Col: 23
```

图 7-9

可以看到，sheepCounted是一个变量，它被依次赋予列表中的每个值，并且针对每个值，都会执行一次语句块。为了简单起见，我们这里只是从0数到9，就进入了梦乡。

除了使用列表把每个变量要用到的每个值都罗列出来，我们还可以借助range函数做到这一点。range函数生成一个等差级数组，比如range(10)生成从0到

9的整数，注意，如果只有一个参数，则这个参数为右边界，而左边界默认为0。

对于上面的示例，我们可以使用range(10)替换[0,1,2,3,4,5,6,7,8,9]，代码参见ch07\7.9.py。

```
for sheepCounted in range(10):
    print("I have counted "+str(sheepCounted)+ " sheep.")
print("I fall asleep.")
```

得到的结果是一样的，如图7-10所示。

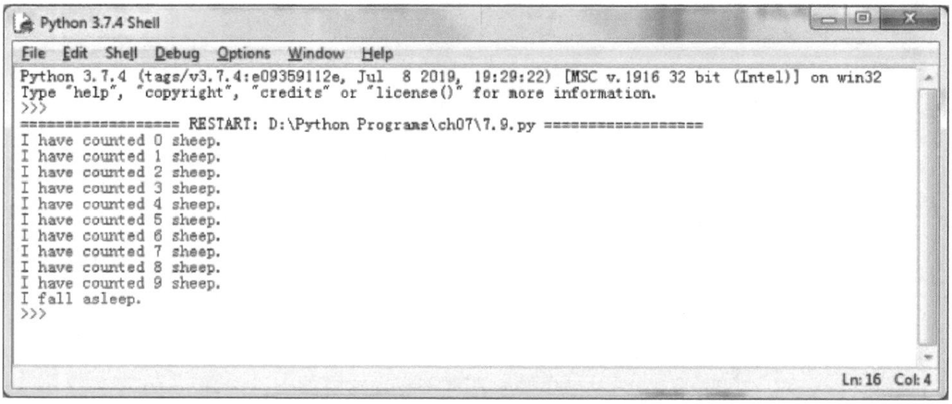

```
Python 3.7.4 Shell
File Edit Shell Debug Options Window Help
Python 3.7.4 (tags/v3.7.4:e09359112e, Jul  8 2019, 19:29:22) [MSC v.1916 32 bit (Intel)] on win32
Type "help", "copyright", "credits" or "license()" for more information.
>>>
================== RESTART: D:\Python Programs\ch07\7.9.py ==================
I have counted 0 sheep.
I have counted 1 sheep.
I have counted 2 sheep.
I have counted 3 sheep.
I have counted 4 sheep.
I have counted 5 sheep.
I have counted 6 sheep.
I have counted 7 sheep.
I have counted 8 sheep.
I have counted 9 sheep.
I fall asleep.
>>>
Ln: 16  Col: 4
```

图 7-10

如果不想从0开始，那就给range函数两个参数：开始的数字和结束的数字。我们还是以数羊为例，这次给range函数两个数字，1和31。Python会返回一个数字列表，从第一个数字（1）开始，并以第2个数字减1（即31-1）结束，代码参见ch07\7.10.py。

```
for sheepCounted in range(1,31):
    print("I have counted "+str(sheepCounted)+ " sheep.")
print("I fall asleep.")
```

得到的结果是从1数到30，然后就睡着了，如图7-11所示。

我们还可以让range()函数按照一定数值递增。在这种情况下，我们需要输入3个参数，分别是：起始数、结束数和增量。还是以数羊为例，如果我们只是想要数偶数，我们告诉range()从2开始，每次以2递增。这里，我们给range()一个起始数2，一个结束数30（31减1）和一个增量2，代码参见ch07\7.11.py。

```
for sheepCounted in range(2,31,2):
    print("I have counted "+str(sheepCounted)+ " sheep.")
print("I fall asleep.")
```

这次，数的羊全是偶数只，如图7-12所示。

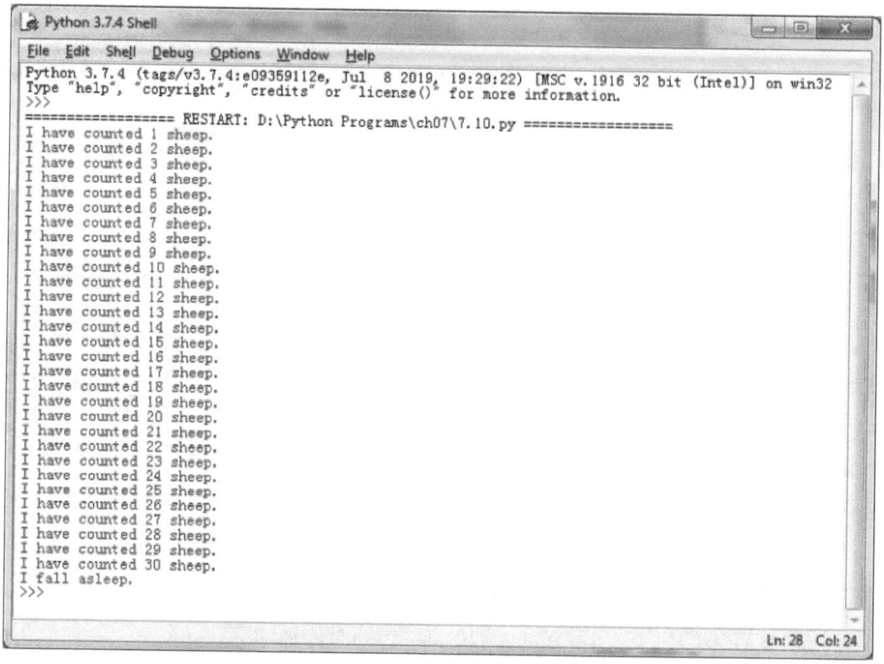

```
Python 3.7.4 Shell
File Edit Shell Debug Options Window Help
Python 3.7.4 (tags/v3.7.4:e09359112e, Jul  8 2019, 19:29:22) [MSC v.1916 32 bit (Intel)] on win32
Type "help", "copyright", "credits" or "license()" for more information.
>>>
================== RESTART: D:\Python Programs\ch07\7.10.py ==================
I have counted 1 sheep.
I have counted 2 sheep.
I have counted 3 sheep.
I have counted 4 sheep.
I have counted 5 sheep.
I have counted 6 sheep.
I have counted 7 sheep.
I have counted 8 sheep.
I have counted 9 sheep.
I have counted 10 sheep.
I have counted 11 sheep.
I have counted 12 sheep.
I have counted 13 sheep.
I have counted 14 sheep.
I have counted 15 sheep.
I have counted 16 sheep.
I have counted 17 sheep.
I have counted 18 sheep.
I have counted 19 sheep.
I have counted 20 sheep.
I have counted 21 sheep.
I have counted 22 sheep.
I have counted 23 sheep.
I have counted 24 sheep.
I have counted 25 sheep.
I have counted 26 sheep.
I have counted 27 sheep.
I have counted 28 sheep.
I have counted 29 sheep.
I have counted 30 sheep.
I fall asleep.
>>>
Ln: 28 Col: 24
```

图 7-11

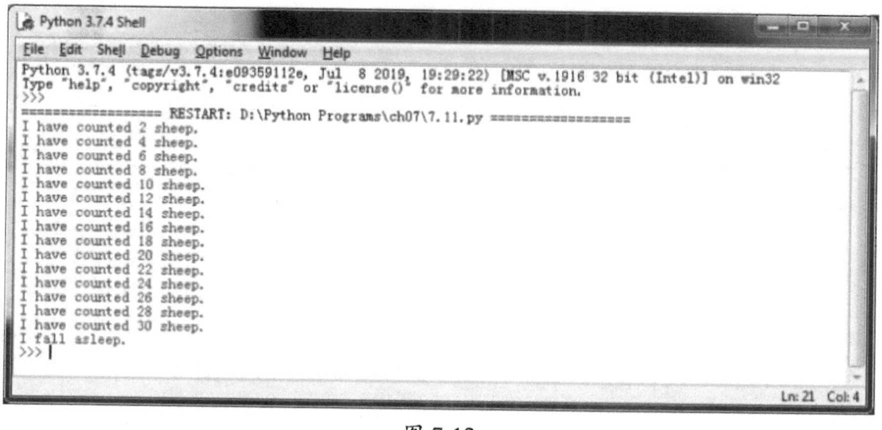

```
Python 3.7.4 Shell
File Edit Shell Debug Options Window Help
Python 3.7.4 (tags/v3.7.4:e09359112e, Jul  8 2019, 19:29:22) [MSC v.1916 32 bit (Intel)] on win32
Type "help", "copyright", "credits" or "license()" for more information.
>>>
================== RESTART: D:\Python Programs\ch07\7.11.py ==================
I have counted 2 sheep.
I have counted 4 sheep.
I have counted 6 sheep.
I have counted 8 sheep.
I have counted 10 sheep.
I have counted 12 sheep.
I have counted 14 sheep.
I have counted 16 sheep.
I have counted 18 sheep.
I have counted 20 sheep.
I have counted 22 sheep.
I have counted 24 sheep.
I have counted 26 sheep.
I have counted 28 sheep.
I have counted 30 sheep.
I fall asleep.
>>> |
Ln: 21 Col: 4
```

图 7-12

提示 break 语句和 continue 语句在 for 循环中同样适用，其用法和在 while 循环中是一样的，这里不再赘述。

7.3 成绩单

学习完本章，我们就可以使用循环来进一步完善成绩单，从而让它成为一个真正可以使用的程序，并且把前面所提出的问题全部解决掉，让它既可以重复录入学生的信息，又可以查询某位学生的成绩，还可以修改和删除学生的信息。完整代码参见ch07\7.12.py。

我们要先分析一下要做的事情。

1. 首先，还是要定义一个列表来存储学生的信息。

2. 然后，我们通过while循环，让程序一直运行，只有在主动要求退出系统时，才可以关闭程序。后面要执行的代码都作为子句，放到while循环中。

3. 程序将功能列表显示给用户，让用户知道如何进行选择。

4. 然后，程序根据用户的选项，使用条件语句，分别执行添加、删除、修改、查询、显示所有学生信息和退出程序的功能。

5. 添加学生信息的时候，通过for循环遍历列表中所有元素，判断系统中是否已有相同的学号，只有在没有相同学号的情况下才可以添加成功。

6. 删除学生的时候，也是通过for循环找到要删除的元素。

7. 修改学生的信息，同样通过for循环找到指定元素，进行修改。

8. 查询学生的信息，也是通过for循环找到指定元素。

9. 列出所有学生的信息，也是通过for循环把列表中的元素全部打印出来。

来看一下代码。首先，定义一个列表studentList，用它来存储全部学生的信息。然后使用一个while循环，条件为True，表示这个循环会一直进行下去，直到满足某个条件后，才能跳出循环。这样，用户就可以不断地录入新的学生信息，直到其主动退出程序。

```
studentList=[]
while True:
```

接下来所有的代码都是while循环的子语句，需要进行缩进。这里会通过print函数来显示一组功能列表，让用户知道该如何进行操作，并且为了更醒目，会在功能列表的第1行和最后1行分别打印30个-号作为分隔。然后提示用户选择功能，他们可以输入1到6之间的数字，然后把这个数字赋值给变量key。

```
    print("-"*30)
    print(" 学生成绩系统 ")
    print(" 1.添加学生的信息")
    print(" 2.删除学生的信息")
    print(" 3.修改学生的信息")
    print(" 4.查询学生的信息")
    print(" 5.列出所有学生的信息")
    print(" 6.退出系统")
    print("-"*30)
    key = int(input("请选择功能（输入序号1到6）："))
```

运行程序，结果如图7-13所示。

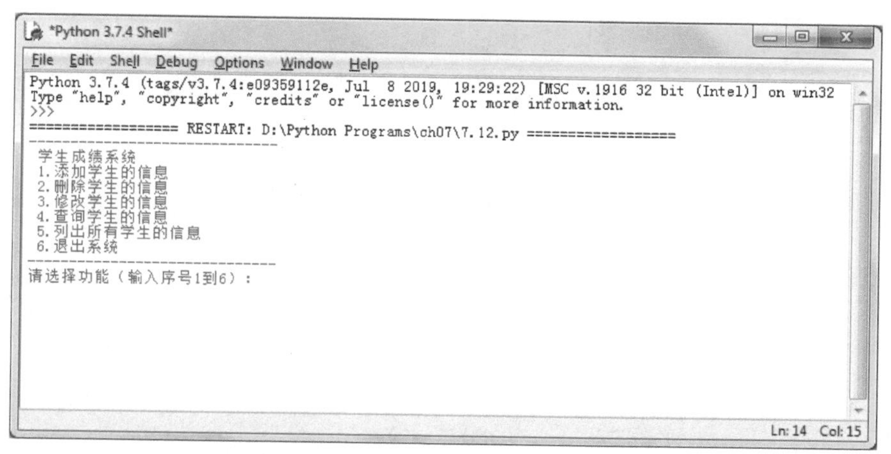

图 7-13

接下来，程序会根据用户的选择来完成相应的功能。当变量key等于1，程序会提示用户选择了“添加学生的信息”这项功能。然后要求用户输入姓名，并将输入内容赋值给变量name。然后要求用户输入学号，这里会提示用户，学号是唯一的，不允许重复，将输入的内容赋值给变量stuId。

接下来，程序会验证输入的学号是不是有重复。先创建了一个临时变量hasRecord，将它设置为False。然后使用for循环，遍历studentList列表中的每个元素，把每个元素赋值给变量temp，这个元素是字典类型，所以变量temp也是一个字典。然后判断temp的键“ID”对应的值是否等于stuId，如果相等，表示已经有了相同的学号，会将变量hasRecord设置为True，并且调用break语句跳出for循环；如果不相等，不做任何操作，直接进入下一次迭代。

for循环执行完毕后，判断变量hasRecord，如果它的值变为True，表示有重复的学号，提示用户添加失败，然后调用continue语句，不再继续执行下面的代码，而是直接返回到while循环开头处。如果hasRecord不等于True，表示没有重复的学号，输入的学号是有效的，那么会创建一个空的字典student，将变量name和stuId赋给student的键“name”和“ID”，作为其对应的值。然后提示用户输入语文、数学和英语成绩。判断输入的数字是否符合要求，如果符合则使用append()方法把字典student添加到studentList列表中，并且提示录入成功；如果不符合要求，提示输入错误后直接返回到while循环的开头处。判断成绩是否有效的代码在第6章中已经介绍过，这里不再赘述。

```
if key == 1:
    print("您选择了添加学生信息功能")
```

```
        name = input("请输入姓名：")
        stuId = input("请输入学号(不可重复)：")

        hasRecord = False
        for temp in studentList:
            if temp["ID"] == stuId:
                hasRecord = True
                break
                if hasRecord == True:
            print("输入学号重复，添加失败！")
            continue
        else:
            student = {}
            student["name"] = name
            student["ID"] = stuId

            score1=float(input("请输入语文成绩："))
            if score1 <= 100 and score1 >= 0 :
                student["score1"]=score1
            else:
                print ("输入的语文成绩有错误，添加失败！")
                continue
            score2=float(input("请输入数学成绩："))
            if score2 <= 100 and score2 >= 0 :
                student["score2"]=score2
            else:
                print ("输入的数学成绩有误，添加失败！")
                continue
            score3=float(input("请输入英语成绩："))
            if score3 <= 100 and score3 >= 0 :
                student["score3"]=score3
            else:
                print ("输入的英语成绩有误，添加失败！")
                continue

            student["total"]=student["score1"] + student["score2"] + student
["score3"]

            studentList.append(student)
            print (student["name"]+"的成绩录入成功！")
```

运行程序，结果如图7-14所示。

当变量key等于2，程序会提示用户选择了“删除学生的信息”这项功能。然后要求用户输入学号，并将输入内容赋值给变量stuId。

接下来，程序会去studentList列表中查找输入的学号对应的元素。创建了临时变量hasRecord和i。使用变量hasRecord判断是否找到对应学号，默认值是False。变量i记录要删除元素的索引，初始值是0。

然后使用for循环，遍历studentList列表中每个元素，把每个元素赋值给变量temp。然后判断temp的键“ID”对应的值是否等于stuId。如果相等，表示找到了记录，会将变量hasRecord设置为True，并且调用break语句跳出for循环；如果不相等，将变量i加1，进入下一次迭代，判断下一个元素。

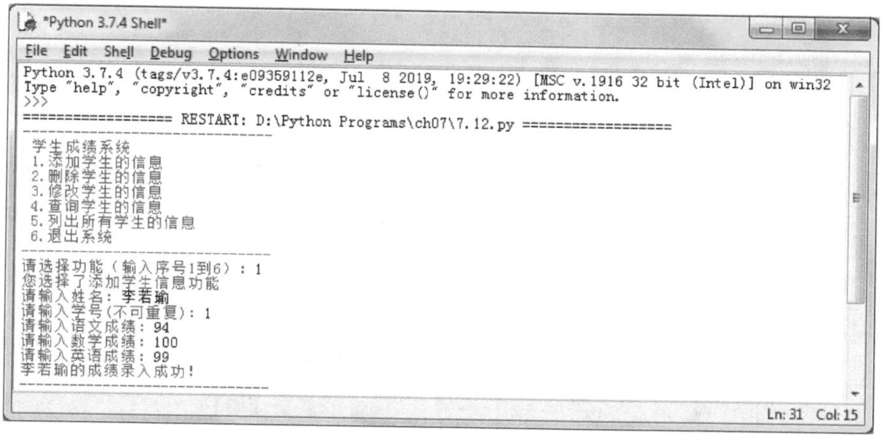

```
*Python 3.7.4 Shell*
File  Edit  Shell  Debug  Options  Window  Help
Python 3.7.4 (tags/v3.7.4:e09359112e, Jul  8 2019, 19:29:22) [MSC v.1916 32 bit (Intel)] on win32
Type "help", "copyright", "credits" or "license()" for more information.
>>>
================= RESTART: D:\Python Programs\ch07\7.12.py =================
-----------------------------
 学生成绩系统
 1.添加学生的信息
 2.删除学生的信息
 3.修改学生的信息
 4.查询学生的信息
 5.列出所有学生的信息
 6.退出系统
-----------------------------
请选择功能（输入序号1到6）：1
您选择了添加学生信息功能
请输入姓名：李若瑜
请输入学号(不可重复)：1
请输入语文成绩：94
请输入数学成绩：100
请输入英语成绩：99
李若瑜的成绩录入成功！
-----------------------------
Ln: 31  Col: 15
```

图 7-14

for循环执行完毕后，判断变量hasRecord。如果hasRecord的值变为True，表示找到了要删除的记录，调用del语句删除列表中对应元素，变量i的值是要删除元素的索引值，并且提示用户删除成功。如果hasRecord不等于True，表示没有找到对应的学生信息，提示用户删除失败。

```
elif key == 2:
    print("您选择了删除学生信息功能")
    stuId=input("请输入要删除的学号:")

    i = 0
    hasRecord = False
    for temp in studentList:
        if temp["ID"] == stuId:
            hasRecord = True
            break
        else:
            i=i+1

    if hasRecord == True:
        del studentList[i]
        print("删除成功！ ")
    else:
        print("没有此学生学号，删除失败！ ")
```

运行程序，结果如图7-15所示。

当变量key等于3，程序会提示用户选择了“修改学生的信息”这项功能。然后要求用户输入学号，并将输入内容赋值给变量stuId。

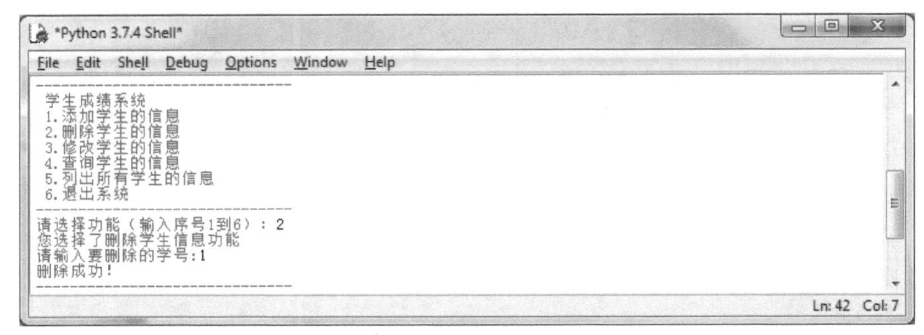

图 7-15

接下来，程序会去studentList列表中查找输入的学号对应的元素。如果hasRecord等于False，表示没有找到对应学生信息，提示用户修改失败。否则，表示找到需要修改元素，然后用到while循环，条件为True，表示这个循环会一直进行下去，直到满足某个条件后，才能跳出循环。

```
elif key == 3:
    print("您选择了修改学生信息功能")
    stuId=input("请输入你要修改学生的学号:")

    hasRecord = False
    for temp in studentList:
        if temp["ID"] == stuId:
            hasRecord = True
            break

    if hasRecord == False:
        print("没有此学号，修改失败！")
    else:
        while True:
```

接下来是while循环的子语句，需要进行缩进。提示用户输入选择要修改的项目，并且将用户输入的内容保存到变量alterNum中。

需要注意的是，提示用户做出选择的每个项目后面都加了一个\n，这是一个转义符，它在这里的含义是加入一个换行。如果alterNum等于1，表示修改姓名，要求用户输入更改后的姓名，并且将其赋值给选中的元素的“name”键，提示用户修改成功,然后调用break语句跳出while循环。

如果alterNum等于2，表示修改学号，要求用户输入更改后的学号。然后通过for循环确认学号不重复，将其赋值给选中的元素的“ID”键，提示用户修改成功,然后调用break语句跳出while循环。

如果alterNum等于3，表示修改语文成绩，要求用户输入更改后的成绩，通过条件语句判断输入是有效值，然后将其赋值给选中元素的“score1”键，将“score1”“score2”“score3”之和赋值给“total”键，提示用户修改成功，然后调用break语句跳出while循环。

如果alterNum等于4，表示修改数学成绩，和修改语文成绩的做法类似，这里不再赘述。

如果alterNum等于5，表示修改英语成绩，和修改语文成绩的做法类似，这里不再赘述。

如果alterNum等于6，调用break语句跳出while循环，退出修改。

如果alterNum等于其他值，提示输入有错误，然后调用break语句跳出while循环。

```
                alterNum=int(input(" 1.修改姓名\n 2.修改学号 \n 3.修改语文成绩
\n 4.修改数学成绩 \n 5.修改英语成绩 \n 6.退出修改\n"))
                if alterNum == 1:
                    newName=input("请输入更改后的姓名:")
                    temp["name"] = newName
                    print("姓名修改成功")
                    break
                elif alterNum == 2:
                    newId=input("请输入更改后的学号:")
                    hasSameID = False
                    for temp1 in studentList:
                        if temp1["ID"] == newId:
                            hasSameID = True
                            break
                    if hasSameID == True:
                        print("输入学号不可重复，修改失败！")
                    else:
                        temp["ID"]=newId
                        print("学号修改成功")
                    break
                elif alterNum == 3:
                    score1=float(input("请输入更改后的语文成绩："))
                    if score1 <= 100 and score1 >= 0 :
                        temp["score1"]=score1
                        temp["total"]=temp["score1"] + temp["score2"] + temp
["score3"]
                        print ("语文成绩修改成功！")
                    else:
                        print ("输入的语文成绩有错误，修改失败！")
                    break
                elif alterNum == 4:
                    score2=float(input("请输入更改后的数学成绩："))
                    if score2 <= 100 and score2 >= 0 :
                        temp["score2"]=score2
                        temp["total"]=temp["score1"] + temp["score2"] + temp
["score3"]
                        print ("数学成绩修改成功！")
                    else:
```

```
                        print ("输入的数学成绩有错误，修改失败！")
                    break
                elif alterNum == 5:
                    score3=float(input("请输入更改后的英语成绩："))
                    if score3 <= 100 and score3 >= 0 :
                        temp["score3"]=score3
                        temp["total"]=temp["score1"] + temp["score2"] + temp
["score3"]
                        print ("英语成绩修改成功！")
                    else:
                        print ("输入的英语成绩有错误，修改失败！")
                    break
                elif alterNum == 6:
                    break
                else:
                    print("输入错误请重新输入")
```

运行程序，结果如图 7-16 所示。

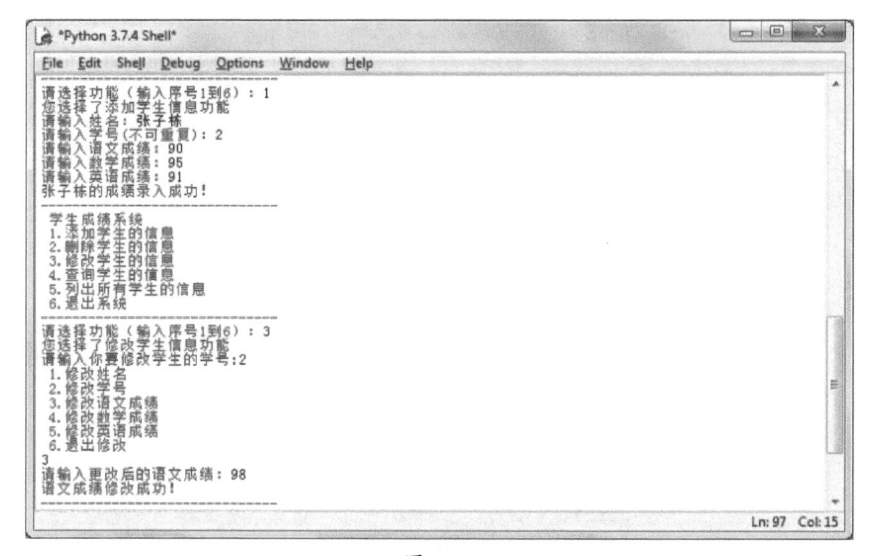

图 7-16

提示　转义字符是指，用一些普通字符的组合来代替一些特殊字符，由于这些组合改变了原来字符表示的含义，因此称为“转义”。通常就是在指定字符前添加反斜杠 \，以此来表示对该字符进行转义。Python 中常用的转义符有：\n（换行）、\r（回车）、\b（退格）、\'（单引号）、\"（双引号）和\t（横向制表符，也就是Tab键）等。

当变量key等于4，程序会提示用户选择了“查询学生的信息”这项功能。然后要求用户输入学号，并将输入的内容赋值给变量stuId。

接下来，程序会去studentList列表中查找输入的学号对应的元素。如果hasRecord等于False，表示没有找到对应的学生信息，提示用户查询失败。否则，表示找到需要查询的元素，然后将该元素的信息打印出来。

在打印学生信息的时候，我们又一次用到了转义字符，这次用到的是\t，表示增加一个横向制表符，相当于按下Tab键。这样，我们就不用像之前使用空格来分隔每一个项目。

```
elif key == 4:
        print("您选择了查询学生信息功能")
        stuId=input("请输入你要查询学生的学号:")

        hasRecord = False
        for temp in studentList:
            if temp["ID"] == stuId:
                hasRecord = True
                break
        if hasRecord == False:
            print("没有此学生学号，查询失败！")
        else:
            print ("学号\t姓名\t语文\t数学\t英语\t总分")
            print(temp["ID"],"\t",temp["name"],"\t",temp["score1"],"\t",temp
["score2"],"\t",temp["score3"],"\t",temp["total"])
```

运行程序，结果如图7-17所示。

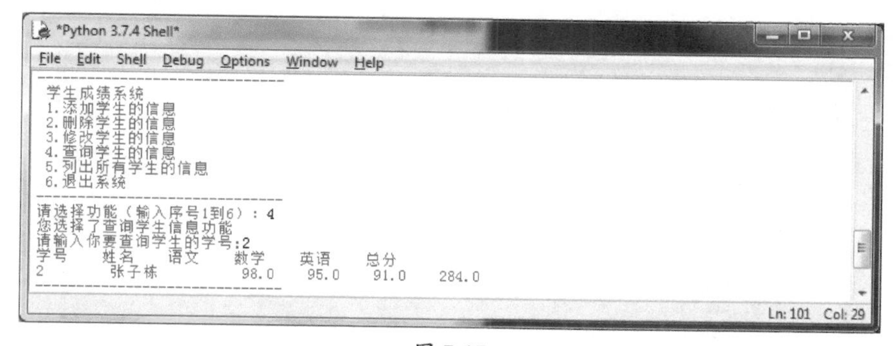

图 7-17

当变量key等于5，我们会提示用户选择了“列出所有学生的信息”这项功能。我们会遍历studentList列表中的所有元素，然后将这些元素的信息打印出来。

```
elif key == 5:
        print("接下来进行遍历所有的学生信息...")
        print("学号\t姓名\t语文\t数学\t英语\t总分")
        for temp in studentList:
            print(temp["ID"],"\t",temp["name"],"\t",temp["score1"],"\t",temp
["score2"],"\t",temp["score3"],"\t",temp["total"])
```

运行程序，结果如图 7-18 所示。

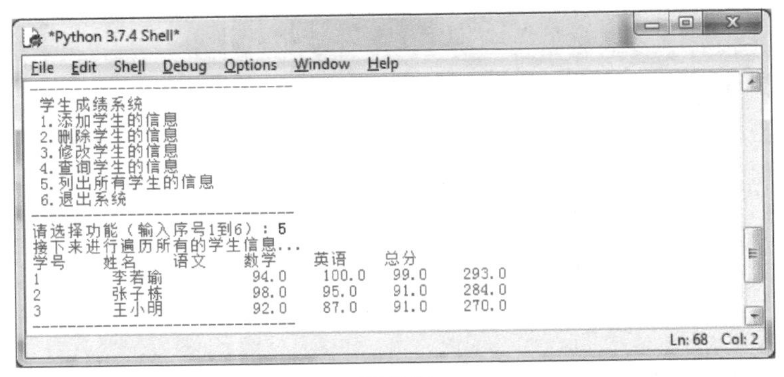

图 7-18

当变量key等于6，程序会提示用户是否确认要“退出系统”，并且要求用户输入Y或N，并将用户输入的内容保存到quitConfirm变量中。如果quitConfirm等于Y，表示用户确认要退出系统，打印“欢迎使用本系统，谢谢”的信息后，调用break语句跳出while循环。

```
elif key == 6:
    quitConfirm = input("确认要退出系统吗 （Y或者N）？ ")
    if quitConfirm.upper()=="Y":
        print("欢迎使用本系统，谢谢")
        break
```

运行程序，结果如图 7-19 所示。

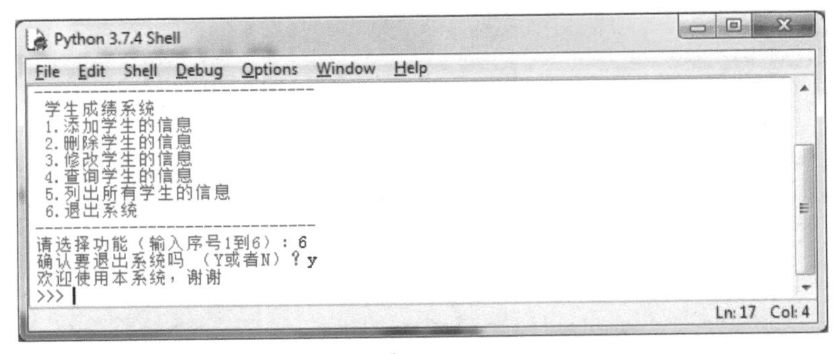

图 7-19

当变量key等于其他数字，程序提示用户输入有误，进入下一次while循环。

```
else:
    print("您输入有误，请重新输入")
```

运行程序，结果如图 7-20 所示。

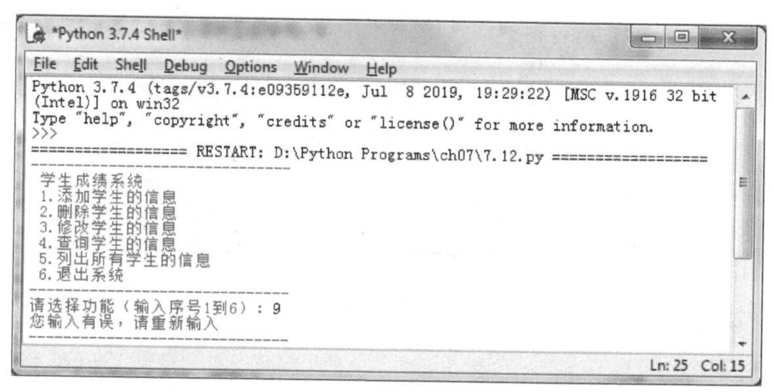

图 7-20

7.4 小结

在本章中，我们介绍了Python中的循环。循环用来重复地执行代码多次，只要特定条件为True，代码就会一直执行。我们可以使用条件来保证在正确的时间执行正确的代码，可以使用循环让程序根据需要一直运行下去。

本章介绍了两种循环，一种是while循环，一种是for循环。while循环是最简单的循环类型，当满足条件时进入循环，直到条件不再满足时停止循环。而for循环是计数循环，重复执行程序循环，直到循环计数变量不在指定的取值范围内时停止循环。我们还可以使用range()函数生成一个指定范围的列表。另外，我们可以通过break语句跳出整个循环，通过continue语句跳出本次循环，直接进入下一次循环。

7.5 练习

1. 编写一个游戏。首先，你想好一个数字，然后把这个数字保存到变量num中。然后让用户去猜这个数字，如果猜的数字大于你想的数，要提示用户“要小一些”，如果猜的数字小于你想的数，要提示用户“要大一些”。只有当猜到的数字等于你想的数，才会提示用户“猜对了，你好棒”，然后退出程序。

2. 请编写一个程序，要将"I Love You"打印到屏幕上10次。接下来，请你帮助钢铁侠的女儿在屏幕上对她的爸爸说3000次“I Love You”。

3. 创建一个列表，其中包含6种你最喜欢的食物，然后创建一个for循环来打印这个列表。

第8章 异常和注释

8.1 异常处理

8.1.1 什么是异常

在编写Python程序的时候，经常会遇到语法错误。例如，在第2章中，我们就介绍过，如果变量名称用数字开头，Python立即就会给出红色的错误提示。第7章介绍缩进的时候提到，如果有些地方忘记缩进，Python也会给出错误提示，告诉我们需要一个缩进。如果在使用if语句的时候if后面没有冒号（:），也会有错误提示。总体来说，语法错误都比较简单，看到Python给出的提示，就很清楚哪里出现错误了。常见的语法错误有拼写错误、缩进错误和程序不符合Python的语法规范等。

除了语法错误，在软件开发的过程中，还会有另外一种错误，叫作异常。异常是程序在运行过程中引发的错误。一旦发生异常，Python解释器就会终止程序，并且输出红色的警告信息。先来看一个异常示例，代码参见ch08\8.1.py。

```
numberEight=8
stringEight="8"
print (numberEight+stringEight)
```

我们定义了两个变量，一个是numberEight，表示数字8，一个是stringEight，表示字符"8"。现在，我们把这两个变量用运算符“+”号连接，会出现什么问题呢？我们来运行一下这段代码，会得到一个错误提示，如图8-1所示。

```
Python 3.7.4 Shell
File Edit Shell Debug Options Window Help
Python 3.7.4 (tags/v3.7.4:e09359112e, Jul  8 2019, 19:29:22) [MSC v.1916 32 bit (Intel)] on win32
Type "help", "copyright", "credits" or "license()" for more information.
>>>
================== RESTART: D:\Python Programs\ch08\8.1.py ==================
Traceback (most recent call last):
  File "D:\Python Programs\ch08\8.1.py", line 3, in <module>
    print (numberEight+stringEight)
TypeError: unsupported operand type(s) for +: 'int' and 'str'
>>>
Ln: 9  Col: 4
```

图 8-1

可以看到Python给出了异常的提示信息，它会指明导致异常的代码位于第3行，错误语句是print (numberEight+stringEight)，并且明确是类型错误（TypeError），即运算符号“+”不支持int类型和str类型的运算。

再来看一个示例，这次用变量numberEight去除以0，看看会得到一个什么样的错误，代码参见ch08\8.2.py。

```
numberEight=8
print (numberEight/0)
```

运行代码，得到的错误提示如图8-2所示。

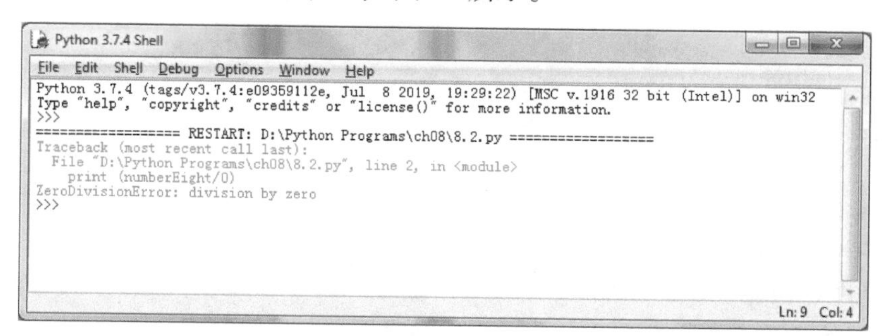

图 8-2

这次Python给出异常提示信息是除零错误（ZeroDivisionError），指明了导致这一错误的语句是print (numberEight/0)，原因是用0作为除数。

异常的种类有很多种，这里就不再一一列举。那么对于异常，有没有什么处理方式，让Python解释器不要因此而终止程序呢？

8.1.2 如何处理异常

在Python中，我们可以自己编写代码来捕获这些异常，并且让Python解释器不用终止程序。处理异常的语句是try…except语句，我们把可能出现异常的语句放到try子句中，把出现异常后的处理语句放到except子句中。还是以数字和字符串相加来作为例子，代码参见ch08\8.3.py。

```
try:
    numberEight=8
    stringEight="8"
    print (numberEight+stringEight)
    print ("没有出现异常，一切顺利")
except:
    print ("出现了异常情况")
```

因为这里把会出现异常的语句放到了try子句中，所以当Python捕获到异常后，就不再执行剩下的语句了，而是直接跳到except子句去执行。

运行代码，得到的结果如图8-3所示。

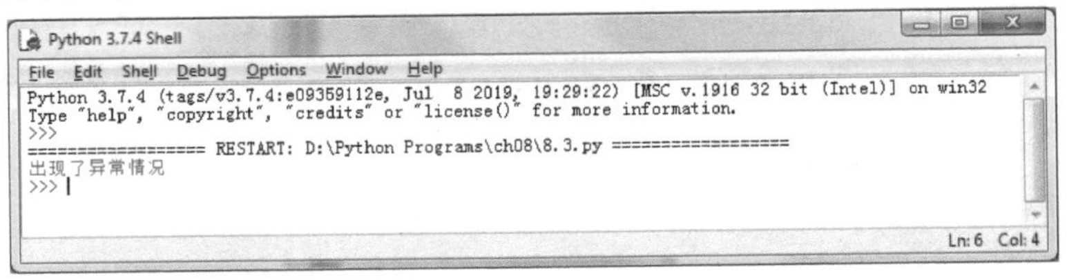

图 8-3

如果try子句在执行时没有出现异常，那么就不会执行except子句中的代码。将前面的例子稍作修改，这次让numberEight和numberEight相加。

```
try:
    numberEight=8
    stringEight="8"
    print (numberEight + numberEight)
    print ("没有出现异常，一切顺利")
except:
    print ("出现了异常情况")
```

运行代码，得到的结果如图8-4所示。

可以看到这次代码顺利地把相加后的结果打印出来，并且继续执行try子句后面的代码。而except子句中的代码则没有执行。

我们不仅可以判断是否会有异常，还可以根据不同的异常来进行相应的处理。只要把异常的类型写在except后面就可以了。下面还是让一个数字除以0，然后捕获ZeroDivisionError这个异常，并且做出相应的提示，代码参见ch08\8.4.py。

```
try:
    numberEight=8
```

```
    print (numberEight/0)
    print ("没有出现异常，一切顺利")
except ZeroDivisionError:
    print ("这是一个除零错误")
```

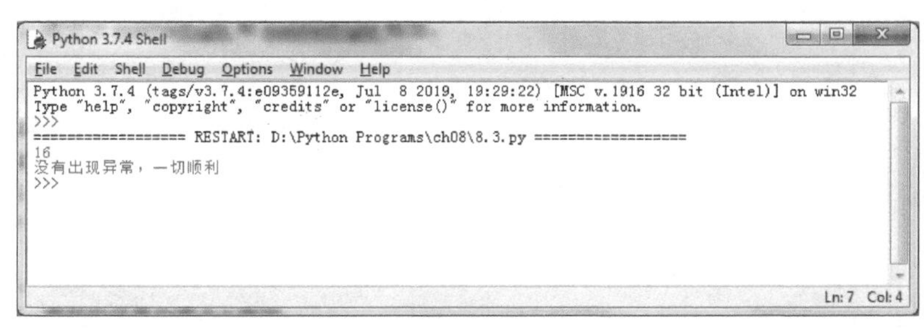

图 8-4

运行代码，得到的结果如图 8-5 所示。

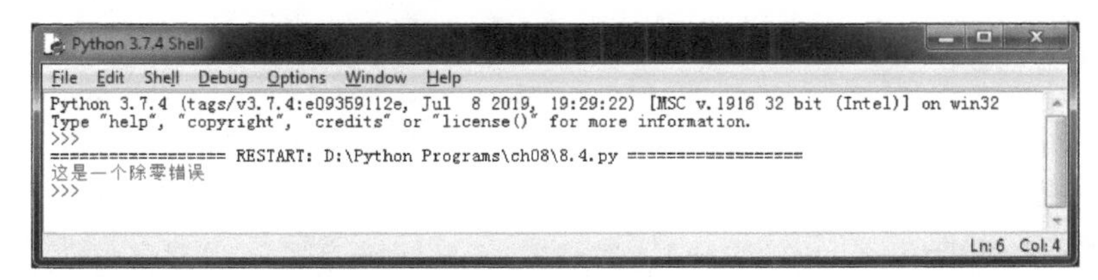

图 8-5

可以看到，程序成功地捕获了这个ZeroDivisionError异常，并且做出了相应的处理。

在Python中，一个try子句也可以对应多个except子句，每个except子句分别用来处理不同的异常。再来看一个示例。我们首先使用while循环，条件为True，表示这个循环会一直进行下去，直到满足某个条件后，才能跳出循环。然后要求用户输入一个不为零的数字，如果用户按照要求输入，那么会在屏幕上打印出"没有出现任何异常"，并且结束while循环；如果用户输入的不是数字，那么会在屏幕上打印出"输入数字而不是字符，请重试"；如果用户输入的是0，那么会在屏幕上打印出"输入错误，0不可以作为除数，请重试"，代码参见ch08\8.5.py。

```
while True:
    try:
        firstNumber=int(input("请输入一个不为零的数字:"))
        secondNumber=10/firstNumber
        print("没有出现任何异常")
        break
    except ZeroDivisionError:
        print ("输入错误，0不可以作为除数，请重试")
    except ValueError:
        print ("输入错误，输入数字而不是字符，请重试")
```

运行这段代码，当输入字符“a”，会提示输入错误，不能输入字符；当输入数字0，也会提示输入错误，不能输入0，因为0不能作为除数；只有当用户输入一个非零的数字之后，程序才会正常结束，如图8-6所示。

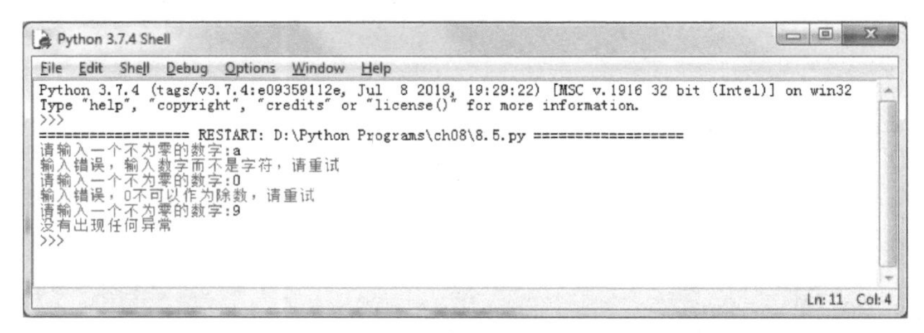

图 8-6

8.2 注释

当我们编写一个简单的程序时，其他人可以很容易理解这个程序是如何工作的。然而，如果是一个复杂的很长的程序，就像第7章的成绩单，可能就不是那么容易理解了。如果时间太久，甚至连当初编写这些程序的人自己都可能无法理解代码了。注释则可以使程序更容易阅读和理解。

注释是供需要阅读程序的人看的，而不是让计算机执行的，计算机运行程序时会忽略这些注释。在Python中，#是单行注释符，表示从#到它所在行的末尾的内容都是注释内容，程序不会执行这些注释内容。我们来为上一小节的示例加上注释，看一下效果，代码参见ch08\8.6.py。

```
while True:
    try:
        firstNumber=int(input("请输入一个不为零的数字:"))
        secondNumber=10/firstNumber
        print("没有出现任何异常")
        break   #跳出while循环
    except ZeroDivisionError:  #判断是否除数为零
        print ("输入错误，0不可以作为除数，请重试")
    except ValueError:  #判断是否输入的不是数字
        print ("输入错误，输入数字而不是字符，请重试")
```

在Python程序中，也可以编写多行内容的注释，以3个引号（"""）作为注释的开始，以下一个3个引号（"""）作为注释的结束，代码参见ch08\8.7.py。

```
"""
功能：演示捕获异常
作者：李强
编写日期：2019年7月1日
```

```
"""
while True:
    try:
        firstNumber=int(input("请输入一个不为零的数字:"))
        secondNumber=10/firstNumber
        print("没有出现任何异常")
        break  #跳出while循环
    except ZeroDivisionError:  #判断是否除数为零
        print ("输入错误，0不可以作为除数，请重试")
    except ValueError:  #判断是否输入的不是数字
        print ("输入错误，输入数字而不是字符，请重试")
```

提示 在Python中编写多行注释的时候，也可以使用3个单引号（'）代替3个双引号（"）。

8.3 成绩单

通过本章的学习，我们可以使用异常处理的功能让成绩单程序更加健壮，而不至于轻易就终止程序。

我们会重点监控并测试用户输入的内容，即使用户输错了内容，程序也会做出相应的提示，而不会结束。例如，用户选择功能如果不是数字，那么会提示输入错误。而输入语文成绩时，我们会对float(input("请输入语文成绩："))这条语句加上异常判断，如果出现异常，那么表示输入的不是数字，会给出相应的提示，而不是让程序直接报错并终止。

另外，我们还为程序加上了注释，让程序变得更容易阅读和理解。在程序开始处，通过注释说明了程序的作者、完成日期等信息。而程序内部的注释，让程序更易于理解。完整代码参见ch08\8.8.py。

```
"""
程序：成绩单V
作者：李强
编写日期：2019年7月1日
"""
studentList=[]  #记录学生信息的列表
while True:
    #显示功能列表，提示用户如何选择功能
    print("-"*30)
    print(" 学生成绩系统 ")
    print(" 1.添加学生的信息")
    print(" 2.删除学生的信息")
    print(" 3.修改学生的信息")
    print(" 4.查询学生的信息")
    print(" 5.列出所有学生的信息")
    print(" 6.退出系统")
    print("-"*30)
```

```
try:
    key = int(input("请选择功能（输入序号1到6）："))
except:  #如果出现异常，跳出本次循环，不再执行后面的代码
    print("您的输入有误，请输入序号1到6")
    continue

if key == 1:  #添加学生信息
    print("您选择了添加学生信息功能")
    name = input("请输入姓名：")
    stuId = input("请输入学号(不可重复)：")

    hasRecord = False
    for temp in studentList:
        if temp["ID"] == stuId:
            hasRecord = True
            break
    if hasRecord == True:
        print("输入学号重复，添加失败！")
        continue
    else:
        student = {}
        student["name"] = name
        student["ID"] = stuId

        try:
            score1=float(input("请输入语文成绩："))
        except:
            print ("输入的不是数字，添加失败！")
            continue
        if score1 <= 100 and score1 >= 0 :
            student["score1"]=score1
        else:
            print ("输入的语文成绩有错误，添加失败！")
            continue

        try:
            score2=float(input("请输入数学成绩："))
        except:
            print ("输入的不是数字，添加失败！")
            continue
        if score2 <= 100 and score2 >= 0 :
            student["score2"]=score2
        else:
            print ("输入的数学成绩有误，添加失败！")
            continue

        try:
            score3=float(input("请输入英语成绩："))
        except:
            print ("输入的不是数字，添加失败！")
            continue
        if score3 <= 100 and score3 >= 0 :
            student["score3"]=score3
        else:
            print ("输入的英语成绩有误，添加失败！")
```

```
                continue

            student["total"]=student["score1"] + student["score2"] + student
["score3"]

            studentList.append(student)
            print (student["name"]+"的成绩录入成功！ ")
    elif key == 2: #删除学生信息
        print("您选择了删除学生信息功能")
        stuId=input("请输入要删除的学号:")

        i = 0
        hasRecord = False
        for temp in studentList:
            if temp["ID"] == stuId:
                hasRecord = True
                break
            else:
                i=i+1

        if hasRecord == True:
            del studentList[i]
            print("删除成功！ ")
        else:
            print("没有此学生学号，删除失败！ ")
    elif key == 3: #修改学生信息
        print("您选择了修改学生信息功能")
        stuId=input("请输入你要修改学生的学号:")

        hasRecord = False
        for temp in studentList:
            if temp["ID"] == stuId:
                hasRecord = True
                break

        if hasRecord == False:
            print("没有此学号，修改失败！ ")
        else:
            while True:
                try:
                    alterNum=int(input(" 1.修改姓名\n  2.修改学号 \n 3.修改语
文成绩 \n 4.修改数学成绩 \n 5.修改英语成绩 \n 6.退出修改\n"))
                except:
                    print ("输入有误，请输入编号1到6")
                    continue

                if alterNum == 1:
                    newName=input("请输入更改后的姓名:")
                    temp["name"] = newName
                    print("姓名修改成功")
                    break
                elif alterNum == 2:
                    newId=input("请输入更改后的学号:")
                    hasSameID = False
                    for temp1 in studentList:
                        if temp1["ID"] == newId:
```

```
                    hasSameID = True
                    break
                if hasSameID == True:
                    print("输入学号不可重复，修改失败！")
                else:
                    temp["ID"]=newId
                    print("学号修改成功")
                break
            elif alterNum == 3:
                try:
                    score1=float(input("请输入更改后的语文成绩："))
                except:
                    print ("输入的不是数字，修改失败！")
                    break
                if score1 <= 100 and score1 >= 0 :
                    temp["score1"]=score1
                    temp["total"]=temp["score1"] + temp["score2"] + temp
["score3"]
                    print ("语文成绩修改成功！")
                else:
                    print ("输入的语文成绩有错误，修改失败！")
                break
            elif alterNum == 4:
                try:
                    score2=float(input("请输入更改后的数学成绩："))
                except:
                    print ("输入的不是数字，修改失败！")
                    break
                if score2 <= 100 and score2 >= 0 :
                    temp["score2"]=score2
                    temp["total"]=temp["score1"] + temp["score2"] + temp
["score3"]
                    print ("数学成绩修改成功！")
                else:
                    print ("输入的数学成绩有错误，修改失败！")
                break
            elif alterNum == 5:
                try:
                    score3=float(input("请输入更改后的英语成绩："))
                except:
                    print ("输入的不是数字，修改失败！")
                    break
                if score3 <= 100 and score3 >= 0 :
                    temp["score3"]=score3
                    temp["total"]=temp["score1"] + temp["score2"] + temp
["score3"]
                    print ("英语成绩修改成功！")
                else:
                    print ("输入的英语成绩有错误，修改失败！")
                break
            elif alterNum == 6:
                break
            else:
                print("输入错误请重新输入")
    elif key == 4: #查询某位学生信息
        print("您选择了查询学生信息功能")
```

```
        stuId=input("请输入你要查询学生的学号:")

        hasRecord = False
        for temp in studentList:
            if temp["ID"] == stuId:
                hasRecord = True
                break
        if hasRecord == False:
            print("没有此学生学号，查询失败！")
        else:
            print ("学号\t姓名\t语文\t数学\t英语\t总分")
            print(temp["ID"],"\t",temp["name"],"\t",temp["score1"],"\t",temp
["score2"],"\t", temp["score3"],"\t",temp["total"])

    elif key == 5: #打印出所有学生的信息
        print("接下来进行遍历所有的学生信息......")
        print("学号\t姓名\t语文\t数学\t英语\t总分")
        for temp in studentList:
            print(temp["ID"],"\t",temp["name"],"\t",temp["score1"],"\t",temp
["score2"],"\t", temp["score3"],"\t",temp["total"])

    elif key == 6: #选择退出系统
        quitConfirm = input("确认要退出系统吗 （Y或者N）？ ")
        if quitConfirm.upper()=="Y":
            print("欢迎使用本系统，谢谢")
            break

    else:  #没有正确输入编号
        print("您输入有误，请重新输入")
```

8.4 小结

在本章中，我们首先介绍了异常。异常是程序在运行过程中引发的错误。一旦发生异常，Python解释器就会终止程序，并且输出红色的警告信息。我们可以通过try…except语句来捕获这些异常，并且让Python解释器不必终止程序。

为了让程序更加容易阅读和理解，我们可以为程序加上注释，而计算机在运行程序时会忽略这些注释。在Python中，#表示是单行注释。也可以编写多行注释，以3个引号（""""）作为注释的开始，以下一个3个引号（""""）作为注释的结束。

8.5 练习

请编写一个程序，由用户输入两个数字，然后比较两个数字的大小，最后将结果显示到屏幕上。程序需要满足以下要求：

1. 使用while循环，让用户可以持续玩这个游戏，直到选择退出游戏；
2. 使用异常处理机制，保证即便用户输入的不是数字，也不要让程序终止；
3. 为程序加上注释，以便于阅读程序的人更好地理解你的编程思路。

第9章 自定义函数

函数是把实现一定功能的代码集合到一起以便能够重复使用这些代码的一种方法。函数允许我们在程序中的多个位置运行相同的代码段，而不需要重复地复制和粘贴代码。而且，通过把大段代码隐藏到函数中，并给它起一个容易理解的名字，我们就可以更好地组织和规划代码了。

提示 利用函数，我们可以把注意力集中在函数的组织上，而不用过多地关注组成这些函数的所有的代码细节。代码段分割的越小，越易于管理，我们也就越能够看到更大的蓝图，并思考如何在更高的层级上构建程序。

Python有两种函数，一种是内置函数，例如，我们前面接触过的print()、int()；另外还有一种是我们自己定义和编写的自定义函数。在本章中，我们将学习如何创建自己的函数。

9.1 函数的基本结构

在Python中，声明自定义函数的时候要包含以下部分：

- def关键字；
- 函数的名称；
- 参数列表（参数的数量可以根据需要而定）；
- 冒号；
- 从下一行开始，缩进的代码；
- 关键字return 和返回的结果（这部分是可选的）。

我们先来创建一个简单的函数。

```
def firstFunction(name):
    str1="Hello "+name+"!"
    print(str1)
```

首先通过关键字def声明这是一个函数，然后为函数起了一个名字——firstFunction，这个函数有一个参数叫作name，我们将语句"Hello "+name+"!"生成的字符串赋值给变量str1，然后打印str1。这个函数没有返回结果。

9.2 调用函数的方法

调用一个函数时，需要在函数名称后边跟着一对圆括号，然后把调用该函数时使用的参数放在括号中。

我们来调用刚才创建的函数，函数firstFunction名称后面的括号中，是要传入的参数“World”。我们用突出显示的代码行表示函数调用，代码参见ch09\9.1.py。

```
def firstFunction(name):
    str1="Hello "+name+"!"
    print(str1)
firstFunction("World")
```

得到的结果如图9-1所示。

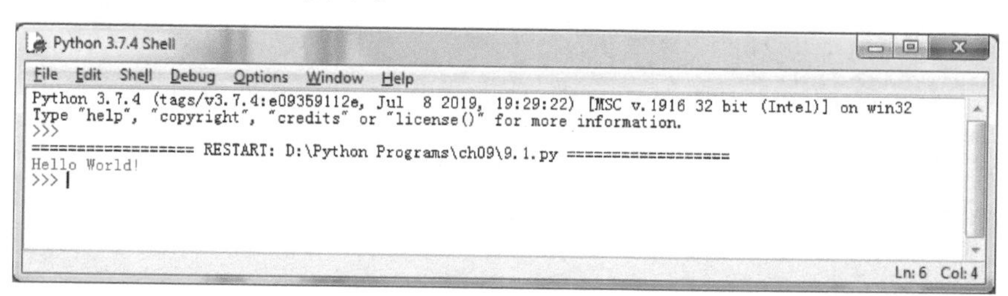

图 9-1

9.3　函数的参数

在上面的示例中，函数有一个参数，我们把这个参数叫作形参。每个函数包含的参数列表叫作形参列表。形参列表中的参数可以是一个参数，也可以是多个参数，甚至可以不带参数。如果使用多个参数，每个参数的名字要用逗号隔开。

我们再来看一个示例，它有两个形参，代码参见 ch09\9.2.py。

```
def sum(number1,number2):
    result=number1+number2
    print(str(result))
```

这是一个进行加法运算的函数，它的两个形参，分别名为 number1 和 number2。当我们调用这个函数的时候，会传入两个参数，我们把传入的两个参数叫作实参。

```
sum(12,21)
```

这里的 12 和 21 就是实参。运行这段代码，得到的结果如图 9-2 所示。

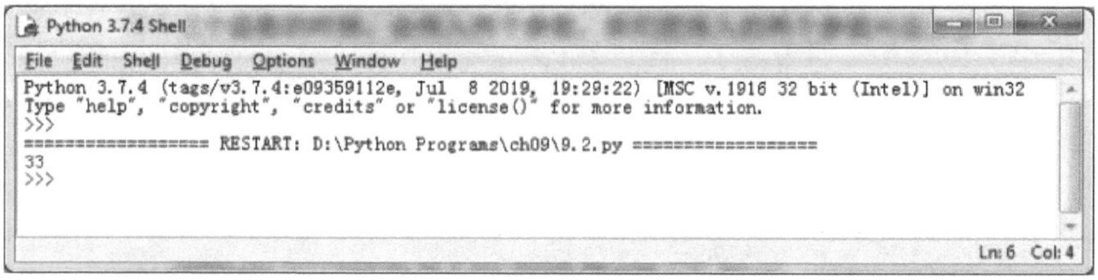

```
Python 3.7.4 Shell
File  Edit  Shell  Debug  Options  Window  Help
Python 3.7.4 (tags/v3.7.4:e09359112e, Jul  8 2019, 19:29:22) [MSC v.1916 32 bit (Intel)] on win32
Type "help", "copyright", "credits" or "license()" for more information.
>>>
================== RESTART: D:\Python Programs\ch09\9.2.py ==================
33
>>>
Ln: 6  Col: 4
```

图 9-2

9.4　函数的返回值

返回值就是函数输出的值，可供我们在代码中的其他地方使用。函数可以有返回值，也可以没有返回值。在前面的示例中，当我们调用函数的时候，该函数并没有返回值。但有的时候，我们需要让函数给出一个返回结果。还是以前面的 sum 函数为例，这次我们在函数中不再打印任何内容，而是用关键字 return 把计算结果返回给函数调用，代码参见 ch09\9.3.py。

```
def sum(number1,number2):
    result=number1+number2
    return result
```

调用这个函数时，可以把这个函数的返回值赋给一个变量，并且打印这个变量。

```
s=sum(12,21)
print(str(s))
```

运行这段代码，得到的结果如图9-3所示。

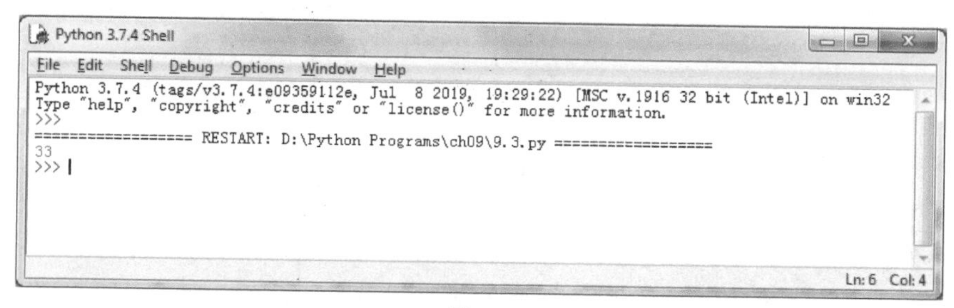

图 9-3

9.5 成绩单

结合本章介绍的自定义函数，我们来进一步改进成绩单程序，完整代码参见ch09\9.4.py。

首先，可以把重复使用的代码放到自定义函数中，这样就不用重复地复制和粘贴代码。在前面介绍的代码中，无论是选择查询和添加，还是修改和删除，都需要先判断当前的列表中是否已经包含了输入的学号。因此，可以把判断列表中是否包含指定学号这段代码作为一个自定义的函数，将列表和指定的学号作为参数，并且返回一个结果值来表示是否在列表中找到这个学号所对应的元素。

来看一下具体的代码。我们定义了一个名为hasRecord的函数，用来判断列表中已有的元素是否包含指定的学号。这个函数有两个形参，一个是表示列表的sList，一个是表示指定的学号sID。在函数中定义了一个变量result，它将作为函数的返回值。一开始，将变量result设置为-1，表示目前没有找到对应的元素。然后创建了临时变量i，初始值是0，它会在for循环中对应到当前元素的索引值。然后使用for循环，遍历sList列表中每个元素，把每个元素赋值给变量temp。在每一次迭代中判断temp的键“ID”对应的值是否等于参数sID。如果相等，表示在列表中已存在相同学号的元素，会将变量i的值赋值给result，这样一来，result的值就是元素所对应的索引，然后调用break语句跳出for循环；如果不相等，将变量i加1，进入下一次迭代，判断下一个元素。for循环执行完毕后，用关键字return把result返回给函数调用。调用它的函数只要判断返回值是不是等于-1，就能够知道有没有对应的元素。如果等于-1，表示没有对应的元素，如果等于其他值，表示找到了对应的元素并且元素的索引就是函数的返回值。

```
#判断成绩列表中是否已经包含了学号，sList表示成绩列表，sID表示学号
def hasRecord(sList,sID):
    result=-1
```

```
    i = 0
    for temp in sList:
       if temp["ID"] == sID:
            result=i
            break
       else:
           i=i+1
    return result
```

还可以把反复要用到的判断输入的成绩是否有效的代码，放到一个自定义函数中。这里把这个自定义的函数命名为getScore，给它指定了两个形参，一个是表示科目的subject，一个是表示动作的action，这两个参数都是字符串。首先，用形参subject和其他字符串拼成一句话，例如形参是“语文”，就可以拼成"请输入语文成绩："。然后把用户输入的内容转换成浮点数保存到变量score中。然后判断变量score是不是在0到100之间，如果在此范围之内，表示score是一个有效的数字，用关键字return将其直接返回给函数调用。如果不在此范围之内，会提示用户输入错误，并且将-1返回给函数调用。调用它的函数只要判断返回值是不是等于-1，就可以知道输入的值是否有效。

```
#判断输入成绩是否有效，subject表示科目，action表示进行操作
def getScore(subject,action):
    try:
        score=float(input("请输入"+subject+"成绩："))
    except:
        print ("输入的不是数字，"+action+"失败！")
        return -1

    if score <= 100 and score >= 0 :
        return score
    else:
        print ("输入的"+subject+"成绩有错误,"+action+"失败！")
        return -1
```

自定义函数的另一个作用就是可以把大段代码隐藏到函数中，并给它们起一个容易理解的名字，这样就可以更好地规划和组织代码，从而让核心代码看上去更加简洁明了。这里，我们可以把显示功能列表的代码，放到一个自定义的、名为showInfo的函数中。这个函数没有参数，也不需要返回值，它只是调用print函数把提示信息打印到屏幕上。

```
#显示功能列表，提示用户如何选择功能
def showInfo():
    print("-"*30)
    print(" 学生成绩系统 ")
    print(" 1.添加学生的信息")
```

```
    print(" 2.删除学生的信息")
    print(" 3.修改学生的信息")
    print(" 4.查询学生的信息")
    print(" 5.列出所有学生的信息")
    print(" 6.退出系统")
    print("-"*30)
```

还可以把修改学生信息的那一大段代码放到自定义函数updateStudent中，为该函数指定表示学生信息的形参student，它也同样没有返回值。代码内容在第8章中已经介绍过，这里不再赘述。

```
def updateStudent(student):
    while True:
        try:
            alterNum=int(input(" 1.修改姓名\n 2.修改学号 \n 3.修改语文成绩 \n
4.修改数学成绩 \n 5.修改英语成绩 \n 6.退出修改\n"))
        except:
            print ("输入有误，请输入编号1到6")
            continue
        if alterNum == 1:  #修改姓名
            newName=input("输入更改后的姓名:")
            student["name"] = newName
            print("姓名修改成功")
            break
        elif alterNum == 2:  #修改学号
            newId=input("输入更改后的学号:")
            newIndex=hasRecord(studentList,newId)
            if newIndex>-1:
                print("输入学号不可重复，修改失败！")
            else:
                student["ID"]=newId
                print("学号修改成功")
            break
        elif alterNum == 3: #修改语文成绩
            score1=getScore("语文","修改")
            if score1 >-1:
                student["score1"]=score1
                student["total"]=student["score1"] + student["score2"] + student
["score3"]
                print ("语文成绩修改成功！")
            break
        elif alterNum == 4: #修改数学成绩
            score2=getScore("数学","修改")
            if score2 >-1:
                student["score2"]=score2
                student["total"]=student["score1"] + student["score2"] + student
["score3"]
                print ("数学成绩修改成功！")
            break
```

```
        elif alterNum == 5: #修改英语成绩
            score3=getScore("英语","修改")
            if score3 >-1:
                student["score3"]=score3
                student["total"]=student["score1"] + student["score2"] + student
["score3"]
                print ("英语成绩修改成功！")
            break
        elif alterNum == 6: #退出修改
            break
        else: #输入了错误的数字
            print("输入错误请重新输入")
```

接下来，就可以在程序中调用这些函数，显然这里的代码看上去要比第8章中实现同样功能的代码简洁了许多。这里突出显示的代码行表示函数调用。

```
studentList=[]
while True:
    showInfo()

    try:
        key = int(input("请选择功能（输入序号1到6）："))
    except: #如果出现异常，跳出本次循环，不再执行后面的代码，要求用户重新输入
        print("您的输入有误，请输入序号1到6")
        continue

    if key == 1: #添加学生信息
        print("您选择了添加学生信息功能")
        name = input("请输入姓名：")
        stuId = input("请输入学号(不可重复)：")

        index=hasRecord(studentList,stuId)
        if index >-1:
            print("输入学号重复，添加失败！")
            continue
        else:
            student = {}
            student["name"] = name
            student["ID"] = stuId

            score1=getScore("语文","添加")
            if score1 >-1:
                student["score1"]=score1
            else:
                continue

            score2=getScore("数学","添加")
            if score2 >-1:
                student["score2"]=score2
            else:
```

```
                continue

            score3=getScore("英语","添加")
            if score3 >-1:
                student["score3"]=score3
            else:
                continue

            student["total"]=student["score1"] + student["score2"] + student
["score3"]
            studentList.append(student)
            print (student["name"]+"的成绩录入成功！ ")
    elif key == 2: #删除学生信息
        print("您选择了删除学生信息功能")
        stuId=input("请输入要删除的学号:")
        index=hasRecord(studentList,stuId)
        if index>-1:
            del studentList[index]
            print("删除成功！ ")
        else:
            print("没有此学生学号，删除失败！ ")
    elif key == 3:
        print("您选择了修改学生信息功能")
        stuId=input("请输入你要修改学生的学号:")
        index=hasRecord(studentList,stuId)
        if index == -1:
            print("没有此学号，修改失败！ ")
        else:
            temp=studentList[index]
            updateStudent(temp)
    elif key == 4: #查询某位学生信息
        print("您选择了查询学生信息功能")
        stuId=input("请输入你要查询学生的学号:")
        index=hasRecord(studentList,stuId)
        if index == -1:
            print("没有此学生学号，查询失败！ ")
        else:
            temp=studentList[index]
            print ("学号\t姓名\t语文\t数学\t英语\t总分")
            print(temp["ID"],"\t",temp["name"],"\t",temp["score1"],"\t",temp
["score2"],"\t",
                temp["score3"],"\t",temp["total"])
    elif key == 5:  #打印出所有学生的信息
        print("接下来进行遍历所有的学生信息...")
    print("学号\t姓名\t语文\t数学\t英语\t总分")
        for temp in studentList:
            print(temp["ID"],"\t",temp["name"],"\t",temp["score1"],"\t",temp
["score2"],"\t",
                temp["score3"],"\t",temp["total"])
    elif key == 6:  #选择退出系统
```

```
        quitConfirm = input("确认要退出系统吗 （Y或者N）? ")
        if quitConfirm.upper()=="Y":
            print("欢迎使用本系统，谢谢")
            break
    else:  #没有正确输入编号
        print("您输入有误，请重新输入")
```

9.6　小结

自定义函数允许我们重复使用特定的代码块。根据传递的参数不同，函数可以做不同的事情，我们可以在代码中调用函数并得到其返回值。

函数也使得我们能够为给定的一段代码起一个有意义的名字。例如，函数名称 pickRandomNumber 清晰地表明，这个函数所做的事情就是随机挑选一个数字。

9.7　练习

1. 我们在第 4 章的成绩单示例程序中曾经介绍过如何通过成绩来排序。请为本章成绩单程序也编写一个名为 sort 的自定义函数，可以通过调用这个函数，实现排序功能。对这个 sort 函数的要求如下：

- 接受的参数是学生信息的列表；
- 提示用户输入数字，来选择要按照什么来排序：1 学号；2 语文成绩；3 数学成绩；4 英语成绩；5 总成绩；
- 将排序后的学生信息全部打印到屏幕上。

2. 请尝试调用第 1 题中编写的函数。

第 10 章 面向对象编程

面向对象编程（Object-Oriented Programming，OOP）是设计和编写程序的一种方式。Python语言中，几乎一切都可以用对象来表示。

其实，在前面的学习中，我们已经用到过对象了，数字、字符串、字典和列表这些数据类型都是对象。对象往往包含了各种属性值和方法，而各种数据类型都有其内置的函数，例如将字符串的所有单词首字母大写的upper()函数，取出字典所有键的keys()函数，这些都是数据类型各自所内置的函数。

在Python中，所有变量也都是对象，只不过变量通常都只有一个值。例如，字符串保存了一组字符，整数保存了一个数字，而列表保存了项的一组元素。但是，对象比变量可以更好地模拟现实世界，因为我们接触到的事物往往都不止一面。例如，当构建一款赛车游戏的时候，我们可以把每一辆车表示为一个对象，它有汽车所需的众多属性，如颜色、轮胎数、引擎、座位、音响等，它还可以拥有很多的方法，如绘制汽车、移动汽车等。然后，我们就可以创建多个汽车对象，而所有这些汽车对象，都拥有这些属性和方法。

10.1　类和对象

那么，我们究竟如何来创建对象呢？要创建对象，我们首先需要一个类。类就像一个橡皮图章，而对象就是图章印出来的一个实例。类是创建相同类型对象的蓝图或模板，决定了能够得到什么样的对象。例如，如果我们创建了一个拥有name属性和age属性的Dog类，那么通过这个Dog类创建的所有对象，都会有age属性和name属性——这一类对象所拥有的属性不会多也不会少。

总之，类是一种OOP工具，能使程序员对所要研究的问题进行抽象。在OOP中，抽象是用编程对象来表示现实世界中的对象的行为。程序对象也不需要拥有现实世界中对象的所有细节。例如，如果Dog对象只需要打招呼，那么Dog类只需要一个方法，就是SayHello。OOP抽象省略了现实世界中的小狗还需要做的很多事情，如吃喝拉撒，这使得编程逻辑变得相对简单。

我们先来创建一个简单的类Dog，这个类包含了小狗的许多属性。

```
class Dog:
    name=None
    legs=None
    age=None
    gender=None
    isCute=None
```

接下来，我们要创建一个对象，也就是要创建Dog类的一个实例dog1，我们可以使用点符号（.）来访问对象的属性，为其赋值。

```
dog1=Dog()
dog1.name="Wang Wang"
dog1.legs=4
dog1.age=2
dog1.gender="Boy"
dog1.isCute=True
```

然后，就可以访问这个对象的属性了。

```
print("The dog name is "+dog1.name+".")
print("The dog is a "+dog1.gender+".")
print("It is "+str(dog1.age)+" years old.")
if dog1.isCute==True:
    print("It is cute.")
else:
    print("It is not cute.")
```

以上完整代码，请参见ch10\10.1.py。最后，运行程序得到的结果如图10-1所示。

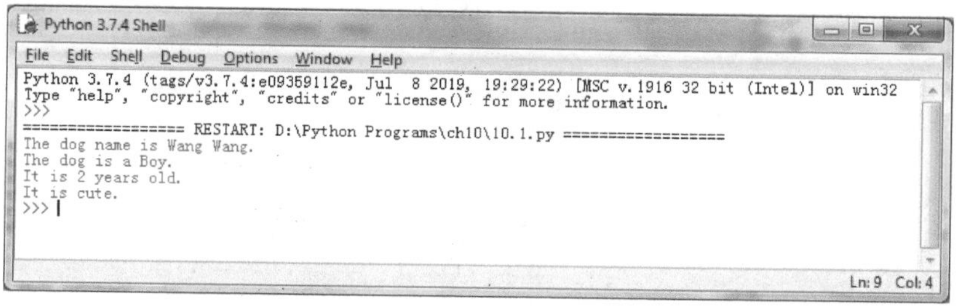

```
Python 3.7.4 Shell
File Edit Shell Debug Options Window Help
Python 3.7.4 (tags/v3.7.4:e09359112e, Jul  8 2019, 19:29:22) [MSC v.1916 32 bit (Intel)] on win32
Type "help", "copyright", "credits" or "license()" for more information.
>>>
================== RESTART: D:\Python Programs\ch10\10.1.py ==================
The dog name is Wang Wang.
The dog is a Boy.
It is 2 years old.
It is cute.
>>> |
Ln: 9  Col: 4
```

图 10-1

10.2 给对象添加方法

在前面的示例中，我们创建了几个属性，在其中存储了不同数据类型的值。我们还可以为类添加函数，注意，类的函数称为方法。实际上，我们已经使用过几个内建的方法，例如让字符串所有字母都变为大写的upper()方法。

现在，来看看如何创建自己的方法，我们还是以前面的Dog类为例，为它添加一个SayHello的方法。

```
class Dog:
    name=None
    legs=None
    age=None
    gender=None
    isCute=None

    def SayHello(self):
        print("Woof...Woof")
        print("My name is "+self.name+".")
        print("I am a "+self.gender+".")
        print("I want to play with you.")
```

我们添加了SayHello这个新的方法，并且这个方法还有一个名为self的参数。这个self是个关键字，表示对对象本身的一个引用，通过它，我们可以引用该类的任何成员。例如，当在Dog对象上调用Hello方法的时候，self引用的就是Dog对象，因此self.name引用的就是Dog.name。

来看一下如何创建这个类的实例。

```
dog1=Dog()
dog1.name="Wang Wang"
dog1.gender="Boy"
dog1.SayHello()
```

我们创建了Dog类的实例dog1，然后为其属性name和gender赋值，接下来调用了这个类的SayHello方法，打印出了小狗打招呼的内容，以上完整代码，请参见ch10\10.2.py。程序运行的结果如图10-2所示。

```
Python 3.7.4 Shell
File Edit Shell Debug Options Window Help
Python 3.7.4 (tags/v3.7.4:e09359112e, Jul  8 2019, 19:29:22) [MSC v.1916 32 bit (Intel)] on win32
Type "help", "copyright", "credits" or "license()" for more information.
>>>
================== RESTART: D:\Python Programs\ch10\10.2.py ==================
Woof...Woof
My name is Wang Wang.
I am a Boy.
I want to play with you.
>>>
Ln: 9  Col: 4
```

图 10-2

10.3　使用构造方法创建对象

在Python中，类有一个特殊的函数，叫作构造方法，每次创建类的实例的时候，都会自动调用这个方法。构造方法的名称是__init__()，在开头和末尾各有两个下划线，这是一种约定，用于将Python的默认方法和普通方法区分开来。

我们可以向__init__()方法传递参数，这样创建实例的时候就可以把属性设置为想要的值。还是以Dog类为例，这次我们要在调用构造方法的时候，为属性name和gender赋值。然后直接调用Hello方法，查看传递的参数是否赋给了属性。

```
class Dog:
    legs=None
    age=None
    isCute=None

    def __init__(self,name,gender):
        self.name=name
        self.gender=gender

    def Hello(self):
        print("Woof...Woof")
        print("My name is "+self.name+".")
        print("I am a "+self.gender+".")
        print("I want to play with you.")
```

现在每次创建Dog类的实例时，构造方法都会提醒我们要输入参数name和gender，如图10-3所示。完整代码请参见ch10\10.3.py。

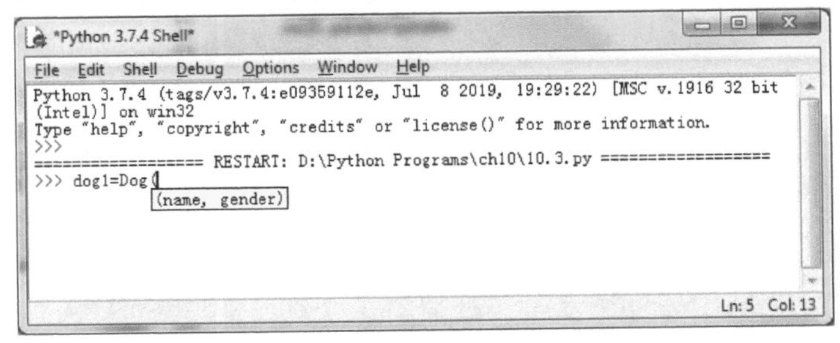

图 10-3

我们为Dog类创建两个实例，一个是dog1，另一个是dog2。然后分别调用它们的Hello()方法，将会得到不同的结果，如图10-4所示。

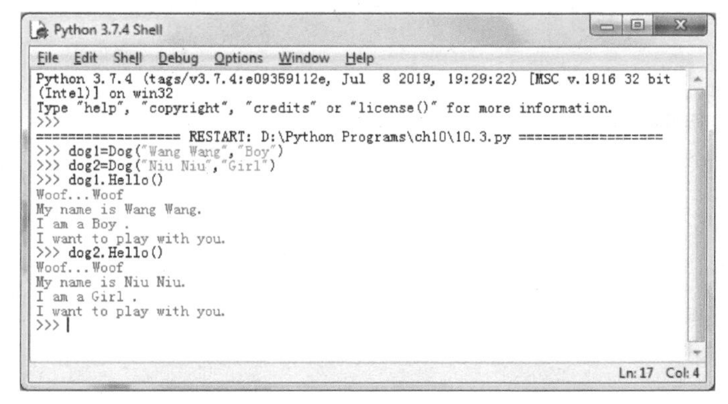

图 10-4

10.4 继承

每次编写类的时候，并不是一定要从头开始写代码，新类可以通过继承从已有的类中自动获得已有的属性和方法，这个过程叫作继承；已有的类称为父类，而新类称为子类。子类继承了其父类的所有属性和方法，同时还可以定义自己的属性和方法。继承这个术语还是比较形象的，就好像我们从父母那里继承了他们身上的某种特点，如黑头发、黑眼睛、黄皮肤。

子类的定义和普通类略有不同。我们通过一个例子来看一下，假设要为斑点狗定义一个类SpottedDog，它是上一节介绍过的Dog类的子类。我们定义的子类的名称是SpottedDog，然后在类名后面的括号中加入父类的名字Dog，表示它是从Dog类继承而来的新类。我们为这个新类定义了新的属性和新的方法，下面突出显示新创建的子类SpottedDog的代码。

```
class Dog:
    legs=None
    age=None
    isCute=None

    def __init__(self,name,gender):
        self.name=name
        self.gender=gender

    def Hello(self):
        print("Woof...Woof")
        print("My name is "+self.name+".")
        print("I am a "+self.gender+".")
        print("I want to play with you.")
```

```
class SpottedDog(Dog):
    isLarge=None

    def Character(self):
        print("I am a spotted dog.")
        if self.isLarge==True:
            print("I am a large dog.")
```

我们为SpootedDog类定义了一个新的属性isLarge和一个新的方法Character()。在Character()方法中，判断isLarge属性是否等于True，如果该属性等于True，会打印"I am a large dog."。

我们创建Dog类的实例时，构造方法还是会提醒我们要输入参数name和gender，因为继承了父类的__init__()方法，如图10-5所示。

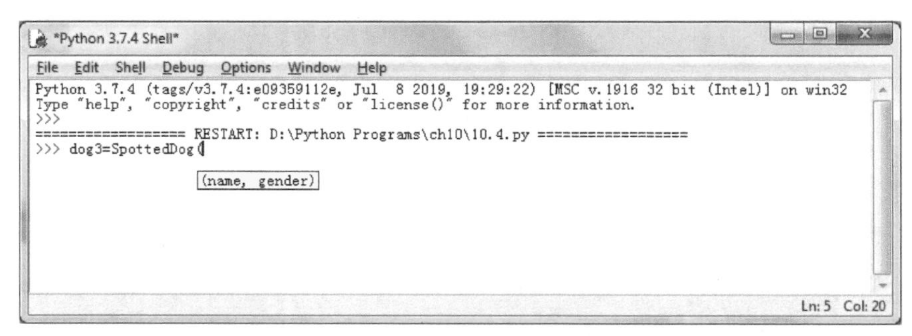

图 10-5

我们为SpottedDog类创建了一个实例dog3，指定这只小狗的名字为“Lucky”，它是一个“Boy”。然后为它的isLarge属性赋值为True，接下来，调用父类的Hello()方法和子类的Character()方法，如图10-6所示。完整代码请参见ch10\10.4.py。

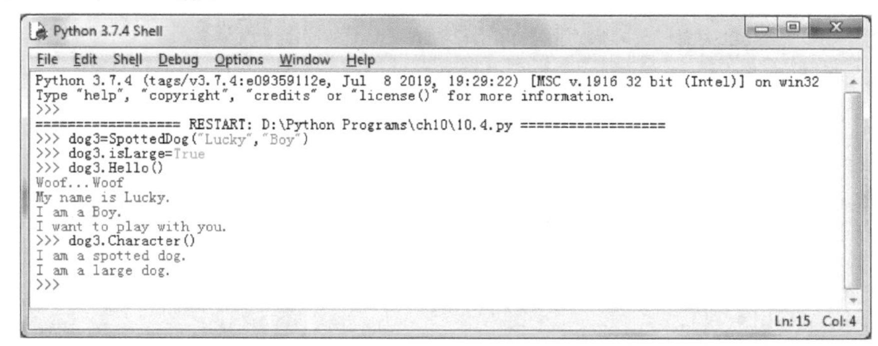

图 10-6

我们看到子类SpottedDog既继承了Dog类的属性和方法，又拥有自己的属性和方法。我们还可以增加SpottedDog类自己的__init__()方法，下面突出显示了修改过的代码。

```
class SpottedDog(Dog):
    isLarge=None

    def __init__(self,name,gender,spots):
        super().__init__(name,gender)
        self.spots=spots

    def Character(self):
        print("I am  a spotted dog.")
        if self.isLarge==True:
            print("I am a large dog")
        print("I have "+ str(self.spots) +" spots in my body.")
```

在SpottedDog类的__init__()方法中，我们用到了一个特殊的函数super()，它的功能是将父类和子类关联起来，从而可以调用父类的__init__()方法。我们还在这个构造方法中增加了一个新的属性spots，所以再创建SpottedDog类的实例时，需要为构造方法指定3个参数，如图10-7所示。

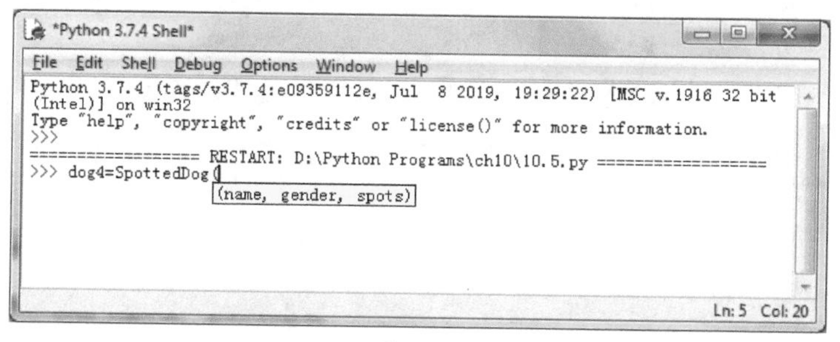

图 10-7

为SpottedDog类创建一个新的实例dog4。在构造方法中指定它的3个参数，分别是“Happy”表示名称，“Boy”表示性别，“30”表示斑点数，如图10-8所示。完整代码请参见ch10\10.5.py。

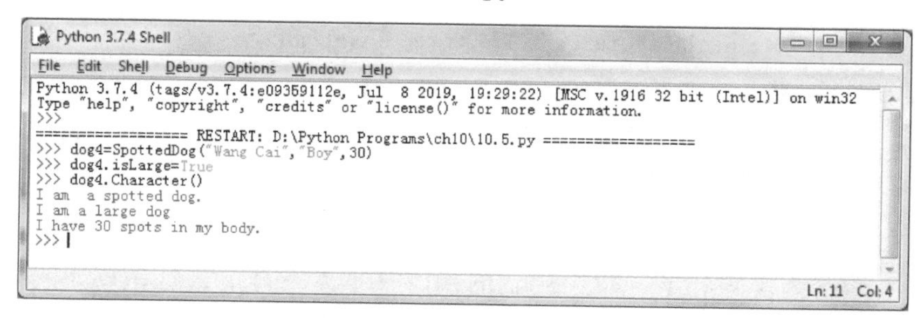

图 10-8

当再次调用Character()方法时，就可以看到，传递给构造方法的参数已经作为spots属性的值在使用了。

10.5　成绩单

学习了面向对象的一些知识之后，你可能想知道，如何在编程中使用类和对象的概念呢？下面，我们通过成绩单程序来展示面向对象编程的应用。

先来分析一下，在这个程序中，哪些地方可以用类来表示。之前我们曾经使用字典来保存每位学生的信息，现在可以定义一个Student类来表示学生，并用这个类的属性来表示姓名、学号和成绩等信息。我们还可以用Student类的一个方法来计算并显示总成绩，甚至还可以使用类的方法来打印学生。

- 先来看一下这个类包含哪些属性和方法。使用构造方法初始化属性的值。属性有表示姓名的name，表示学号的ID，表示语文成绩的score1，表示数学成绩的score2，表示英语成绩的score3，表示总成绩的total。
- 然后定义了getSum()方法，它用来计算总分。这个方法将表示语文成绩、数学成绩和英语成绩的属性score1、score2和score3的值加起来，将结果赋值给属性total。
- 还定义了printStudent方法，它会将属性拼接成一个字符串并打印出来。

Student类的详细代码如下所示。完整代码参见ch10\10.6.py。

```
#定义Student类来表示学生
class Student:
    #使用构造方法初始化属性的值
    def __init__(self):
        self.name = ""
        self.ID =""
        self.score1 = 0
        self.score2 = 0
        self.score3 = 0
        self.total = 0

    #计算总分
    def getSum(self):
        self.total=self.score1 + self.score2 + self.score3

    #将属性拼接成一个字符串并打印出来
    def printStudent(self):
    print(self.ID,"\t",self.name,"\t",self.score1, "\t",self.score2,"\t",
self.score3,"\t",self.total)
```

下面是程序的其他部分，这里把涉及调用Student类的代码都突出显示出来。因为这些代码和上一章中用到的代码基本是一样的，这里就不再赘述。请读者留意其中突出显示的部分，可以看到，通过调用类的方法，也可以实现同样的功能，而且代码更加简洁，可复用性也更好。

```
#判断成绩列表中是否已经包含了学号，sList表示成绩列表，sID表示学号
def hasRecord(sList,sID):
    result=-1
    i = 0
    for temp in sList:
        if temp.ID == sID:
            result=i
            break
        else:
            i=i+1
    return result

#判断输入成绩是否有效，subject表示科目，action表示进行操作
def getScore(subject,action):
    try:
        score=float(input("请输入"+subject+"成绩："))
    except:
        print ("输入的不是数字，"+action+"失败！")
        return -1

    if score <= 100 and score >= 0 :
        return score
    else:
        print ("输入的"+subject+"成绩有错误,"+action+"失败！")
        return -1

#显示功能列表，提示用户如何选择功能
def showInfo():
    print("-"*30)
    print(" 学生成绩系统 ")
    print(" 1.添加学生的信息")
    print(" 2.删除学生的信息")
    print(" 3.修改学生的信息")
    print(" 4.查询学生的信息")
    print(" 5.列出所有学生的信息")
    print(" 6.退出系统")
    print("-"*30)

def updateStudent(student):
    while True:
        try:
            alterNum=int(input(" 1.修改姓名\n 2.修改学号 \n 3.修改语文成绩 \n
4.修改数学成绩 \n 5.修改英语成绩 \n 6.退出修改\n"))
        except:
            print ("输入有误，请输入编号1到6")
            continue

        if alterNum == 1: #修改姓名
            newName=input("输入更改后的姓名:")
            student.name = newName
            print("姓名修改成功")
            break
        elif alterNum == 2: #修改学号
            newId=input("输入更改后的学号:")
            newIndex=hasRecord(studentList,newId)
```

```
            if newIndex>-1:
                print("输入学号不可重复，修改失败！")
            else:
                student.ID=newId
                print("学号修改成功")
            break
        elif alterNum == 3: #修改语文成绩
            score1=getScore("语文","修改")
            if score1 >-1:
                student.score1=score1
                student.getSum()
                print ("语文成绩修改成功！")
            break
        elif alterNum == 4: #修改数学成绩
            score2=getScore("数学","修改")
            if score2 >-1:
                student.score2=score2
                student.getSum()
                print ("数学成绩修改成功！")
            break
        elif alterNum == 5: #修改英语成绩
            score3=getScore("英语","修改")
            if score3 >-1:
                student.score3=score3
                student.getSum()
                print ("英语成绩修改成功！")
            break
        elif alterNum == 6: #退出修改
            break
        else: #输入了错误的数字
            print("输入错误请重新输入")


studentList=[]
while True:
    showInfo()

    try:
        key = int(input("请选择功能（输入序号1到6）："))
    except: #如果出现异常，跳出本次循环
        print("您的输入有误，请输入序号1到6")
        continue

    if key == 1: #添加学生信息
        print("您选择了添加学生信息功能")
        name = input("请输入姓名：")
        stuId = input("请输入学号(不可重复)：")
        index=hasRecord(studentList,stuId)
        if index >-1:
            print("输入学号重复，添加失败！")
            continue
        else:
            newStudent = Student()
            newStudent.name = name
            newStudent.ID = stuId
```

```
            score1=getScore("语文","添加")
            if score1 >-1:
                newStudent.score1=score1
            else:
                continue

            score2=getScore("数学","添加")
            if score2 >-1:
                newStudent.score2=score2
            else:
                continue

            score3=getScore("英语","添加")
            if score3 >-1:
                newStudent.score3=score3
            else:
                continue

            newStudent.getSum()
            studentList.append(newStudent)
            print (newStudent.name +"的成绩录入成功！ ")

    elif key == 2:  #删除学生信息
        print("您选择了删除学生信息功能")
        stuId=input("请输入要删除的学号:")
        index=hasRecord(studentList,stuId)
        if index>-1:
            del studentList[index]
            print("删除成功！ ")
        else:
            print("没有此学生学号，删除失败！ ")

    elif key == 3: #修改学生信息
        print("您选择了修改学生信息功能")
        stuId=input("请输入你要修改学生的学号:")
        index=hasRecord(studentList,stuId)
        if index == -1:
            print("没有此学号，修改失败！ ")
        else:
            temp=studentList[index]
            updateStudent(temp)

    elif key == 4: #查询某位学生信息
        print("您选择了查询学生信息功能")
        stuId=input("请输入你要查询学生的学号:")
        index=hasRecord(studentList,stuId)
        if index == -1:
            print("没有此学生学号，查询失败！ ")
        else:
            temp=studentList[index]
            print (" 学号\t姓名\t语文\t数学\t英语\t总分")
            temp.printStudent()

    elif key == 5:
```

```
        print("接下来进行遍历所有的学生信息...")
        print(" 学号\t姓名\t语文\t数学\t英语\t总分")
        for temp in studentList:
            temp.printStudent()

    elif key == 6:
        quitConfirm = input("确认要退出系统吗 （Y或者N）？ ")
        if quitConfirm.upper()=="Y":
            print("欢迎使用本系统，谢谢")
            break

    else: #没有正确输入编号
        print("您输入有误，请重新输入")
```

10.6　小结

在本章中，我们学习了Python面向对象编程（OOP）的相关概念和方法。类是一种OOP工具，使程序员能够对所要研究的问题进行抽象，而对象就是类的一个具体的实例。

我们还介绍了如何创建类及其属性和方法，以及如何用类来创建对象。此外，还介绍了类中的一个特殊函数——构造方法。每次创建类的实例的时候，都会自动调用构造方法，这样在创建实例的时候就可以把类的属性设置为想要的值。

本章还介绍了类的一个重要特性——继承。通过继承，子类可以从已有的类（父类）中自动获得其属性和方法。除了继承父类的所有属性和方法，子类还可以定义自己的属性和方法。

10.7　练习

1. 请尝试编写一个汽车类Car，它包含3个属性：
   - 汽车品牌（brand）；
   - 颜色（color）；
   - 产地（productPlace）。

然后要定义一个构造方法，通过它可以为上述3个属性赋值。再定义一个方法，能够输出汽车的相关信息。

2. 请创建一个电动汽车类 ElectricCar，它是Car的子类。它有一个自己的属性：
   - 电瓶容量（batterySize）。

还要定义一个方法，能够打印出电瓶容量的信息，并且当电瓶容量低于某一个百分比值的时候，可以打印出消息提醒用户充电。

第11章 文件操作

当程序运行时，变量是保存数据的好办法，但是如果在程序结束后，我们仍然想要保存数据，那就需要将数据保存到文件中了。

对于文件大家应该都不陌生，它可以把很多不同类型的信息存储到计算机上。一个文件可以包含文本、图片、声音、影像以及计算机程序等内容。文件有以下3个关键属性。

- 文件名：为了区分不同的文件，给每个文件指定一个唯一的名称。
- 文件类型：表示文件中包含什么类型的内容。文件名中，通常要包含一个句点，句点之后的部分称为“扩展名”，它可以指出文件的类型。例如，a.txt表示一个文本文件，b.mp3表示一个声音文件，c.mp4表示一个视频文件，d.py表示一个Python的计算机程序文件。
- 路径：文件在计算机上的存储位置。例如，D:\Python Programs就是一个路径。其中D:\部分是根目录，在Windows中，也叫作D盘。而Python Programs 是一个文件夹。文件夹中还可以有其他文件夹，位于其他文件夹中的文件夹叫作子文件夹。

接下来，我们重点看看如何使用Python来操作文本文件。

11.1　打开文件

在磁盘上读写文件的功能都是由操作系统提供的。读写文件就是请求操作系统打开一个文件对象，然后，通过操作系统提供的接口从这个文件对象中读取数据，或者把数据写入到这个文件对象。Python操作文件的一般步骤是：打开文件，读取文件或写入文件，关闭文件。我们先来看如何打开文件。

我们先在D盘的Python Programs文件夹中创建一个叫作“古诗1”的文本文件，在这个文件中我们录入李白写的那首著名的诗——“静夜思”，内容如图11-1所示。

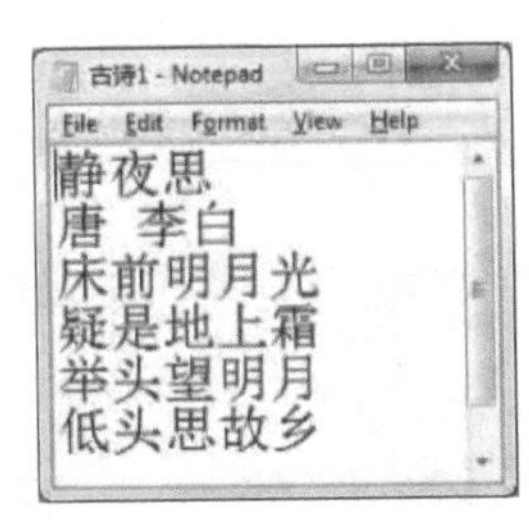

图 11-1

打开一个文件时，要在Python中建立一个文件对象。建立文件对象使用open()函数。open()函数可以接受两个参数，第1个参数是文件的路径，第2个参数是打开文件的模式。打开“古诗1”这个文本文件的示例代码如下所示。

```
txtFile=open("D:\Python Programs\古诗1.txt","r")
```

> **提示**　经常用到的文件打开模式有3种。
> - r：表示只读，它也是默认模式。
> - w：表示写入，新的内容会覆盖掉原有内容。
> - a：表示在文件末尾追加写入，不会覆盖原有的内容。
>
> 接下来，我们会详细介绍每一种打开模式的用法。

当使用open()函数打开文件并创建对象txtFile后，我们就可以使用这个文件对象来完成其他的工作了。

11.2　读取文件

当有了文件对象，我们就可以对文件进行各种操作。如果只是读取文件中的内容，在调用open()函数时，传递的第2个参数是字母“r”，表示read（读取）。然后就可以使用另一个函数readlines()来读取文件了。

我们来看一个示例，还是打开“古诗1.txt”这个文本文件，然后把里边的内容读取出来，并且打印到屏幕上，代码参见ch11\11.1py。

```
txtFile=open("D:\Python Programs\古诗1.txt","r")
lines=txtFile.readlines()
```

```
print(lines)
txtFile.close()
```

我们调用txtFile这个文件对象的readlines()函数，并且将返回内容赋值给变量lines，然后把lines打印到屏幕上。

还需要特别注意的一点是，当处理完文件后，一定要调用close()函数关闭文件。如果没有关闭文件的话，当另一个程序要使用这个相同的文件时，就有可能出现异常。所以比较好的做法是，每一个open()函数都对应一个close()函数。

运行一下代码，得到的结果如图11-2所示。

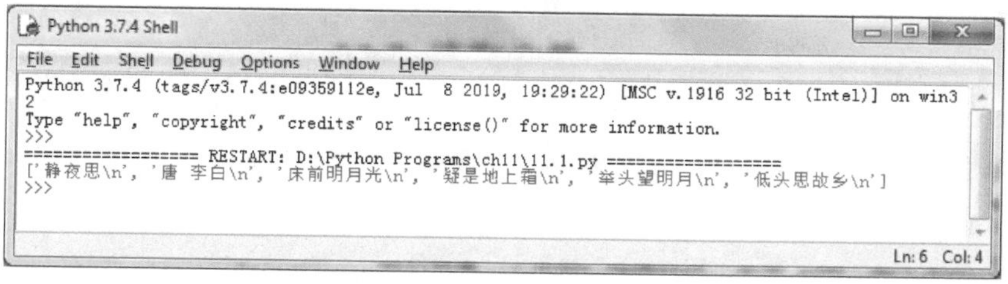

```
Python 3.7.4 Shell
File Edit Shell Debug Options Window Help
Python 3.7.4 (tags/v3.7.4:e09359112e, Jul  8 2019, 19:29:22) [MSC v.1916 32 bit (Intel)] on win32
Type "help", "copyright", "credits" or "license()" for more information.
>>>
==================== RESTART: D:\Python Programs\ch11\11.1.py ====================
['静夜思\n', '唐 李白\n', '床前明月光\n', '疑是地上霜\n', '举头望明月\n', '低头思故乡\n']
>>>
Ln: 6  Col: 4
```

图 11-2

我们从文件“古诗1.txt”中读取了文本行，然后赋值给lines这个列表，列表的每一项都是一个字符串，包含的就是文件中的每一行。另外，由于我们在录入文件的时候在每一行文本后面都按下了回车键，所以在每行的末尾都会有一个\n，表示换行符号。

除了用lines把文件中的文本一次性读取出来，我们还可以调用readline()函数来逐行读取文本。还是以读取“古诗1.txt”为例，这次使用readline()函数来读取文本。我们使用while循环读取文件中的全部文本，另外会添加一个判断条件，当读取到的内容为空，表示已经读取了所有内容，就要跳出while循环。代码参见ch11\11.2.py。

```
txtFile=open("D:\Python Programs\古诗1.txt","r")
while True:
    line=txtFile.readline()
    if not line:
        break
    else:
        print(line)
txtFile.close()
```

还是通过open()函数打开文件，并且创建对象txtFile。然后使用条件为True的一个while循环，这表示这个循环会一直运行，直到满足特定条件后，执行循环中的break语句，才能跳出循环。在循环中，调用readline()函数读取一行文本并且赋值给变量line。然后判断line是否为空，如果为空，表示到了文件的末尾，跳出循环；如果不为空，表示读取到内容，将line中的字符串输出到屏幕上。while循环结束后，调用close()函数关闭文件。

来运行一下代码，得到的结果如图11-3所示。

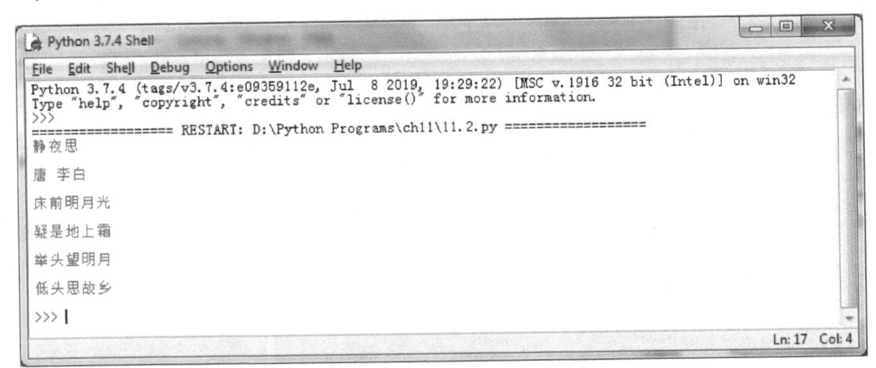

图 11-3

11.3 写入文件

在上一节中，我们介绍了读取文件的方法，接下来介绍如何将文本写入到文件中。写入文本也要使用open()函数，第1个参数同样是文件的路径，而第2个参数则改为“w”，表示write（写入）。然后就可以使用write()函数来写入文件。

来看一个示例，打开我们在11.1节中创建的“古诗1.txt”这个文本文件，然后把它另存为“古诗2.txt”（注意，此时该文件中有《静夜思》这首诗），然后往“古诗2.txt”这个文件中写入内容。代码参见ch11\11.3.py。

```
txtFile=open("D:\Python Programs\古诗2.txt","w")
txtFile.write("春晓\n")
txtFile.write("唐 孟浩然\n")
txtFile.write("春眠不觉晓\n")
txtFile.write("处处闻啼鸟\n")
txtFile.write("夜来风雨声\n")
txtFile.write("花落知多少\n")
txtFile.close()
```

这里调用txtFile这个文件对象的write()函数，把要写入的字符串作为参数传递进去，我们在字符串的末尾都会加一个\n，表示换行。完成了要写入的内容后，调用close()函数关闭文件。

运行一下代码，打开“古诗2.txt”文本文件，看到的内容如图11-4所示。

我们会看到“古诗2.txt”这个文件中的《静夜思》的内容已经不见了，

取而代之的是《春晓》这首诗。但是有的时候，我们可能不想替代原有的内容，只是想新增一些内容。这个时候，打开模式就不用“w”，而是改用“a”，表示append（附加）。这次我们要把丢失的《静夜思》补充到《春晓》这首诗的下面。代码参见ch11\11.4.py。

```
txtFile=open("D:\Python Programs\古诗2.txt","a")
txtFile.write("静夜思\n")
txtFile.write("唐 李白\n")
txtFile.write("床前明月光\n")
txtFile.write("疑是地上霜\n")
txtFile.write("举头望明月\n")
txtFile.write("低头思故乡\n")
txtFile.close()
```

我们运行一下代码，再次打开“古诗2.txt”文本文件，看到的内容如图11-5所示。

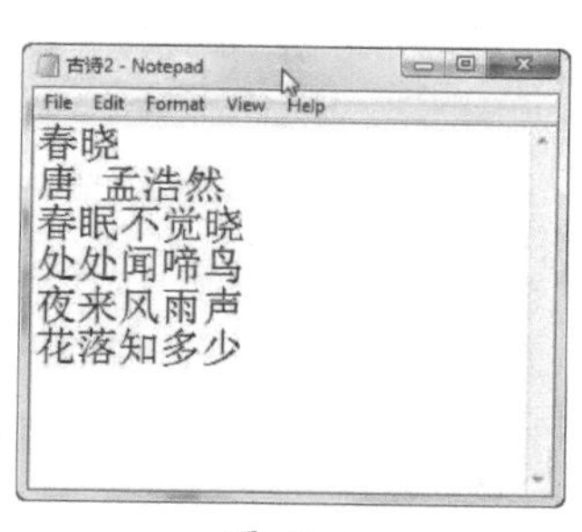

图 11-4

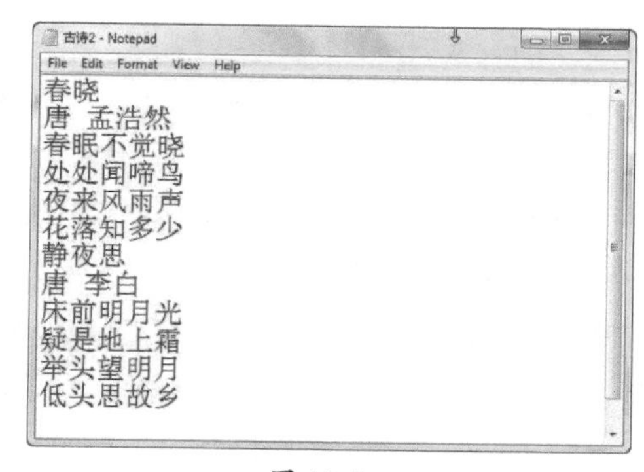

图 11-5

我们会看到在《春晓》的下面，添加了《静夜思》这首诗。

提示 有的时候，我们要打开的文件不存在。在这种情况下，如果用只读模式打开文件，Python会报错，如果用写入或追加的模式打开，Python就会创建一个新的文件供我们写入。

11.4 成绩单

我们在前面的各章中编写过成绩单的程序，其中，成绩单中的信息只能在程序运行时存在，当关闭程序后，这些信息就全部丢失了，这显然无法满足用户的需求。

学习了本章的知识后，我们就可以把这些信息存储到一个文本文件中。

这样，无论程序是否关闭，都不会丢失数据了；而且还可以把这个文本文件拷贝到任意的计算机上，学生的信息都仍然会存在。

接下来，我们看一下具体的实现方法。首先我们会在“成绩单.py”这个文件的同级目录下创建一个students.txt文本文件。因为这个文本文件和我们运行的程序是在同级目录下，所以不需要指定路径就可以找到这个文件。然后，我们会增加3个新的自定义函数：分别是从文本中读取数据的LoadFromText()函数、向文本中添加数据的AddToText()函数和把列表信息写入到文本的WriteToText()函数。

从文本中读取数据的LoadFromText()函数会接受一个列表参数，其目的是将文本文件中的内容填充到这个列表中。这个函数首先会在屏幕上打印一条提示信息，表示要从文本中加载已有信息。然后调用open()函数，以只读模式打开“students.txt”文件，并且创建文件对象txtFile。然后使用条件为True的一个while循环，表示这个循环会一直运行，直到满足特定条件后，执行循环中的break语句，才能跳出循环。在循环中，调用readline()函数读取一行文本并且赋值给变量line。然后判断line是否为空或空字符串，如果满足条件，表示到达了文件的末尾，就跳出循环；否则，调用split()方法，以“ ”（两个空格）作为分隔符，将结果赋值给列表s。然后创建Student类的一个实例stu，将s中的内容赋值给stu的各个属性，然后调用append()函数把stu实例添加到sList列表中。while循环结束后，调用close()函数关闭文件。完整代码参见ch11/11.5.py。

提示　我们在第 3 章介绍字符串和列表相互转换时曾经介绍过 split() 方法。

```
#调用文件中保存的数据
def LoadFromText(sList):
    print ("加载已有数据......")
    try:
        txtFile = open("students.txt", "r")
        while True:
            line=txtFile.readline()
            if not line or line.strip()=="" :
                break
            else:
                s = line.split("  ")
                stu = Student()
                stu.ID = s[0]
                stu.name = s[1]
                stu.score1 = float(s[2])
                stu.score2 = float(s[3])
                stu.score3 = float(s[4])
```

```
                stu.total = float(s[5])
                sList.append(stu)
    except: #如果不存在student.txt，创建这个文本文件
        txtFile = open("students.txt", "w")

    txtFile.close()
    print ("加载成功! ")
```

向文本中添加数据的AddToText ()函数会接受一个Student类的实例stu作参数。首先调用open()函数，以添加模式打开“students.txt”文件，并且创建文件对象txtFile。然后把stu的各个属性值写入到文本对象中，并且在每个属性之间放入两个空格做间隔。在末尾会加入一个“\n”，表示换行。最后，调用close()函数关闭文件。

```
#新增一条数据到文件中
def AddToText(stu):
    txtFile = open("students.txt", "a")
    txtFile.write(stu.ID)
    txtFile.write(" ")
    txtFile.write(stu.name)
    txtFile.write(" ")
    txtFile.write(str(stu.score1))
    txtFile.write(" ")
    txtFile.write(str(stu.score2))
    txtFile.write(" ")
    txtFile.write(str(stu.score3))
    txtFile.write(" ")
    txtFile.write(str(stu.total))
    txtFile.write("\n")
    txtFile.close()
```

向文本中写入数据的WriteToText ()函数会接受一个列表参数，其目的是将列表中的数据写入到文本文件中。首先调用open()函数，以写入模式打开“students.txt”文件，并且创建文件对象txtFile。然后使用一个for循环，遍历sList列表中的各个元素，把每个元素赋值给Student类的实例stu。然后把stu的各个属性值写入到文本中，并且在每个属性之间放入两个空格做间隔。在末尾会加入一个“\n”，表示换行。循环结束后，调用close()函数关闭文件。

```
#将列表中全部数据保存到文件中
def WriteToText(sList):
    txtFile = open("students.txt", "w")
    for stu in sList:
        txtFile.write(stu.ID)
        txtFile.write(" ")
        txtFile.write(stu.name)
        txtFile.write(" ")
        txtFile.write(str(stu.score1))
        txtFile.write(" ")
```

```
        txtFile.write(str(stu.score2))
        txtFile.write(" ")
        txtFile.write(str(stu.score3))
        txtFile.write(" ")
        txtFile.write(str(stu.total))
        txtFile.write("\n")
    txtFile.close()
```

下面是程序的其他部分，我们把涉及调用这3个函数的代码突出显示出来。因为其他代码和上一章中的代码基本一致，这里就不再赘述。

```
#定义Student类来表示学生
class Student:
    #使用构造方法初始化属性的值
    def __init__(self):
        self.name = ""
        self.ID =""
        self.score1 = 0
        self.score2 = 0
        self.score3 = 0
        self.total = 0

    #计算总分
    def getSum(self):
        self.total=self.score1 + self.score2 + self.score3

    #将属性拼接成一个字符串并打印出来
    def printStudent(self):
        print(self.ID,"\t",self.name,"\t",self.score1,"\t",self.score2,"\t",
self.score3,"\t",self.total)


#判断成绩列表中是否已经包含了学号，sList表示成绩列表，sID表示学号
def hasRecord(sList,sID):
    result=-1
    i = 0
    for temp in sList:
        if temp.ID == sID:
            result=i
            break
        else:
            i=i+1
    return result

#判断输入成绩是否有效，subject表示科目，action表示进行操作
def getScore(subject,action):
    try:
      score=float(input("请输入"+subject+"成绩："))
    except:
        print ("输入的不是数字，"+action+"失败！")
        return -1

    if score <= 100 and score >= 0 :
```

```
        return score
    else:
        print ("输入的"+subject+"成绩有错误,"+action+"失败！ ")
        return -1

#显示功能列表，提示用户如何选择功能
def showInfo():
    print("-"*30)
    print(" 学生成绩系统 ")
    print(" 1.添加学生的信息")
    print(" 2.删除学生的信息")
    print(" 3.修改学生的信息")
    print(" 4.查询学生的信息")
    print(" 5.列出所有学生的信息")
    print(" 6.退出系统")
    print("-"*30)

def updateStudent(sList,student):
    while True:
        try:
            alterNum=int(input(" 1.修改姓名\n 2.修改学号 \n 3.修改语文成绩 \n
4.修改数学成绩 \n 5.修改英语成绩 \n 6.退出修改\n"))
        except:
            print ("输入有误，请输入编号1到6")
        continue

        if alterNum == 1: #修改姓名
            newName=input("输入更改后的姓名:")
            student.name = newName
            print("姓名修改成功")
            break
        elif alterNum == 2: #修改学号
            newId=input("输入更改后的学号:")
            newIndex=hasRecord(sList,newId)
            if newIndex>-1:
                print("输入学号不可重复，修改失败！ ")
            else:
                student.ID=newId
                print("学号修改成功")
            break
        elif alterNum == 3: #修改语文成绩
            score1=getScore("语文","修改")
            if score1 >-1:
                student.score1=score1
                student.getSum()
                print ("语文成绩修改成功！ ")
            break
        elif alterNum == 4: #修改数学成绩
            score2=getScore("数学","修改")
            if score2 >-1:
                student.score2=score2
                student.getSum()
```

```
                print ("数学成绩修改成功！")
            break
        elif alterNum == 5: #修改英语成绩
            score3=getScore("英语","修改")
            if score3 >-1:
                student.score3=score3
                student.getSum()
                print ("英语成绩修改成功！")
            break
        elif alterNum == 6: #退出修改
            break
        else: #输入了错误的数字
            print("输入错误请重新输入")
    WriteToText(sList)

studentList=[]
LoadFromText(studentList)
while True:
    showInfo()

    try:
        key = int(input("请选择功能（输入序号1到6）："))
    except: #如果出现异常，跳出本次循环
        print("您的输入有误，请输入序号1到6")
        continue

    if key == 1: #添加学生信息
        print("您选择了添加学生信息功能")
        name = input("请输入姓名：")
        stuId = input("请输入学号(不可重复)：")
        index=hasRecord(studentList,stuId)
        if index >-1:
            print("输入学号重复，添加失败！")
            continue
        else:
            newStudent = Student()
            newStudent.name = name
            newStudent.ID = stuId

            score1=getScore("语文","添加")
            if score1 >-1:
                newStudent.score1=score1
            else:
                continue

            score2=getScore("数学","添加")
            if score2 >-1:
                newStudent.score2=score2
            else:
                continue

            score3=getScore("英语","添加")
```

```
            if score3 >-1:
                newStudent.score3=score3
            else:
                continue

            newStudent.getSum()
            studentList.append(newStudent)
            AddToText(newStudent)
            print (newStudent.name +"的成绩录入成功！")

    elif key == 2:  #删除学生信息
        print("您选择了删除学生信息功能")
        stuId=input("请输入要删除的学号:")
        index=hasRecord(studentList,stuId)
        if index>-1:
            del studentList[index]
            WriteToText(studentList)
            print("删除成功！")
        else:
            print("没有此学生学号，删除失败！")

    elif key == 3: #修改学生信息
        print("您选择了修改学生信息功能")
        stuId=input("请输入你要修改学生的学号:")
        index=hasRecord(studentList,stuId)
        if index == -1:
            print("没有此学号，修改失败！")
        else:
            temp=studentList[index]
            updateStudent(studentList,temp)

    elif key == 4: #查询某位学生信息
        print("您选择了查询学生信息功能")
        stuId=input("请输入你要查询学生的学号:")
        index=hasRecord(studentList,stuId)
        if index == -1:
            print("没有此学生学号，查询失败！")
        else:
            temp=studentList[index]
            print (" 学号\t姓名\t语文\t数学\t英语\t总分")
            temp.printStudent()

    elif key == 5:  #打印出所有学生的信息
        print("接下来进行遍历所有的学生信息...")
        print(" 学号\t姓名\t语文\t数学\t英语\t总分")
        for temp in studentList:
            temp.printStudent()

    elif key == 6:  #选择退出系统
        quitConfirm = input("确认要退出系统吗 （Y或者N）？")
        if quitConfirm.upper()=="Y":
            print("欢迎使用本系统，谢谢")
```

```
        break

    else: #没有正确输入编号
        print("您输入有误，请重新输入")
```

录入完学生的信息后，即使关闭程序，也可以在"students.txt"文件中看到这些录入的信息，如图 11-6 所示。

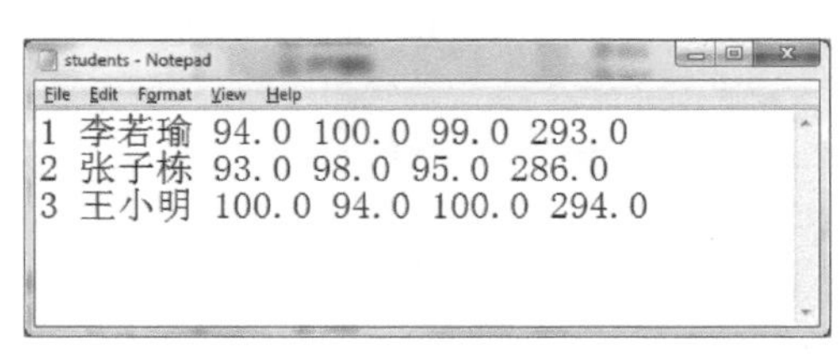

图 11-6

11.5　小结

为了在程序结束后仍然能够得到保存好的数据，我们需要将数据保存到文件中。在本章中，我们学习了如何编写程序来操作文件。

读写文件就是打开一个文件对象，然后，通过从这个文件对象读取数据，或者把数据写入这个文件对象。在 Python 中，使用 open() 函数来建立文件对象，open() 函数可以接受两个参数，第 1 个参数是文件的路径，第 2 个参数是打开文件的模式。

经常用到的文件打开模式有 3 种：表示只读的"r"，表示写入的"w"和表示在文件末尾添加写入的"a"。我们分别举例说明这 3 种打开模式的用法。

11.6　练习

1. 请以写入的方式创建一个名为"通讯录.txt"的文本文件，这个文件的路径设置为 D 盘的根目录下。请写入你 3 位好朋友的名字、电话和家庭地址，每条信息之间要用两个空格隔开。

2. 请把一位好朋友的信息添加到这个文本文件中。

3. 请把"通讯录.txt"文件中的信息全部打印到屏幕上。

第12章 海龟绘图

在前面几章中，我们学习了Python编程中要用到的一些基本概念。从本章开始，我们将尝试图形用户界面（GUI）程序的编写。Python标准库中包含了支持图形绘制的模块，我们利用这些模块来绘制图形。

首先，我们要了解一下什么是模块。

12.1 模块

12.1.1 什么是模块

Python中的模块（module）就是一个Python文件，以.py结尾，包含了Python对象的定义和Python语句。模块能够更有逻辑地组织Python代码段。把相关的代码分配到一个模块里，能够让代码更好用，更易懂。模块可以用来定义函数、类和变量，模块之中也能够包含可执行的代码。

当安装Python的时候，就有不少模块也随之安装到本地的计算机上了，我们可以免费使用这些模块。而这些在安装Python时就默认已经安装好的模块统称为“标准库”。

我们可以使用 import 语句来导入模块。当解释器遇到 import 语句的时候，如果跟在import语句后面的模块在当前的搜索路径中，就会被导入。不管你执行了多少次import语句，一个模块只会被导入一次，这样可以防止一遍又一遍地执行导入模块操作。

12.1.2　导入模块

Python中有两种常用的导入模块的方法，我们先来看第一种。

```
import module_name
```

如果使用这种导入方式，当我们引用模块中的方法时，要在方法名称前加上“module_name.”前缀。来看一个简单的示例。

```
import turtle
turtle.forward(100)
```

这两行代码中，第1句就是导入模块，第2句是调用模块中的forward()方法。

再来看看第二种导入模块的方法。

```
from module_name import *
```

使用这种方法可以导入module_name模块中所有的方法和变量，当需要调用方法时，直接写方法名称就可以，不需要再加“module_name.”前缀。我们改写一下前面的示例。

```
from turtle import *
forward(100)
```

那么，什么时候应该使用第一种方法，什么时候使用第二种方法呢？如果你想要有选择地导入某些属性和方法，而又不想要其他的属性和方法，就应该使用第一种方法。如果模块包含的属性和方法与你自己的某个模块同名，那么必须使用第一种方法来避免名字冲突。

如果想要经常访问模块的属性和方法，并且不想一遍又一遍地敲入模块名，而且在导入的多个模块中不会存在相同名称的属性和方法，那么就可以使用第二种方法，我们会在下一章中使用第二种方法导入模块。

12.2 turtle 模块

Python标准库中有个turtle模块，俗称海龟绘图，它提供了一些简单的绘图工具，可以在标准的应用程序窗口中绘制各种图形。

turtle的绘图方式非常简单直观，就像一只尾巴上蘸着颜料的小海龟在电脑屏幕上爬行，随着它的移动就能画出线条来。使用海龟绘图，我们只用几行代码就能够创建出令人印象深刻的视觉效果，而且还可以跟随海龟的移动轨迹，看到每行代码是如何影响它的移动的。这能够帮助我们更好地理解代码的逻辑。所以海龟绘图也经常用作新手学习Python的一种工具。

12.2.1 创建画布

我们来看看海龟是如何工作的。首先，我们要导入turtle模块。然后我们要创建空白的窗口作为画布，窗口的大小是800个像素的宽度和800个像素的高度。然后创建一枝画笔，并且将光标的形状设置为一只海龟。代码请参见ch12\12.1.py。

```
import turtle

window=turtle.Screen()
turtle.setup(width=800, height=800)
t=turtle.Pen()
turtle.shape("turtle")
```

运行这段代码，我们可以看到一个空白的窗口，中间有一个小海龟，如图12-1所示。

turtle程序窗口的绘图区域使用直角坐标系，可以使用X坐标和Y坐标组成的一个坐标系统，将舞台映射为一个逻辑网格。我们设置窗口的大小是宽和高都是800个像素。X轴的坐标从−400到400，而Y轴的坐标也是从−400到400。海龟的初始位置在窗口的绘图区域的正中央(0,0)，头朝X轴的正方向，如图12-2所示。

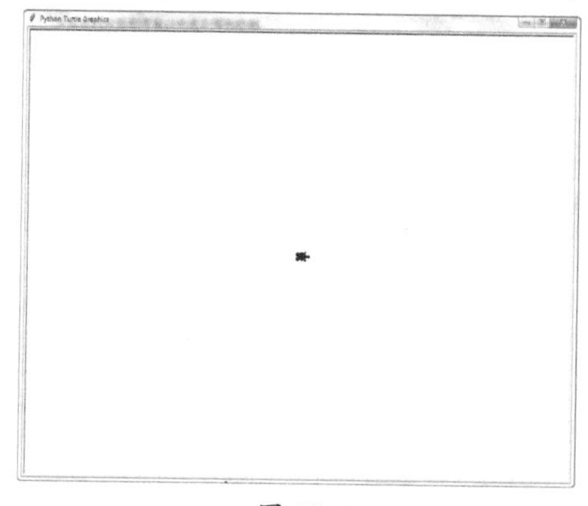

图 12-1

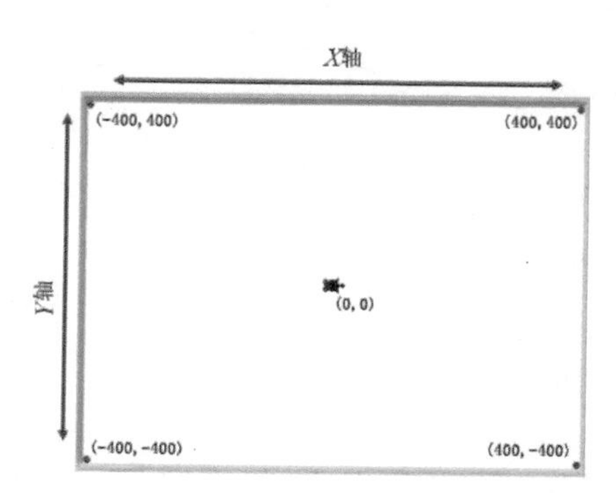

图 12-2

提示　一个像素就是屏幕上的一个点，也就是可以表现出的最小元素。我们在屏幕上看到的所有东西都是由像素组成的。

12.2.2　移动海龟

接下来，我们想让海龟移动起来。控制海龟移动有很多命令，我们先来看一条简单的命令，用forward()方法让海龟向前移动100个像素：

```
turtle.forward(100)
```

forward就是让海龟向前移动的命令，100是移动的距离。让海龟向后移动的命令是backward，括号中的参数是移动距离，以像素为单位。另外，我们还可以让海龟改变方向。命令left是向左转，命令right是向右转，这时候，括号中的参数表示要旋转的角度。

我们来看一个示例，让海龟画一个正方形，代码请参见ch12\12.2.py。

```
import turtle

turtle.forward(100)
turtle.left(90)
turtle.forward(100)
turtle.left(90)
turtle.forward(100)
turtle.left(90)
turtle.forward(100)
```

运行这段代码，可以看到海龟画出了一个方块，并且方向朝下，如图12-3所示。

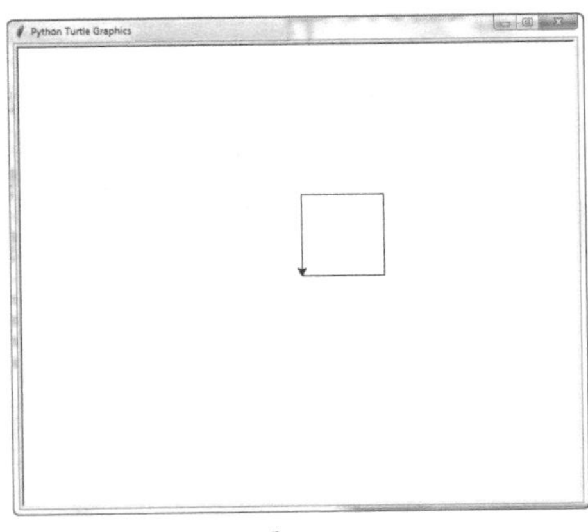

图 12-3

你也许会感到好奇，虽然是叫海龟绘图，可是我们并没有看到海龟的踪迹呀。这是因为，默认情况下，光标是个箭头，如果想看到这只可爱的小海龟，需要调用shape()方法，并且把“turtle”作为参数传递给该方法。另外，还可以调用setheading()来设置小乌龟启动时运动的方向，其参数是个数字，表示要旋转的角度。我们来看一个示例，代码请参见ch12\12.3.py。

```
import turtle

turtle.shape("turtle")
```

```
turtle.forward(100)
turtle.setheading(180)
```

在段代码中，我们先将光标改为小乌龟，然后画一条直线，接下来让小乌龟调个头，最终的效果如图 12-4 所示。

还有一个 home() 方法，它表示让小海龟回到初始画笔的位置。我们在刚才的代码后面，增加一句 turtle.home()，代码请参见 ch12\12.4.py。

```
import turtle

turtle.shape("turtle")
turtle.forward(100)
turtle.setheading(180)
turtle.home()
```

那么最终的结果就是，小海龟又回到了初始的位置，如图 12-5 所示。

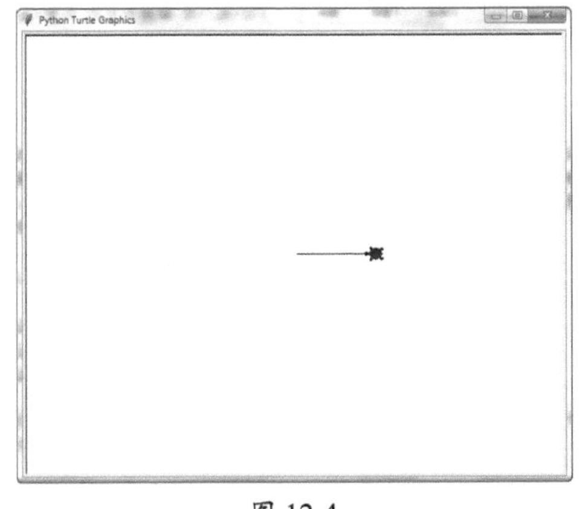

图 12-4

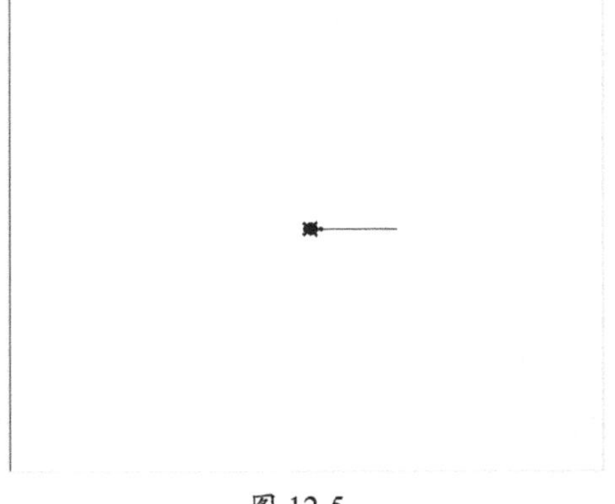

图 12-5

小海龟除了可以画直线，还可以绘制圆形和弧形。我们使用 circle() 函数来按照给定的半径画圆，这个函数有 3 个参数，分别是：

radius：半径，正数表示所画的圆的圆心在画笔的左边，负数表示所画的圆的圆心在画笔的右边；

extent：弧度，这是一个可选的参数，如果没有指定值，表示画圆；

steps：做半径为 radius 的圆的内切正多边形，多边形边数为 steps。这也是一个可选的参数。

我们试着画一个圆，看一下效果，代码请参见 ch12\12.5.py。

```
import turtle
turtle.circle(100,360)
```

得到的图形如图 12-6 所示。

还有两个经常用到的和移动有关的方法：

- turtle.goto(x,y) 可以把画笔定位到指定的坐标；
- turtle.speed(speed) 可以修改画笔运行的速度。

下面，我们来尝试绘制一个风筝。先通过 goto() 方法画一条线，表示风筝线，并且将光标移动到左上角。然后指定海龟运行速度为 2。接下来，利用前面介绍过的 for 循环，绘制风筝头。代码请参见 ch12\12.6.py。

```
import turtle
turtle.speed(2)
turtle.goto(-200,200)
for x in range(30):
    turtle.forward(x)
    turtle.left(90)
```

得到的结果如图 12-7 所示。

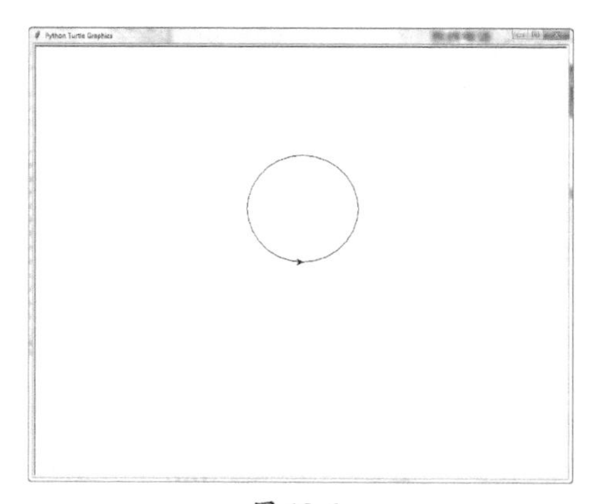

图 12-6

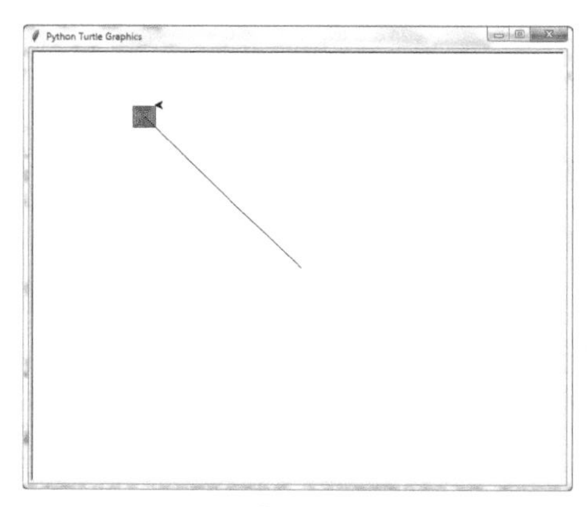

图 12-7

12.2.3　画笔控制

我们可以控制画笔的起笔和落笔，以决定是否在屏幕上留下运动的轨迹。当调用 penup() 方法，表示起笔，在此状态下不会画出运动的轨迹；当调用 pendown() 方法，表示落笔，在此状态下会画出运动的轨迹。我们可以这么理解，海龟拿了一支笔，这只笔或朝上或朝下，当笔朝上时，海龟在移动过程中什么也不画，当笔朝下时，海龟用笔画下自己的轨迹。

我们把刚才绘制风筝的代码稍作修改，现在，在画布的中央及上、下、左、右 4 个角，绘制出 5 个类似的风筝头，并且将绘制的速度提高到 10。代码参见 ch12\12.7.py。

```
import turtle

turtle.speed(10)
for x in range(100):
    turtle.forward(x)
    turtle.left(90)

turtle.penup()
turtle.goto(-200,200)
turtle.pendown()
for x in range(100):
    turtle.forward(x)
    turtle.left(90)

turtle.penup()
turtle.goto(200,200)
turtle.pendown()
for x in range(100):
    turtle.forward(x)
    turtle.left(90)

turtle.penup()
turtle.goto(-200,-200)
turtle.pendown()
for x in range(100):
    turtle.forward(x)
    turtle.left(90)

turtle.penup()
turtle.goto(200,-200)
turtle.pendown()
for x in range(100):
    turtle.forward(x)
    turtle.left(90)
```

得到的图形如图 12-8 所示。

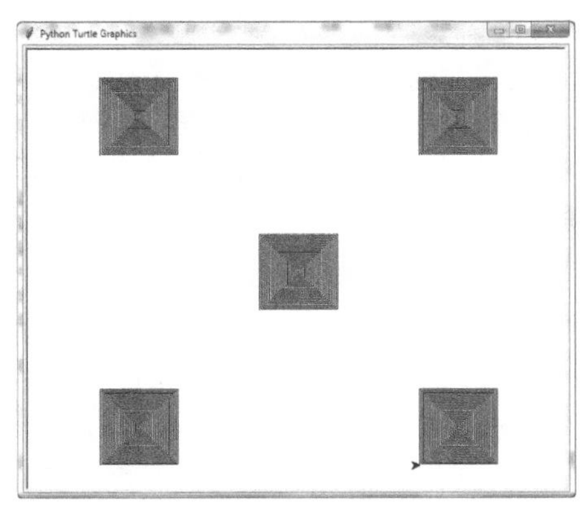

图 12-8

12.2.4　色彩

海龟绘图并不是只能够用黑色画笔绘图，还可以使用其他颜色画笔，甚至可以为图形填充颜色。下面我们来介绍几个和颜色相关的函数。

- pencolor：设置画笔颜色；
- fillcolor：设置填充颜色；
- begin_fill：填充形状前调用；
- end_fill：填充形状后调用。

提示　光线有3种主要的颜色：红色、绿色和蓝色（红色、蓝色和黄色是绘画和颜料的主要颜色，但是计算机显示器使用的是光，而不是颜料）。通过将这3种颜色的不同的量组合起来，可以形成任何其他的颜色。在Pygame中，我们使用3个整数的元组来表示颜色。元组中的第1个值，表示颜色中有多少红色。为0的整数值表示该颜色中没有红色，而255表示该颜色中的红色达到最大值。第2个值表示绿色，而第3个值表示蓝色。这些用来表示一种颜色的3个整数的元组，通常称为RGB值（RGB value）。

由于我们可以针对3种主要的颜色使用0 ~ 255的任何组合，这就意味着Pygame可以绘制16 777 216种不同的颜色，即256×256×256种颜色。然而，如果试图使用大于255的值或负值，将会得到类似“ValueError: invalid color argument”的一个错误。

例如，我们创建元组(0, 0, 0)并且将其存储到一个名为BLACK的变量中。没有红色、绿色和蓝色的颜色量，最终的颜色是完全的黑色。黑色实际上就是任何颜色值都没有。元组(255, 255,255)表示红色、绿色和蓝色都达到最大量，最终得到白色。白色是红色、绿色和蓝色的完全的组合。元组(255, 0, 0)表示红色达到最大量，而没有绿色和蓝色，因此，最终的颜色是红色。类似的，(0, 255, 0)是绿色，而(0, 0, 255)是蓝色。

我们通过一个简单的示例，来看看如何使用色彩，代码请参见ch12\12.8.py。

```
import turtle
turtle.pencolor("red")
turtle.fillcolor("green")
turtle.begin_fill()
turtle.circle(90)
turtle.end_fill()
```

首先，调用pencolor()方法将画笔设置为红色，接着调用fillcolor()方法将填充色设置为绿色。然后调用begin_fill()方法，表示要开始填充。接下来，调用circle()方法绘制圆，画笔是红色的，填充是绿色的，半径为90像素。最后，调用end_fill()方法结束填充。绘制的图形效果如图12-9所示。

除了可以直接输入颜色的“英文名称”（如上面的示例代码中的red、green），我们还可以直接指定颜色的RGB色彩值。海龟绘图专门有一个colormode函数用来指定RGB色彩值范围为0 ~ 255的整数或者0 ~ 1的小数。当参数是255的时候，表示采用0 ~ 255的整数值；当参数是1.0的时候，表示采用0到1的小数值。我们来看一个示例，代码参见ch12\12.9.py。

```
import turtle
turtle.colormode(255)
turtle.pencolor(255,192,203)
turtle.circle(90)

turtle.colormode(1.0)
turtle.pencolor(0.65,0.16,0.16)
turtle.circle(45)
```

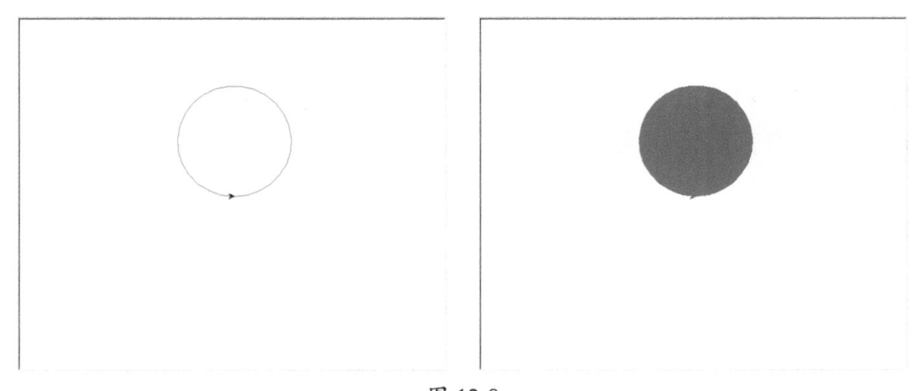

图 12-9

我们两次调用了colormode()函数，第一次传给它的参数是255，而后一次调用pencolor()函数就用0到255之间的整数作为参数来表示RGB色彩值，表示画笔的颜色是粉红色。然后绘制了一个大圆。接下来我们再次调用colormode()函数，而后一次调用pencolor() 函数就用0到1之间的小数作为参数来表示RGB色彩值，表示画笔的颜色是棕色。然后绘制了一个小圆。运行代码，得到的效果如图12-10所示。

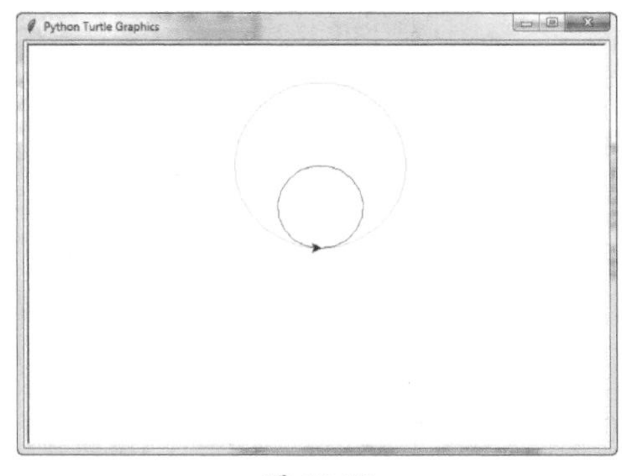

图 12-10

12.3　小结

从本章开始，我们将尝试图形用户界面（GUI）程序的编写。

Python标准库中包含了支持图形绘制的模块，我们利用这些模块来绘制图形。Python中的模块（module）就是一个Python文件，以.py结尾，包含了Python对象的定义和Python语句。我们可以使用import语句来导入模块。

Python标准库中有个turtle模块，俗称海龟绘图，它提供了一些简单的绘图工具，可以在标准的应用程序窗口中绘制各种图形。我们介绍了如何只用几行代码就能够创建出令人印象深刻的视觉效果，而且还可以跟随海龟的移动轨迹，看到每行代码是如何影响它的移动轨迹的。

12.4　练习

1. 用turtle模块的Pen函数来创建一个新画布，然后画一个正方形。

2. 创建另一个画布，画一个实心的圆形，用黄色（“yellow”）来填充这个圆。

第13章 绘制机器猫

在上一章中，我们学习了海龟绘图。本章中，我们将使用前面介绍过的知识，来绘制一幅机器猫的图形。这也是我们动手编写的第一个比较完整的示例程序。

13.1 程序分析

我们先来看一下机器猫的样子，如图13-1所示。

它有大大的脑袋、圆圆的眼睛、红红的鼻头，嘴巴两边各有3根胡子。脑袋和身体用一条红色的丝带分隔开，因为图13-1中的这只机器猫是坐着的，所以我们没有看到腿，只有圆圆的脚露在外面。此外，机器猫还有胳膊和圆圆的手。最后，别忘了机器猫还有标志性的铃铛和口袋。

图 13-1

我们可以使用在第9章中学习过的自定义函数，按照机器猫的身体部位来定义各个绘制函数：head（头）、eyes（眼睛）、nose（鼻子）、mouth（嘴）、whiskers（胡子）、body（身体）、feet（脚）、

arms（胳膊）、hands（手）、bell（铃铛）和package（口袋）。函数的名字就表明了该函数负责绘制的身体部位。

我们可以看到，这些身体部位大部分是由圆形和矩形组成，所以为了能够重复使用相同的代码段，避免不必要地复制和粘贴代码，我们还需要定义两个基础函数——一个是绘制圆形的函数drawRound()，一个是绘制矩形的drawRect()函数。

完整的代码请参见ch13\13.1.py。

13.2　导入模块和设置画笔

因为要使用海龟绘图，所以我们需要先导入turtle模块。我们将采用第11章介绍的导入模块的第二种方法：

```
from turtle import *
```

使用这种方法，可以导入turtle模块中所有的方法和变量，然后就可以直接调用方法了，而不需要再添加“turtle.”前缀。现在，我们可以直接将代码写为setup(500,500)，而不需要再添加前缀写成turtle.setup(500,500)。

然后我们对画笔做一些基本设置，代码如下。

```
#设置窗口大小
setup(500,500)
#设置画笔
speed(10)
shape("turtle")
colormode(255)
```

调用setup(500,500)，将画布大小设置为500像素宽，500像素高。调用speed(10) 将画笔速度设置为10。调用shape("turtle")，将光标设置为小海龟。调用colormode(255)设置RGB色彩值范围为0 ～ 255。

13.3　基础函数

13.3.1　绘制圆形

我们定义一个drawRound()函数，用它来绘制圆形。这里为它设置两个参数，分别是表示所绘制的圆的半径的size和表示是否填充的filled。drawRound()函数的代码如下所示。

```
def drawRound(size,filled):
    pendown()
```

```
    if filled==True:
        begin_fill()
    setheading (180)
    circle(size,360)
    if filled==True:
        end_fill()
```

首先，调用pendown()函数表示落笔。然后，判断参数filled是否等于True。如果等于True，表示要填充，那么就调用begin_fill()函数；否则，不调用该函数，表示没有填充。然后调用setheading(180)，设置小海龟启动时运动的方向，就是让小海龟调个头。调用circle(size,360)，画一个半径为size的圆。然后还要判断参数filled是否等于True，如果等于True，意味着前面调用过begin_fill()函数，则这里调用end_fill()函数表示填充完毕。

13.3.2 绘制矩形

接下来，我们定义了一个drawRect()函数，用它来绘制矩形。这里为它指定3个参数，分别是表示所绘制的矩形的长的length，表示所绘制的矩形的宽的width，以及表示是否填充的filled。drawRect()函数的代码如下所示。

```
def drawRect(length,width,filled):
    setheading(0)
    pendown()
    if filled==True:
        begin_fill()
    forward(length)
    right(90)
    forward(width)
    right(90)
    forward(length)
    right(90)
    forward(width)
    if filled==True:
        end_fill()
```

首先调用setheading(0)，设置小海龟启动时运动的方向，就是让小海龟头朝右。然后调用pendown()函数，表示落笔。判断参数filled是否等于True。如果等于True，表示要填充，就调用begin_fill()函数；否则，不调用函数，表示没有填充。调用forward(length)，绘制一条边。然后调用right(90)，让光标向右旋转90度。调用forward(width)，绘制另一条边。调用right(90)，让光标向右旋转90度。调用forward(length)，绘制第三条边。调用right(90)，让光标向右旋转90度。调用forward(width)，绘制第四条边。然后还要判断参数filled是否等于True，如果等于，则调用end_fill()函数表示填充完毕。

13.4　绘制机器猫的身体

13.4.1　head() 函数

在这里，我们定义了一个绘制机器猫大脑袋的函数——head()。首先，它绘制一个蓝色填充的大圆，表示机器猫的脑袋。然后，在蓝色圆中绘制一个稍小一点的白色填充的圆，表示机器猫的脸庞。head() 函数的代码如下所示。

```
def head():
    #大圆
    color("blue","blue")
    penup()
    goto(0,100)
    drawRound(75,True)
    #小圆
    color("white","white")
    penup()
    goto(0,72)
    drawRound(60,True)
```

首先调用color()函数，将画笔的颜色设置为蓝色，将填充的颜色也设置为蓝色。然后调用penup()函数，让画笔抬起，不要在画布上留下笔迹。调用goto()函数将画笔移动到x坐标为0、y坐标为100的位置。调用我们在前面创建的自定义函数drawRound()，绘制一个半径为75个像素、用蓝色填充的圆。

然后再次调用color()函数，将画笔的颜色设置为白色，将填充的颜色也设置为白色。然后调用penup()函数，让画笔抬起，不要在画布上留下笔迹。调用goto()函数将画笔移动到x坐标为0、y坐标为72的位置。调用drawRound()函数，绘制一个半径为60个像素、用白色填充的圆。

调用这个head()函数来看一下执行效果，如图13-2所示。

图 13-2

13.4.2　eyes() 函数

接下来，我们定义eyes()函数，用来绘制机器猫的眼睛。首先，我们绘制两个边框为黑色并用白色填充的大圆，表示机器猫的两只眼睛。然后在每个大圆中画一个用黑色填充的圆，并且在这个黑圆中再绘制一个更小的用白色填充的圆，它们表示机器猫的眼球。

```
def eyes():
    #左眼眶
    color("black","white")
    penup()
    goto(-15,80)
    drawRound(17,True)
    #右眼眶
    color("black","white")
    penup()
    goto(19,80)
    drawRound(17,True)
    #左眼珠
    color("black","black")
    penup()
    goto(-8,70)
    drawRound(6,True)
    color("white","white")
    penup()
    goto(-8,66)
    drawRound(2,True)
    #右眼珠
    color("black","black")
    penup()
    goto(12,70)
    drawRound(6,True)
    color("white","white")
    penup()
    goto(12,66)
    drawRound(2,True)
```

首先绘制机器猫的左眼眶。调用color()函数，将画笔的颜色设置为黑色，将填充的颜色设置为白色。然后调用penup()函数，让画笔抬起，不要在画布上留下笔迹。调用goto()函数将画笔移动到x坐标为−15、y坐标为80的位置。调用自定义函数drawRound()，绘制一个半径为17个像素、用白色填充的圆。

然后绘制右眼眶，这段代码和绘制左眼的代码基本一致，只是传入goto()函数的参数不一样，要将画笔移动到x坐标为19、y坐标为80的位置。

接下来绘制左眼珠和右眼珠。还是调用color()函数，设置画笔和填充的颜色，移动画笔，然后绘制圆。

调用这个eyes()函数来看一下效果，如图13-3所示。

图 13-3

13.4.3 nose() 函数

接下来，我们定义nose()函数，来绘制鼻子。鼻子很简单，就是一个红色的圆。nose函数的代码如下所示。

```
def nose():
    color("red","red")
    penup()
    goto(0,40)
    drawRound(7,True)
```

调用color函数，将画笔和填充的颜色设置为红色。然后调用penup()函数，让画笔抬起，先不要在画布上留下笔迹。调用goto()函数将画笔移动到x坐标为0、y坐标为40的位置。调用自定义函数drawRound()，绘制一个半径为7个像素、用红色填充的圆。

调用这个nose()函数来看一下绘制效果，如图13-4所示。

图 13-4

13.4.4 mouth() 函数

接下来，我们定义一个mouth()函数，用来绘制机器猫的嘴巴。它会先绘制一条弧线，表示嘴形，然后再绘制一条竖线，表示机器猫的“人中”。mouth()函数的代码如下所示。

```
def mouth():
    #嘴
    color("black","black")
    penup()
    goto(-30,-20)
    pendown()
    setheading (-27)
    circle(70,55)
    #人中
    penup()
    goto(0,26)
    pendown()
    goto(0,-25)
```

调用color函数，将画笔和填充的颜色都设置为黑色。然后调用penup()函数，让画笔抬起，先不要在画布上留下笔迹。调用 goto()函数将画笔移动到x坐标为−30、y坐标为−20的位置。然后调用pendown()函数落下画笔。调用

setheading(-27)，设置小海龟启动时运动的方向。调用circle(70,55)绘制一条弧线，表示机器猫的嘴巴。

接下来，调用penup()函数，让画笔抬起，先不要在画布上留下笔迹。调用goto()函数将画笔移动到x坐标0、y坐标为26的位置。然后调用pendown()函数落下画笔。调用goto(0,-25)，来绘制一条直线，表示机器猫的"人中"。

调用这个mouth()函数来看一下绘制效果，如图13-5所示。

图 13-5

13.4.5　whiskers()函数

接下来，我们定义了一个whiskers()函数，用来绘制胡子。它在机器猫的"人中"的两边，分别绘制3条直线，表示胡须。whiskers()函数的代码如下所示。

```
def whiskers():
    color("black","black")
    #左边中间的胡子
    penup()
    goto(10,5)
    pendown()
    goto(-40,5)
    #右边中间的胡子
    penup()
    goto(10,5)
    pendown()
    goto(40,5)
    #左上的胡子
    penup()
    goto(-10,15)
    pendown()
    goto(-40,20)
    #右上的胡子
    penup()
    goto(10,15)
    pendown()
    goto(40,20)
    #左下的胡子
    penup()
    goto(-10,-5)
    pendown()
```

```
    goto(-40,-10)
    #右下的胡子
    penup()
    goto(10,-5)
    pendown()
    goto(40,-10)
```

还是先调用color()函数，将画笔和填充的颜色都设置为黑色。然后调用penup()函数，让画笔抬起，先不要在画布上留下笔迹。调用goto()函数将画笔移动到指定位置。然后调用pendown()函数落下画笔。调用goto()函数，绘制一条直线，表示左边第一根胡子。

然后重复类似的动作，绘制剩下的5根胡子。这部分的代码基本上是相同的，只是移动到的坐标位置有所不同，这里就不再赘述。调用whiskers()函数来看一下绘制效果，如图13-6所示。

图 13-6

13.4.6　body() 函数

下面我们定义body()函数，它用来绘制机器猫的身体。该函数先绘制一个蓝色的矩形表示身体，然后再绘制一个白色的圆，表示机器猫的大肚子。接下来，绘制一个红色的长方形，表示红丝带，用于分隔开脑袋和身体。最后，绘制一个半圆，表示机器猫的腿。body()函数的代码如下所示。

```
def body():
    #蓝色的身体
    color("blue","blue")
    penup()
    goto(-50,-40)
    drawRect(100,80,True)
    #白色的大肚子
    color("white","white")
    penup()
    goto(0,-30)
    drawRound(40,True)
    #红色丝带
    color("red","red")
    penup()
    goto(-60,-35)
    drawRect(120,10,True)
    #白色的腿
    color("white","white")
```

```
    penup()
    goto(15,-127)
    pendown()
    setheading(90)
    begin_fill()
    circle(14,180)
    end_fill()
```

先调用color()函数，将画笔和填充的颜色都设置为蓝色。然后调用penup()函数，让画笔抬起，先不要在画布上留下笔迹。调用goto()函数将画笔移动到指定位置。然后调用自定义函数drawRect()，绘制一个长为100像素、宽为80像素，用蓝色填充的矩形，表示机器猫的身体。

然后调用color()函数，将画笔和填充的颜色都设置为白色。然后调用penup()函数，让画笔抬起，先不要在画布上留下笔迹。调用 goto()函数将画笔移动到指定位置。然后调用自定义函数drawRound()，绘制一个半径为40像素、用白色填充的圆形，表示机器猫的大肚子。

接下来，再次调用color()函数，将画笔和填充的颜色都设置为红色。然后调用penup()函数，让画笔抬起，先不要在画布上留下笔迹。调用goto()函数将画笔移动到指定位置。然后调用自定义函数drawRect()，绘制一个长为120像素、宽为10像素，用红色填充的扁扁的矩形，用来分隔开机器人的身体和脑袋。这是机器人的红丝带，也是挂铃铛的地方。

然后调用color()函数，将画笔和填充的颜色都设置为白色。然后调用penup()函数，让画笔抬起，先不要在画布上留下笔迹。调用 goto()函数将画笔移动到指定位置。调用pendown()函数落下画笔。调用setheading(90)，设置小海龟启动时运动的方向，也就是让小海龟旋转90度。调用begin_fill()函数，开始填充。调用circle(14,180)，绘制一个半径为14像素的半圆形。然后调用end_fill()函数，停止填充。这样就绘制完了机器猫的两条腿。

调用这个函数，看一下绘制效果，如图13-7所示。

图 13-7

13.4.7 feet()函数

接下来，我们定义feet()函数，用来绘制机器猫的脚。feet()函数的代码如下所示。

```
def feet():
    #左脚
    color("black","white")
    penup()
    goto(-30,-110)
    drawRound(20,True)
    #右脚
    color("black","white")
    penup()
    goto(30,-110)
    drawRound(20,True)
```

调用color()函数，将画笔颜色设置为黑色，将填充颜色设置为白色。然后调用penup()函数，让画笔抬起，先不要在画布上留下笔迹。调用goto()函数将画笔移动到x坐标为−30、y坐标为−110的位置。然后调用自定义函数drawRound()，绘制一个半径为20像素、用白色填充的圆形，表示机器猫的左脚。

然后重复类似的动作，绘制机器猫的右脚。代码基本上是相同的，只是移动的坐标有所不同，这里就不再赘述。调用feet()函数，看一下绘制效果，如图13-8所示。

图 13-8

13.4.8　arms()函数

接下来，我们定义arms()函数，用来绘制机器猫的胳膊。这里用两个四边形表示机器猫的两条胳膊。arms()函数的代码如下所示。

```
def arms():
    #左胳膊
    color("blue","blue")
    penup()
    begin_fill()
    goto(-51,-50)
    pendown()
    goto(-51,-75)
    left(70)
    goto(-76,-85)
    left(70)
    goto(-86,-70)
    left(70)
```

```
    goto(-51,-50)
    end_fill()
    #右胳膊
    color("blue","blue")
    penup()
    begin_fill()
    goto(49,-50)
    pendown()
    goto(49,-75)
    left(70)
    goto(74,-85)
    left(70)
    goto(84,-70)
    left(70)
    goto(49,-50)
    end_fill()
```

调用color()函数，将画笔颜色和填充颜色都设置为蓝色。然后调用penup()函数，让画笔抬起，先不要在画布上留下笔迹。调用begin_fill()函数表示开始填充。调用 goto()函数将画笔移动到指定位置。然后调用pendown()函数落下画笔。调用goto()函数，绘制一条直线。然后调用函数left(70)，表示向左旋转70度。调用goto()函数，绘制第二条直线。然后调用函数left(70)，表示向左旋转70度。调用goto()函数，绘制第三条直线。然后调用函数left(70)，表示再次向左旋转70度。调用goto()函数，绘制第四条直线。调用end_fill()函数，完成颜色的填充。这样我们就完成了一个用蓝色填充的四边形，用它来表示机器猫的左胳膊。

然后重复类似的动作，绘制右胳膊。代码基本相同，只是移动的坐标位置有所不同，这里不再赘述。调用一下arms()函数，看一下绘制效果，如图13-9所示。

图 13-9

13.4.9 hands()函数

接下来，我们定义了hands()函数，来绘制机器猫的手。这里用两个白色填充的圆来表示机器猫的手。hands()函数的代码和feet()函数比较类似，这里不再做过多的解释，直接列出了代码。

```
def hands():
    #左手
    color("black","white")
```

```
    penup()
    goto(-90,-71)
    drawRound(15,True)
    #右手
    color("black","white")
    penup()
    goto(90,-71)
    drawRound(15,True)
```

调用hands()函数，看一下绘制效果，如图13-10所示。

图 13-10

13.4.10　bell() 函数

接下来，我们定义了一个bell()函数，来绘制铃铛。可以看到，铃铛是在一个黄色圆上，由中间的两条黑线和下方的一个小黑圈组成的。所以，我们先绘制一个用黄色填充的圆；然后绘制一个没有填充的矩形，表示铃铛中间分开上下部分的横条。在矩形下面，再绘制一个黑色填充的圆。bell()函数代码比较简单，这里也不再过多地解释，直接列出代码。

```
def bell():
    #黄色实心圆表示铜铃
    color("yellow","yellow")
    penup()
    goto(0,-41)
    drawRound(8,True)
    #黑色矩形表示花纹
    color("black","black")
    penup()
    goto(-10,-47)
```

```
    drawRect(20,4,False)
    #黑色实心圆表示撞击的金属丸
    color("black","black")
    penup()
    goto(0,-53)
    drawRound(2,True)
```

调用这个函数，看一下其绘制效果，如图13-11所示。

图 13-11

13.4.11 package()函数

最后，我们还要给机器猫绘制一个口袋，因此，这里定义一个package()函数来绘制口袋。这里用一个半圆来表示机器猫的口袋。package()函数的代码比较简单，这里不再解释，直接列出了代码。

```
def package():
    #半圆
    color("black","black")
    penup()
    goto(-25,-70)
    pendown()
    setheading(-90)
    circle(25,180)
    goto(-25,-70)
    hideturtle()
```

调用这个函数，看一下绘制效果，如图13-12所示。

到这里，我们的机器猫就绘制完成了。可以和本章前面给出的机器猫的卡通形象对比一下，看看是不是挺像的呢？

图 13-12

13.5　小结

在本章中，我们主要基于上一章所介绍的海龟绘图的基础知识，绘制了一个机器猫的卡通形象。首先，我们对这个程序进行了简要的分析。接下来，介绍了如何导入模块和设置画笔，这是使用海龟绘图之前必须进行的准备工作。然后，依次介绍了绘制机器猫程序的每一个函数的作用及其代码，并展示了其绘制效果。

下一章，我们将继续学习使用海龟绘图来绘制小朋友们喜爱的小猪佩奇的形象。

第14章 绘制小猪佩奇

在上一章中，我们用海龟绘图绘制了机器猫的卡通图像。在本章中，我们介绍如何用海龟绘图来绘制小朋友们喜欢的另一个卡通形象——小猪佩奇。

14.1 程序分析

我们先来看一下小猪佩奇的样子，如图14-1所示。

观察这个图像可以发现，小猪佩奇基本是由各种曲线构成的。她的鼻子是个椭圆。头是几条弧线连接而成，耳朵也是由几条弧线构成的。眼睛是大圆套小圆。腮是一个实心圆。嘴巴就是一条弧线。然后就是身体，左边和右边两条曲线，下面是一条直线。胳膊可以通过直线表示，手指用曲线表示。我们还可以用两条竖线表示左腿和右腿，用两条横线表示脚。最后用3条弧线画出带卷的小尾巴。

图 14-1

我们还是使用自定义函数，按照小猪佩奇的部位来定义各个绘制函数：nose（鼻子）、head（头）、ears（耳朵）、eyes（眼睛）、cheek（腮）、mouth（嘴巴）、body（身体）、hands（手）、foot（脚）和tail（尾巴）。函数的名字就表明了该函数负责绘制的身体部位。

14.2　绘制弧线和椭圆

可以看到很多部位都是用弧线画出来的。我们在第12章介绍circle()函数时曾提到过，这个函数有3个参数，分别是radius（半径）、extent（弧度）和steps（做半径为radius的圆的内切正多边形），其中后面两个参数是可选的。

之前我们都是用circle()函数画圆，所以要么只给这个函数传递一个参数，要么在传递第2个参数的时候将其设置为360。如果用circle()函数画弧线，那就要为第2个参数指定相应的弧度。

我们通过一个简单的示例，来看看如何画弧线，代码请参见ch14\14.1.py。

```
import turtle
turtle.pencolor("red")
turtle.setheading(-80)
turtle.circle(100,120)
```

执行结果如下所示，在窗口中画出了一个条红色弧线，如图14-2所示。

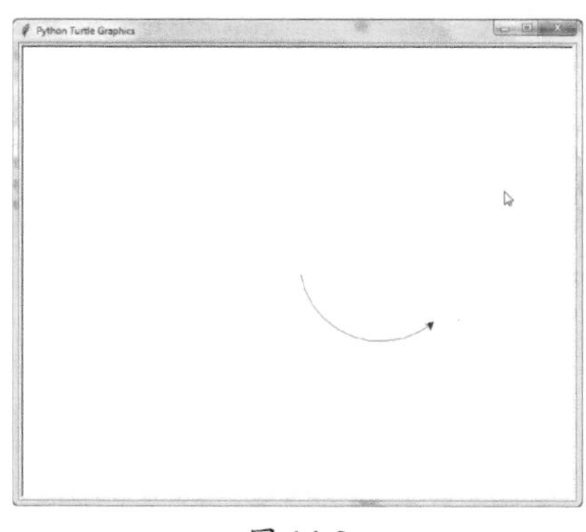

图 14-2

因为turtle中并没有直接画椭圆的函数，所以我们要换一个思路。如果我们想利用一个正多边形来模拟圆的话，当边足够多的时候，就可以模拟出一个非常接近的圆。例如，正120边形，看上去就很接近圆了。我们来试着做一做，代码请参见ch14\14.2.py。

```
import turtle
turtle.pendown()
for j in range(120):        # 重复执行120次
    turtle.forward(5)       # 移动5个像素
    turtle.left(3)          # 左转3度
turtle.penup()
```

我们执行一个循环120次，每次循环中移动5个像素，然后左转3度。这样完成循环后，正好左转了360度，回到了最初的位置。执行过程中，在窗口中，我们会看到光标从初始位置出发，按逆时针方向画出了一个近似的圆，如图14-3所示。

如果修改forward()中的参数，还可以画出不同半径的圆。这样就给了我们更大的自由度。在角度范围内，通过修改forward()中的参数来影响画弧的速度。我们还是画120个弧线，但是这次通过if-else条件语句，在前30步让画弧的速度由慢到快，接下来的30步速度由快到慢，此后的30步让画弧的速度再次由慢到快，最后的30步速度又由快到慢，这样不匀速的画法，就可以形成一个椭圆。我们来试着做一做，代码请参见ch14\14.3.py。

```
import turtle
turtle.pendown()
segment=1
for i in range(120):
    if 0<=i<30 or 60<=i<90:
        segment= segment+0.2
        turtle.left(3)
        turtle.forward(segment)
    else:
        segment= segment-0.2
        turtle.left(3)
        turtle.forward(segment)
```

运行这段代码，可以看到turtle画出了一个椭圆，如图14-4所示。

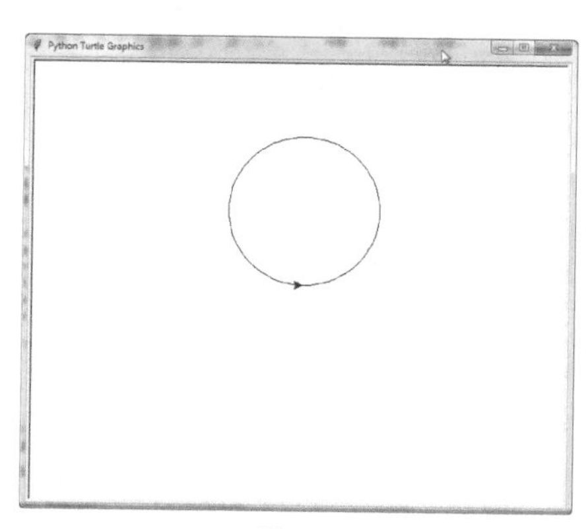

图 14-3

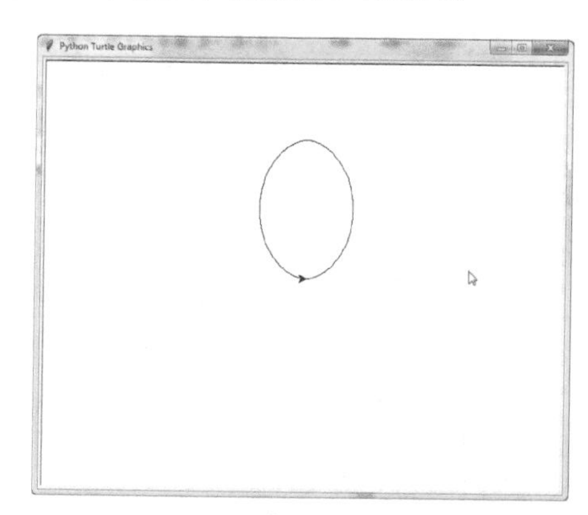

图 14-4

14.3　导入 turtle 模块

从这里开始，我们要介绍如何绘制小猪佩奇，完整代码请参见ch14\14.4.py。

还是和上一章中提到的情况相同，要使用海龟绘图，我们需要先导入turtle模块。我们还是采用第11章介绍的导入模块的第2种方法：

```
from turtle import *
```

这样就可以导入turtle模块中所有的方法和变量，然后就可以直接调用方法了，而不需要再添加“turtle.”前缀。

14.4　绘制程序

14.4.1　设置画布和画笔

首先，我们定义一个setting()函数，用它来设置画布和画笔。setting()函数的代码如下所示。

```
def setting():
    setup(800,500)
    pensize(4)
    hideturtle()
    colormode(255)
    speed(10)
```

setting()函数主要做一些绘制前的设置和准备工作。它先将画布设置为800像素宽和500像素高的大小。然后设置画笔的大小为4，隐藏小海龟图标。调用colormode(255)设置RGB色彩值范围为0～255。调用speed(10)将画笔速度设置为10。

14.4.2　nose()函数

接下来，我们先定义绘制鼻子的函数，该函数的代码如下所示。

```
def nose():
    penup()
    goto(-100,100)
    setheading(-30)
    color((255,155,192),"pink") #画笔色是浅粉，填充色是粉色
    pendown()
    begin_fill()
    #绘制一个椭圆作为鼻子的轮廓
    segment=0.4
    for i in range(120):
        if 0<=i<30 or 60<=i<90:
            segment= segment+0.08    #加速
            left(3)                  #向左转3度
            forward(segment)         #画直线
        else:
            segment= segment-0.08    #减速
            left(3)                  #向左转3度
            forward(segment)         #画直线
    end_fill()
    #左鼻孔
    penup()
```

```
    setheading(90)
    forward(25)
    setheading(0)
    forward(10)
    color((255,155,192),(160,82,45)) #画笔色是浅粉，填充色是黄土赭色
    pendown()
    begin_fill()
    circle(5)
    end_fill()
    #右鼻孔
    penup()
    setheading(0)
    forward(20)
    pendown()
    begin_fill()
    circle(5)
    end_fill()
```

首先调用penup()函数拿起画笔，避免在画布上留下痕迹。然后调用goto()函数将画笔定位到指定坐标。调用setheading()设置画笔启动时运动的方向。然后调用color()函数，将画笔的颜色设置为浅粉色，将填充的颜色也设置为粉色，这是佩奇的标志性的颜色。然后调用pendown()函数，落下画笔，现在画笔的任何移动都会留下轨迹。接下来，我们绘制了一个椭圆，绘制方法在14.2节已经介绍过，这里不再详述。这样鼻子的轮廓就绘制完成了。

下面我们来绘制佩奇的鼻孔。还是拿起画笔，将画笔定位到指定坐标，设置启动时运动的方向，指定画笔颜色和填充颜色，落下画笔。然后画一个圆。这样就画好了左鼻孔，右鼻孔的代码也类似，这里就不再赘述。调用这个函数，看一下绘制效果，如图14-5所示。

图 14-5

14.4.3　head()函数

接下来我们定义head()函数，它用来绘制头部。head()函数的代码如下所示。

```
def head():
    penup()
    goto(-69,167)
    pendown()
    color((255,155,192),"pink")
    begin_fill()
```

```
    setheading(180)
    circle(300,-30)
    circle(100,-60)
    circle(80,-100)
    circle(150,-20)
    circle(60,-95)
    setheading(161)
    circle(-300,15)
    #勾画出右半个鼻子的轮廓，避免填充时覆盖掉
    penup()
    goto(-100,100)
    pendown()
    setheading(-30)

    segment=0.4
    for i in range(60):
        if 0<=i<30 or 60<=i<90:
            segment= segment+0.08
            left(3)
            forward(segment)
        else:
            segment= segment-0.08
            left(3)
            forward(segment)
    end_fill()
```

拿起画笔，将画笔定位到指定坐标，落下画笔。指定画笔颜色和填充颜色。调用begin_fill()函数开始填充。设置启动时运动的方向，然后通过绘制几条弧线把头绘制出来。

接下来，又重新拿起画笔，将画笔定位到(−100,100)，这是画鼻子时的位置。然后勾画出右半个鼻子的轮廓，也就是半个椭圆。这样做是为了避免填充头的时候把鼻子覆盖掉。最后调用end_fill()函数结束填充。

调用这个函数，看一下其绘制效果，如图14-6所示。

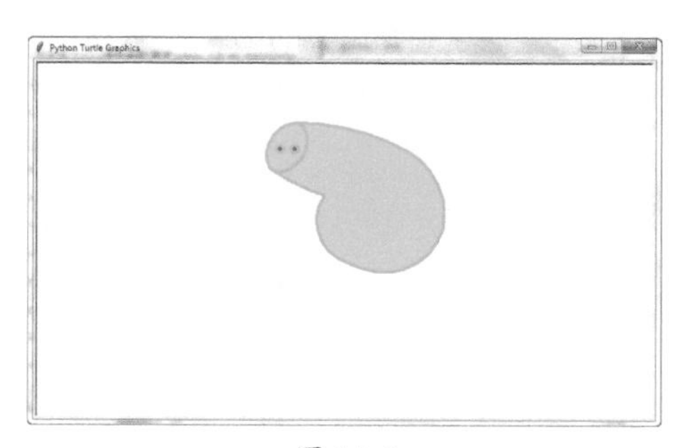

图 14-6

14.4.4　ears() 函数

接下来我们定义ears()函数，用来绘制耳朵。ears()函数的代码如下所示。

```
def ears():
    color((255,155,192),"pink")
    #左耳朵
    penup()
    goto(0,160)
```

```
    pendown()
    begin_fill()
    setheading(100)
    circle(-50,50)
    circle(-10,120)
    circle(-50,54)
    end_fill()
    #右耳朵
    penup()
    setheading(90)
    forward(-12)
    setheading(0)
    forward(30)
    pendown()
    begin_fill()
    setheading(100)
    circle(-50,50)
    circle(-10,120)
    circle(-50,56)
    end_fill()
```

代码和前面类似，这里不再赘述。调用这个ears()函数，看一下其绘制效果，如图14-7所示。

图 14-7

14.4.5 eyes()函数

接下来我们定义eyes()函数，用来绘制眼睛。eyes()函数的代码如下所示。

```
def eyes():
    #左眼眶
    color((255,155,192),"white")
    penup()
    setheading(90)
    forward(-20)
    setheading(0)
    forward(-95)
    pendown()
    begin_fill()
    circle(15)
    end_fill()
```

```
    #左眼珠
    color("black")
    penup()
    setheading(90)
    forward(12)
    setheading(0)
    forward(-3)
    pendown()
    begin_fill()
    circle(3)
    end_fill()
    #右眼框
    color((255,155,192),"white")
    penup()
    setheading(90)
    forward(-25)
    setheading(0)
    forward(40)
    pendown()
    begin_fill()
    circle(15)
    end_fill()
    #右眼珠
    color("black")
    penup()
    setheading(90)
    forward(12)
    setheading(0)
    forward(-3)
    pendown()
    begin_fill()
    circle(3)
    end_fill()
```

调用这个函数，看看绘制效果，如图 14-8 所示。

图 14-8

14.4.6　cheek() 函数

接下来，我们定义 cheek() 函数，它绘制一个红色的圆，用来表示腮红。cheek() 函数代码如下所示。

```
def cheek():
    penup()
    goto(80,10)
    setheading(0)
    color((255,155,192))
    pendown()
    begin_fill()
    circle(30)
    end_fill()
```

调用这个函数，看一下其绘制效果，如图 14-9 所示。

图 14-9

14.4.7 mouth() 函数

接下来我们定义 mouth() 函数，就是绘制一个红色弧线，用来表示嘴巴。mouth 函数的代码如下所示。

```
def mouth():
    penup()
    goto(-20,30)
    color(239,69,19)
    pendown()
    setheading(-80)
    circle(35,120)
```

调用这个函数，看一下绘制效果，如图 14-10 所示。

图 14-10

14.4.8　body() 函数

接下来，我们定义 body() 函数，用来绘制身体。body() 函数的代码如下所示。

```
def body():
    color("red",(255,99,71))
    #身体左边的曲线
    penup()
    goto(-32,-8)
    pendown()
    begin_fill()
    setheading(-130)
    circle(100,10)
    circle(300,30)
    #身体底边
    setheading(0)
    forward(230)
    #身体右边的曲线
    setheading(90)
    circle(300,30)
    circle(100,3)
    color((255,155,192),(255,100,100))
    #把脸上的下巴颏画出来，避免填充时覆盖掉
    setheading(-135)
    circle(-80,63)
    circle(-150,24)
    end_fill()
```

调用这个函数，看一下绘制效果，如图 14-11 所示。

图 14-11

14.4.9　hands() 函数

接下来，我们定义 hands() 函数用来绘制手。hands() 函数的代码如下所示。

```
def hands():
    color((255,155,192))
    # 左手的中间手指
    penup()
    goto(-56,-45)
```

```
    pendown()
    setheading(-160)
    circle(300,15)
    #通过一个弧形表示左手另外两根手指
    penup()
    setheading(90)
    forward(15)
    setheading(0)
    pendown()
    setheading(-10)
    circle(-20,90)
    # 右手的中间手指
    penup()
    setheading(90)
    forward(30)
    setheading(0)
    forward(237)
    pendown()
    setheading(-20)
    circle(-300,15)
    #通过一个弧形表示另外两根手指
    penup()
    setheading(90)
    forward(20)
    setheading(0)
    pendown()
    setheading(-170)
    circle(20,90)
```

调用这个函数，看看绘制效果，如图 14-12 所示。

图 14-12

14.4.10 feet() 函数

接下来，我们定义 feet() 函数，用来绘制脚。feet() 函数的代码如下所示。

```
def feet():
    #左腿
    pensize(10)
    color((240,128,128))
    penup()
```

```
    goto(2,-177)
    pendown()
    setheading(-90)
    forward(40)
    setheading(-180)
    #左脚
    color("black")
    pensize(15)
    forward(20)
    #右腿
    pensize(10)
    color((240,128,128))
    penup()
    setheading(90)
    forward(40)
    setheading(0)
    forward(90)
    pendown()
    setheading(-90)
    forward(40)
    setheading(-180)
    #右脚
    color("black")
    pensize(15)
    forward(20)
```

为了简单起见，我们就用直线来表示腿和脚，调用这个函数，看一下绘制效果，如图 14-13 所示。

图 14-13

14.4.11　tail() 函数

这里定义了 tail() 函数，用来绘制尾巴。tail() 函数的代码如下所示。

```
def tail():
    pensize(4)
    color((255,155,192))
    penup()
    goto(148,-155)
```

```
pendown()
setheading(0)
#打卷的尾巴
circle(70,20)
circle(10,330)
circle(70,30)
```

调用这个函数，来看一下效果，如图14-14所示。

图 14-14

到这里，我们的小猪佩奇就绘制完成了，看上去是不是和图14-1很像呢？

14.5 小结

在本章中，我们使用海龟绘图绘制了一个小猪佩奇的形象，进一步加深读者对海龟绘图的了解和掌握。读者也可以尝试使用海龟绘图绘制自己喜欢的其他图案。

第15章 Pygame基础

在前面几章中，我们学习了利用海龟绘图来编写程序。但是，turtle模块的速度是比较慢的，无法用于绘制大量的动画或移动对象。在本章中，我们将安装并使用一个新的模块Pygame，它也提供了用图形化用户界面（Graphical User Interface，GUI）来创建游戏的功能。它允许我们使用目前为止已经学习的知识和技能，来绘制图形、实现动画甚至创建街机风格的游戏。

15.1 Pygame的安装

安装Pygame需要用到pip工具。pip是一个安装和管理Python包的工具。当我们安装好Python3.7之后，pip也会自动安装好，不需要单独安装。我们可以在Python的安装目录下看到这个文件。例如，我的Python安装在了C:\Users\li.qiang\AppData\Local\Programs\Python 目录，那么pip工具就安装在了C:\Users\li.qiang\AppData\Local\Programs\Python\Python37-32\Scripts目录下，如图15-1所示。

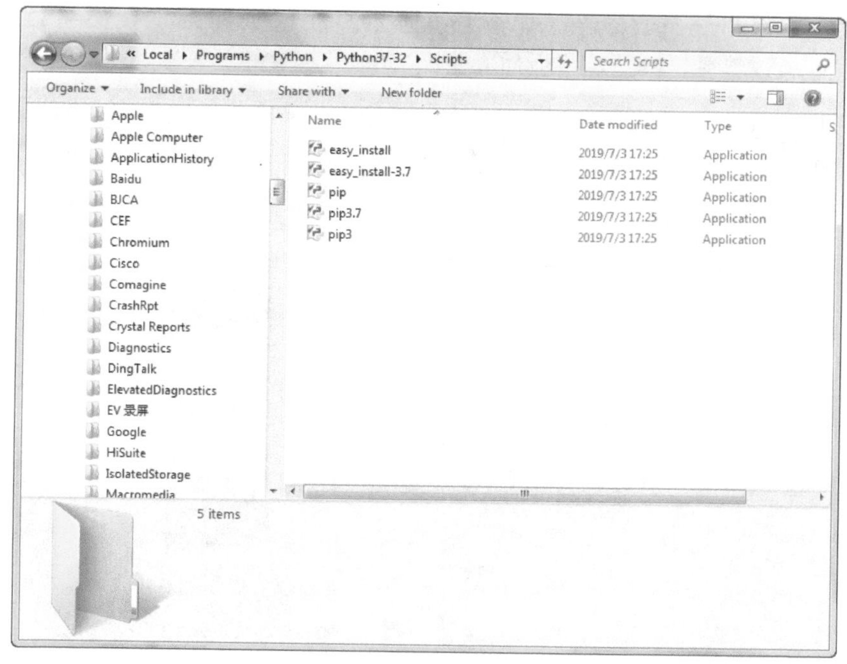

图 15-1

也可以直接在命令行窗口输入pip，以此来检测pip工具是否安装好。如果安装好了，会出现相应的命令提示信息，如图15-2所示。

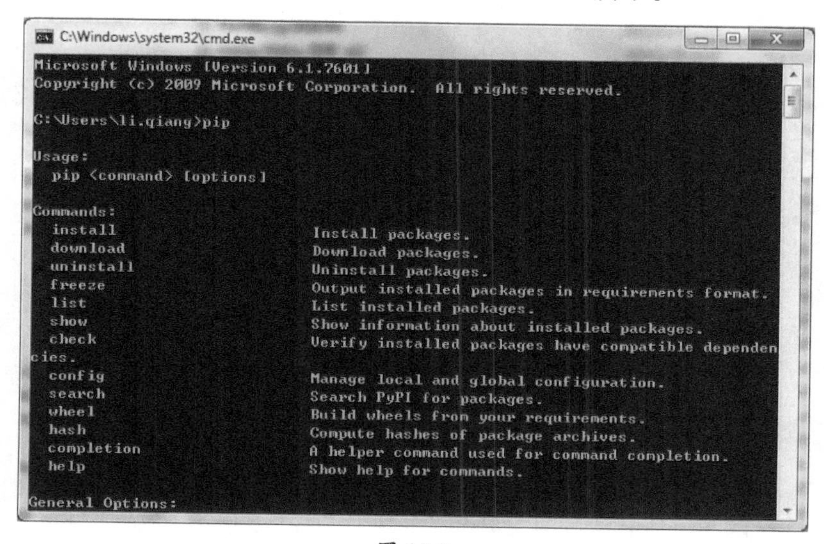

图 15-2

有了pip工具之后，我们就可以考虑安装Pygame了。Pygame的官方网址是http://www.pygame.org，如图15-3所示。在这个网站，我们可以看到Pygame的相关介绍以及关于如何安装的说明。

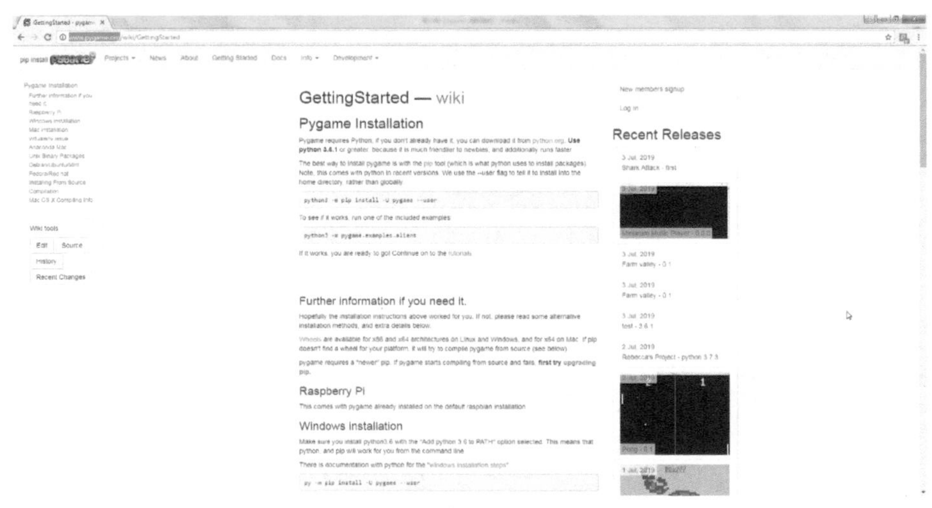

图 15-3

从官网的介绍可以知道，我们可以直接在命令行中执行安装命令。在确认连接互联网的情况下，在命令行输入“python –m pip install –U pygame --user”，按下回车键后，就可以进行安装，如图15-4所示。

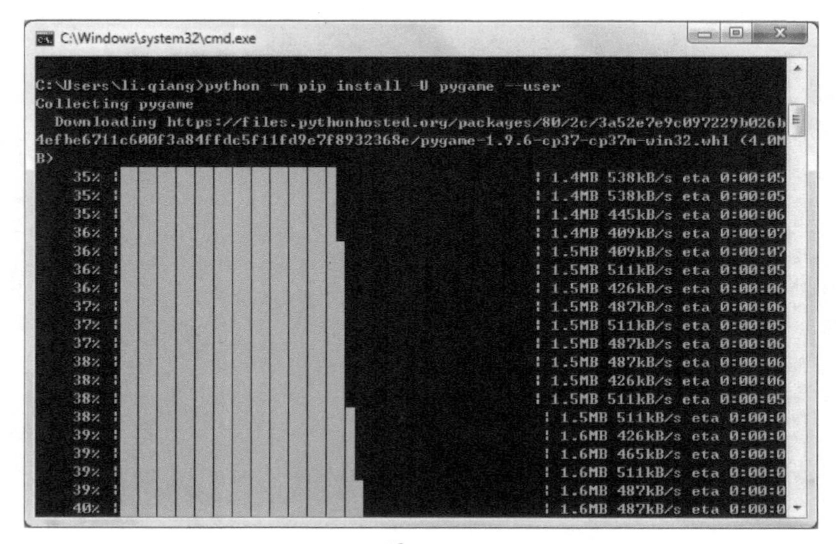

图 15-4

然后只需要等待，直到安装进度到达了100%，并且提示安装Pygame成功，可以看到，当前的Pygame的版本是1.9.6，如图15-5所示。

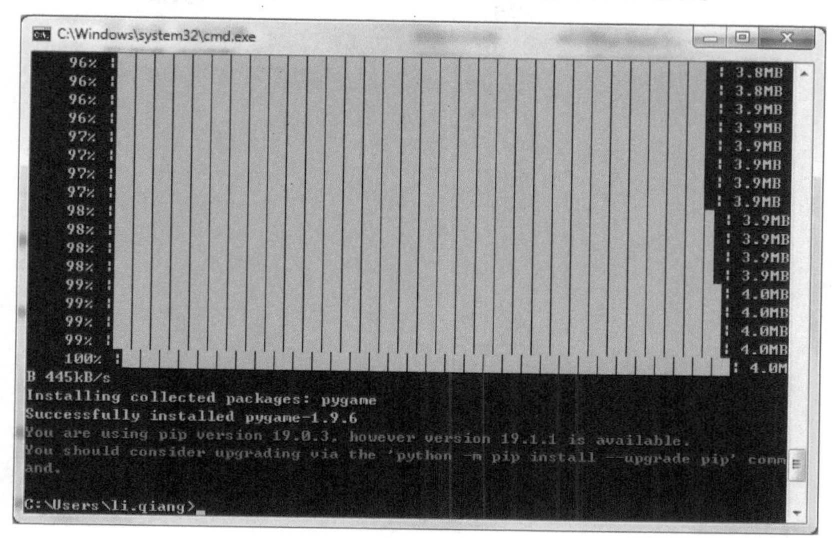

图 15-5

这个时候，如果在Python的Shell中输入import pygame，就会显示出当前Pygame的版本，如图15-6所示。

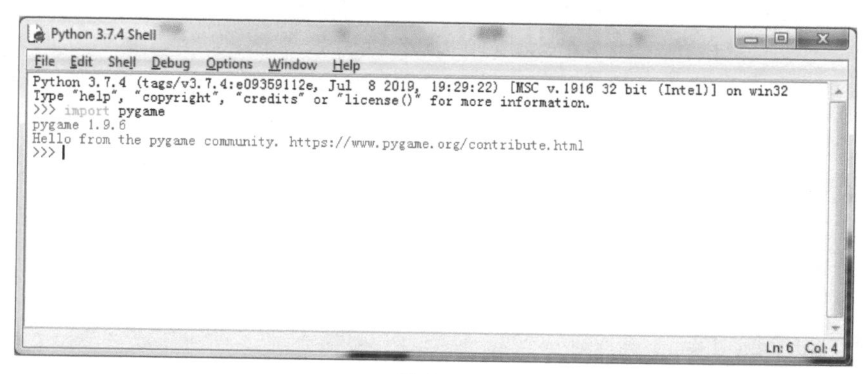

图 15-6

15.2 Pygame 窗口

我们用turtle模块绘制图形时，需要一个窗口。使用Pygame绘图，同样也需要建立一个窗口。我们先来创建一个最简单的窗口，代码参见ch15\15.1.py。

```
import pygame
pygame.init()
windowSurface=pygame.display.set_mode([500,400])
```

运行这段代码，可以看到一个填充色为黑色的空白窗口，如图15-7所示。

图15-7

代码的第1行是一条简单的import语句，它导入pygame模块，以便我们可以在程序中使用该模块中的函数。实际上，Pygame所提供的所有那些处理图形、声音以及拥有其他功能的函数，都位于pygame模块中。

第2行代码是调用pygame.init()函数。每次想要使用Pygame的时候，我们都要调用pygame.init()，而且它总是要放在导入了pygame之后，并且要放在调用任何其他的Pygame函数之前。

第3行代码调用了pygame.display.set_mode([500,400])，创建了一个宽500像素、高400像素的显示窗口，并且返回了用于该窗口的pygame.Surface对象，然后将这个对象存储在名为windowSurface的变量中。

提示 Surface对象是表示一个矩形2D图像的对象。我们可以通过调用Pygame绘制函数，来改变Surface对象的像素，然后再显示到屏幕上。注意，pygame.display.set_mode()返回的Surface对象叫作显示Surface（display Surface）。当调用pygame.display.update()函数的时候，之前绘制到显示Surface对象上的任何内容，都会显示到窗口上。

在一个Surface对象上绘制（该对象只存在于计算机内存之中），比把一个Surface对象绘制到计算机屏幕上要快很多。这是因为修改计算机内存比修改显示器上的像素要快很多。Python程序经常要把多个不同的内容绘制到一个Surface对象中。在游戏循环的本次迭代中，一旦将一个Surface对象上的所有内容都绘制到了显示Surface对象上，这个显示Surface对象就会绘制到屏幕上。

运行代码后，你可能会发现一个问题——这个窗口是无法关闭的。这是为什么呢？这是因为，Pygame建立的程序需要检测用户的动作，从而根据用户的操作做出响应。所以Pygame有一个事件循环，它会不断检查用户在做什么，比如按下键盘、移动鼠标或者关闭窗口等操作。由于我们还没有加上这个事件循环，所以窗口无法关闭。

下面，我们为程序添加了几行代码（如下高亮显示的代码行），让它监控用户的动作。这样，当用户点击关闭按钮时，就会关闭窗口，代码参见ch15\15.2.py。

```
import pygame
pygame.init()
windowSurface=pygame.display.set_mode([500,400])

Running=True
while Running:
    for event in pygame.event.get():
        if event.type == pygame.QUIT:
            Running =False
pygame.quit()
```

首先我们创建了一个变量Running，并且将其设置为True。然后为了保持Pygame事件循环一直运行，我们使用while循环。当Running为True时，循环会一直进行。退出循环的唯一方式是变量Running为False。

然后，在while循环中加入了一个for循环，它会遍历pygame.event.get()所返回的Event对象的列表。Event对象有一个名为type的成员变量，它告诉这个对象表示的是什么类型的事件；而针对pygame.locals模块中的每一种可能的类型，Pygame都有一个常量变量。程序检查Event对象的type是否等于常量pygame.QUIT，如果等于，那么我们就知道产生了QUIT事件。当用户关闭程序的窗口或者当计算机关闭窗口并尝试终止所有运行的程序的时候，pygame模块会产生QUIT事件。当程序检测到QUIT类型的事件的时候，就会将变量Running设置为False。这时，就会退出while循环。然后，调用pygame.quit()函数，它是和init()相对应的一个函数，在退出程序之前，需要调用它。然后才能退出Pygame并终止程序。

运行以上代码，我们会看到一个正常工作的Pygame窗口，当用户点击关闭窗口按钮时，就可以关闭窗口了。

提示　我们通常用大写字母来定义常量变量，是为了说明这种类型的变量的内容是不会轻易改变的，这是一种约定俗成的方式。尽管这些常量变量的值实际上仍然可以被改变。

提示　任何时候，当用户做了诸如按下一个键盘或者把鼠标移动到程序的窗口之上等动作，Pygame库就会创建一个pygame.event.Event对象来记录这个动作，也就是“事件”。我们可以调用pygame.event.get()函数来搞清楚发生了什么事件，该函数返回pygame.event.Event对象的一个列表。这个Event对象的列表，包含了自上次调用pygame.event.get()函数之后所发生的所有事件。通常，我们使用一个for循环遍历Event对象的列表。在这个for循环的每一次迭代中，会得到Event对象列表中的下一个事件对象。pygame.event.get()函数所返回的Event对象的列表，将会按照事件发生的顺序来排序。如果用户点击鼠标并按下键盘按键，鼠标点击的Event对象将会是列表的第1项，键盘按键的Event对象将会是第2项。如果没有事件发生，那么pygame.event.get()将返回一个空白的列表。

15.3　使用 Pygame 绘图

15.3.1　Pygame 的坐标系

在开始深入学习Pygame之前，我们需要先来看一下Pygame和海龟绘图在坐标系之间的区别。在海龟绘图中，原点位于屏幕的中心，越向屏幕右方，*x*坐标越大，越向屏幕上方，*y*坐标越大。Pygame则使用一种新的坐标系统，也是更加常见的面向窗口的坐标系。Pygame窗口的左上角是原点（0, 0）。随着我们向右移动，*x*坐标还是变得越来越大，但是，*x*坐标没有负值。随着向下移动，*y*坐标的值逐渐增加，*y*坐标也没有负值。

假设我们有一个10个像素宽和10个像素高的Surface对象，如图15-8所示。

我们可以通过指定*X*轴和*Y*轴的整数来定位坐标，表示为两个整数的一个元组，例如(5,2)和（4,6）。第1个整数是*X*坐标，而第2个整数是*Y*坐标。我们可以将第1个坐标的像素显示为红色，第2个坐标的像素显示为黄色，如图15-9所示。

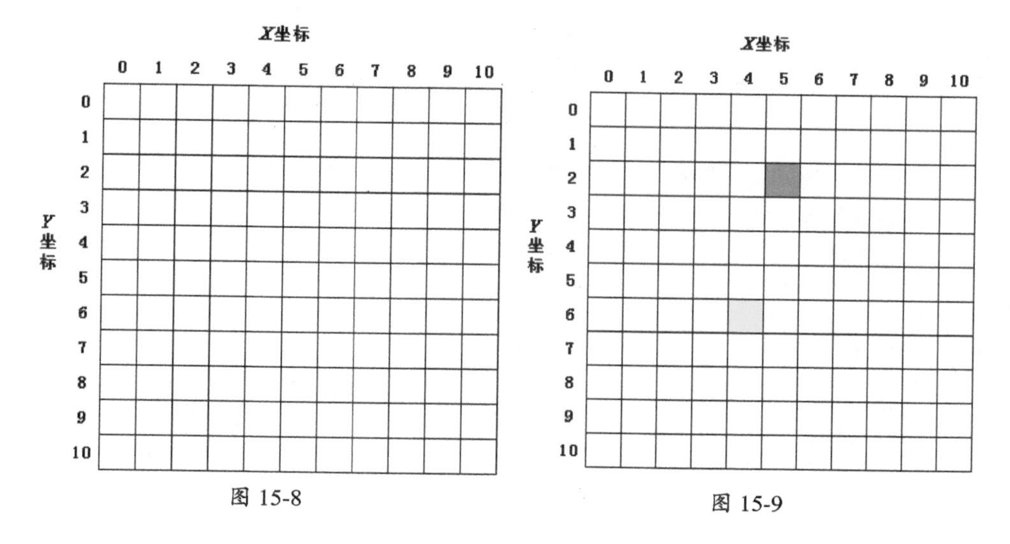

图 15-8

图 15-9

15.3.2 颜色

在Pygame中，我们使用RGB色彩值表示颜色。我们曾在第12章介绍过RGB值，这里不再赘述。例如，我们可以使用元组(0, 0, 0)表示黑色，(255, 255, 255)表示白色，(255, 0, 0)表示红色，(0, 255, 0)表示绿色，而(0, 0, 255)表示蓝色。

我们并不希望每次要在程序中使用一个具体的颜色的时候，都重新编写3个数的一个元组，因此，我们将创建常量来保存这些元组，并且用这些元组所代表的颜色的名字来命名常量：

```
BLACK=(0,0,0)
WHITE=(255,255,255)
GREEN=(0,255,0)
BLUE=(0,0,255)
RED=(255,0,0)
```

15.3.3 绘图函数

和海龟绘图一样，Pygame也有各种绘制形状的函数。这些形状包括矩形、圆形、椭圆形、线条或单个的像素，通常都称为绘制图元。在这个小节中，我们来学习一些常用的绘图函数。

pygame.draw.line()函数

先来看绘制线段的函数pygame.draw.line()，它有5个参数，分别是：

- 待显示的Surface对象；
- 画笔的颜色；

- 起始位置坐标；
- 结束位置坐标；
- 线条粗细。

结合前面介绍过的内容，我们来编写一个简单的程序，用3条直线，组成一个字母H，完整代码参见ch15\15.3.py。

```
import pygame

# 创建 pygame
pygame.init()

# 创建窗口
windowSurface=pygame.display.set_mode([500,400])

# 创建颜色变量
BLACK=(0,0,0)
WHITE=(255,255,255)
RED=(255,0,0)
GREEN=(0,255,0)
BLUE=(0,0,255)

# 用白色填充Surface对象
windowSurface.fill(WHITE)

# 在surface对象上绘制线段
pygame.draw.line(windowSurface, BLACK, (60, 60), (60, 120), 2)
pygame.draw.line(windowSurface, RED, (60, 90), (90, 90),2)
pygame.draw.line(windowSurface, BLACK, (90, 60), (90, 120), 2)

# 将surface对象的内容显示到窗口上
pygame.display.update()

# 运行事件循环
Running=True
while Running:
    for event in pygame.event.get():
        if event.type == pygame.QUIT:
            Running =False
pygame.quit()
```

首先，创建了一个Pygame的程序窗口。然后创建了3个变量来保存颜色的元组，用到的3种颜色分别是黑色、白色和红色。接下来用白色填充所创建的Surface对象，也就是将窗口的背景颜色设置为白色，详情参见下面的“提示”部分。然后，在这个Surface对象上绘制了3条不同颜色的直线，直线的宽度都是2个像素，并且调用pygame.display.update()函数，把Surface对象上的内容全部显示到窗口上。最后通过事件循环，监控用户动作。当点击关闭按钮时，关闭窗口。

图 15-10

提示 我们用大写字母来定义这3个颜色变量——BLACK、WHITE和RED，是为了说明这3个变量的内容是不会轻易改变的，这是一种约定俗成的方式。

运行这段代码，我们可以看到一个Pygame的窗口，上面有3条直线，组成了一个字母H，如图15-10所示。

提示 对这个程序来说，我们想要用白色来填充存储在windowSurface变量中的整个Surface对象。fill()函数将会使用传递给参数的颜色来填充整个Surface对象。

在pygame中，当调用fill()方法或其他任何绘制函数时，屏幕上的窗口都不会改变。相反，这些函数将会改变Surface对象，但是在调用pygame.display.update()函数之前，并不会把新的Surface对象绘制到屏幕上。

这是因为，在计算机内存中修改Surface对象要比在屏幕上修改图像更快。当所有绘制函数完成了对Surface对象的绘制之后，再在屏幕上绘制，这种做法要高效很多。

pygame.draw.rect() 函数

pygame.draw.rect()是一个绘制矩形的函数，它有4个参数，分别是：

- 待显示的Surface对象；
- 画笔的颜色；
- 4 个整数的一个元组（分别表示左上角的*X*坐标和*Y*坐标，以及宽度和高度）；
- 线条粗细，如果是0，表示矩形是填充的。

如果用这个函数绘制一个红色边框的矩形，代码参见ch15\15.4.py。

```
pygame.draw.rect(windowSurface, RED, (60,200, 200, 100),1)
```

可以看到，调用pygame.draw.rect()函数方式和调用pygame.draw.line()函

数的方式类似，绘制的图形如图 15-11 所示。

pygame.draw.circle() 函数

pygame.draw.circle()是一个绘制圆形的函数，它有5个参数，分别是：

- 待显示的Surface对象；
- 画笔的颜色；
- 要绘制的圆的圆心坐标；
- 要绘制的圆的半径；
- 线条粗细，如果是0，表示圆形是填充的。

如果用这个函数绘制半径为20的黑色实心的圆，代码参见ch15\15.5.py。

```
pygame.draw.circle(windowSurface, BLACK, (350, 75), 40, 0)
```

绘制的图形如图 15-12 所示。

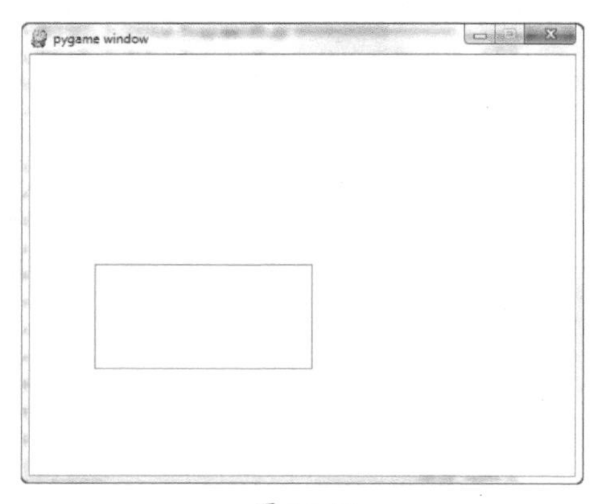

图 15-11

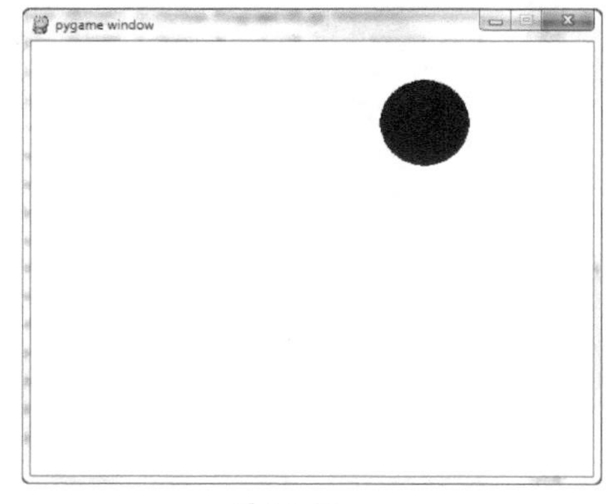

图 15-12

pygame.draw.polygon() 函数

pygame.draw.polygon()是一个绘制多边形函数，它有4个参数，分别是：

- 待显示的Surface对象；
- 画笔的颜色；
- 坐标列表，多边形的多条边是通过在每个坐标点以及其后续的坐标点之间依次绘制线条，然后，从最后的点到第一个点绘制线条而形成的；
- 线条粗细，如果是0或者不填写，表示多边形是填充的。

如果用这个函数绘制一个绿色填充五边形，代码参见ch15\15.6.py。

```
pygame.draw.polygon(windowSurface, GREEN, ((300, 100), (445, 206),(391, 377),
(210, 377), (154, 206)))
```

绘制的图形如图 15-13 所示。

pygame.draw.ellipse() 函数

pygame.draw.ellipse() 函数绘制了一个椭圆形，它有 4 个参数，分别是：

- 待显示的 Surface 对象；
- 画笔的颜色；
- 边界矩形（bounding rectangle），就是围绕这一个形状所能绘制的最小的矩形，参数可以是一个 pygame.Rect 对象或者是 4 个整数的一个元组；
- 线条粗细。

如果用这个函数绘制一个蓝色的椭圆形，代码参见 ch15\15.7.py。

```
pygame.draw.ellipse(windowSurface, BLUE, (300, 250, 40, 80), 1)
```

绘制的图形如图 15-14 所示。

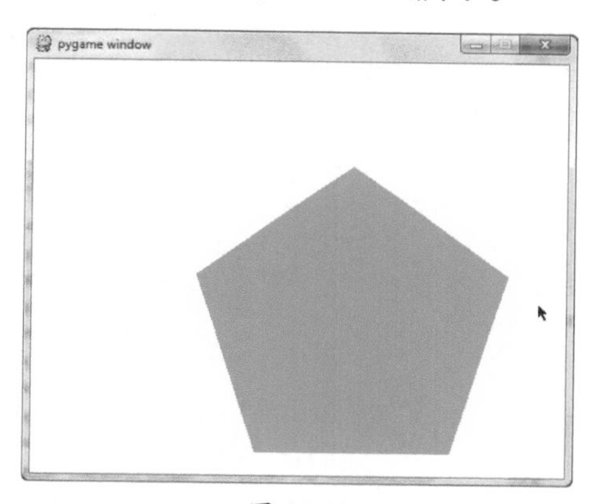

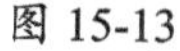
图 15-13

图 15-14

我们把这些绘图函数放到一起，来看一下绘制效果，代码参见 ch15\15.8.py。

```
#导入pygame模块
import pygame

# 创建 pygame
pygame.init()

# 创建窗口
windowSurface=pygame.display.set_mode((500,400))

# 创建颜色常量
BLACK=(0,0,0)
WHITE=(255,255,255)
RED=(255,0,0)
GREEN=(0,255,0)
BLUE=(0,0,255)
```

```
# 用白色填充Surface对象
windowSurface.fill(WHITE)

# 在Surface对象上绘制线段
pygame.draw.line(windowSurface, BLACK, (60, 60), (60, 120), 2)
pygame.draw.line(windowSurface, RED, (60, 90), (90, 90),2)
pygame.draw.line(windowSurface, BLACK, (90, 60), (90, 120), 2)

# 在Surface对象上绘制圆
pygame.draw.circle(windowSurface, BLACK, (350, 75), 40, 0)

# 在Surface对象上绘制多边形
pygame.draw.polygon(windowSurface, RED, ((300, 100), (445, 206),(391, 377),
(210, 377), (154, 206)))

# 在Surface对象上绘制矩形
pygame.draw.rect(windowSurface, RED, (60,200, 200, 100),1)

# 在Surface对象上绘制椭圆
pygame.draw.ellipse(windowSurface, BLACK, (300, 250, 40, 80), 1)

# 将Surface对象的内容显示到窗口上
pygame.display.update()

# 游戏循环
Running=True
while Running:
    # 事件循环
    for event in pygame.event.get():
        if event.type == pygame.QUIT:
            Running=False
pygame.quit()
```

运行代码，结果如图 15-15 所示。

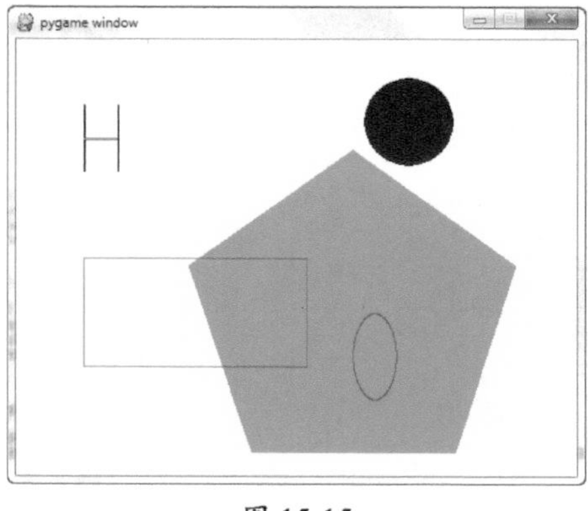

图 15-15

15.4 动画

15.4.1 加载图片

除了在屏幕上自己绘制各种形状，我们还可以在程序中加载图片。在Pygame中，操作图片最简单的方法就是调用image()函数。

我们来尝试在Pygame窗口中加载一张小狗的照片。首先，把要加载的照片复制到和保存Python程序相同的位置。这样，程序运行时Python就能很方便地找到这个文件，而不需要指定图片存储的路径。代码参见ch15\15.9.py。

```
import pygame
pygame.init()
windowSurface = pygame.display.set_mode([800,600])
pic = pygame.image.load("dog1.png")
windowSurface.blit(pic, (100,200))
Running=True
while Running:
    for event in pygame.event.get():
        if event.type == pygame.QUIT:
            Running=False

    pygame.display.update()
pygame.quit()
```

这段代码中只有高亮显示的那两行代码是新添加的，其他的代码我们在前面都见过。其中pygame.image.load()函数从硬盘上加载一个图像，图像文件的名称是“dog1.png”，并创建一个名为pic的Surface。然后我们调用blit()函数，将像素从一个Surface复制到另一个Surface之上。windowSurface.blit(pic,(100,100))是把pic对象复制到screen这个Surface上。在这个例子中，我们告诉blit()想要将pic绘制到位置（100,200），也就是屏幕左上角向右100像素且向下200像素的位置。

提示 这里我们需要使用blit()函数，是因为pygame.image.load()函数与前面绘制函数的工作方式不同。所有的pygame.draw函数都接受一个Surface为参数，因此，通过将screen传递给pygame.draw.line()，我们就能够让pygame.draw.line()绘制到显示窗口。但是，pygame.image.load()函数并不接受一个Surface作为参数，相反，它自动为图像创建一个新的Surface。除非使用blit()，否则，图像不会出现在最初的绘制屏幕上。

运行这个程序，得到的显示结果如图15-16所示。

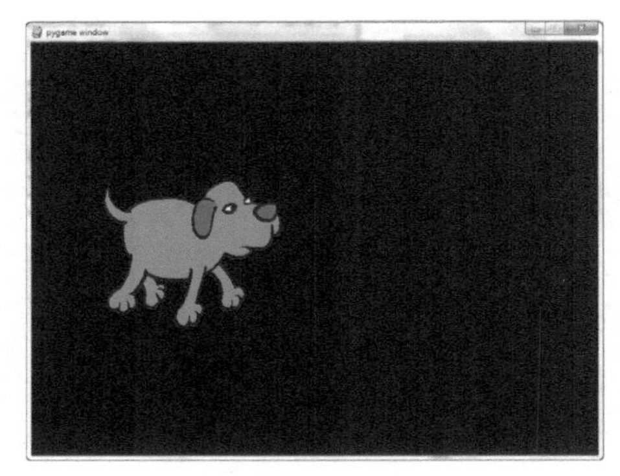

图 15-16

15.4.2　移动起来

除了可以加载小狗图片，我们还可以通过改变图片的位置，让小狗动起来。我们可以在游戏循环中，更新图片的坐标位置，然后每次执行循环的时候在新的位置绘制图片，这样一来，看上去就好像小狗在移动一样。代码参见ch15\15.10.py。

```
import pygame

pygame.init()
windowSurface = pygame.display.set_mode([800,600])
pic = pygame.image.load("dog1.png")
picX = 0
picY = 200

Running=True
while Running:
    for event in pygame.event.get():
        if event.type == pygame.QUIT:
            Running=False

    picX += 1
    windowSurface.blit(pic, (picX,picY))
    pygame.display.update()
pygame.quit()
```

其中，有变化的代码还是突出高亮显示。在这里，添加两个变量picX和picY，表示图像在屏幕上的*X*坐标和*Y*坐标。然后在while循环中，每次将picX变量加1，这样图像就可以向右移动。前面我们介绍过，+=操作符就相当于左边变量加1。我们把blit()函数也放到了while循环中，并且用picX和

picY分别表示*X*坐标和*Y*坐标，这样每次都可以更新显示图片了。

运行代码来看一下效果，如图15-17所示。

我们可以看到，小狗会一直向右移动，直到离开窗口，并且还在窗口上留下像素的一个轨迹，这个轨迹是每一帧向右移动的图像之后留下的、与上一张图片偏离出来的一些像素。如果想要修正这个问题，可以在每次复制图像之前，都调用一次windowSurface.fill()函数，来填充要绘制的窗口。例如，可以用黑色来进行填充。还是老样子，突出显示的代码表示新增代码。完整代码参见ch15\15.11.py。

图 15-17

```
import pygame
pygame.init()
windowSurface = pygame.display.set_mode([800,600])
pic = pygame.image.load("dog1.png")
picX = 0
picY = 200
BLACK=(0,0,0)

Running=True
while Running:
    for event in pygame.event.get():
        if event.type == pygame.QUIT:
            Running=False

    windowSurface.fill(BLACK)
    picX += 1
    windowSurface.blit(pic, (picX,picY))
    pygame.display.update()
pygame.quit()
```

我们定义了一个名为BLACK的常量，并且将元组(0, 0, 0)赋值给它，这个元组表示黑色。然后，在while循环中增加了一句windowSurface.fill(BLACK)，表示每次循环都要重新填充窗口。再来看一下执行效果，如图15-18所示。

这一次在移动的图像之后没有留下一条像素的轨迹。通过用黑色的像素填充窗口，将窗口内每一帧旧的图像都擦除掉了之后，再在新的位置绘制新的图像。这就实现了平滑移动的效果，如图15-19所示。

图 15-18

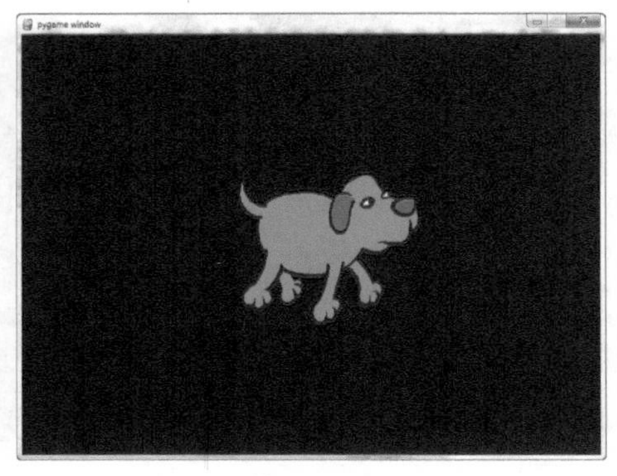

图 15-19

15.4.3　碰撞检测

现在又有一个新的问题，就是小狗很快就会跑出屏幕，为了让程序更有趣味性，我们可以为屏幕设置一个边界，当检测到小狗碰到了这个边界，就改变它的移动方向，让它掉头往回跑。这里会用到碰撞检测这个概念。碰撞检测（collision detection）负责检查并处理计算屏幕上的两个物体发生彼此接触（也就是发生碰撞）的情况。例如，如果玩家角色接触到了一个敌人，它可能会损失生命值。

对于我们这个例子来说，左边界很容易判断，当小狗的X坐标为0的时候，就是窗口的最左边，所以小狗的X坐标小于等于0就表示碰到了左边界。

右边界稍微复杂一点。我们的窗口宽度是800，那么800是窗口的右边界。但是，除了要考虑小狗的X坐标，还要考虑小狗的宽度，也就是只有在X坐标加上小狗的宽度值大于等于800的时候，小狗就会跑出右边界。

当我们检测到小狗跑出了边界，就要把移动的像素修改为对应的负值，从而改变小狗移动的方向；并且为了看上去更生动形象，当小狗向右移动时，使用头朝右的图片，如图15-20（a）所示；当小狗向左移动时，就要使用头朝左的图片，如图15-20（b）所示。

（a）　　　　　　（b）

图 15-20

来看一下具体的代码。这次，还是将新增代码突出显示出来。完整代码参见ch15\15.12.py。

```
import pygame
pygame.init()
windowSurface = pygame.display.set_mode([800,600])
pic = pygame.image.load("dog1.png")
picX = 0
picY = 200
BLACK=(0,0,0)
speed=1

Running=True
while Running:
    for event in pygame.event.get():
        if event.type == pygame.QUIT:
            Running=False

    windowSurface.fill(BLACK)

    picX += speed

    if picX +pic.get_width() >=800:
        speed = -speed
        pic = pygame.image.load("dog2.png")
    elif picX <= 0:
        speed = -speed
        pic = pygame.image.load("dog1.png")

    windowSurface.blit(pic, (picX,picY))
    pygame.display.update()

pygame.quit()
```

我们用变量speed来表示每次小狗移动的像素，而不再是将其设置为一个常量。然后，在游戏循环中，每一次执行循环的时候，使用变量speed来修改小狗移动的*X*坐标。

后面通过增加碰撞检测逻辑来检测是否碰到了屏幕的左边和右边的边界。

首先，通过判断picX + pic.get_width()之和是否大于等于屏幕的800像素的宽度，检测小狗是否碰到或超过了右边界。如果为True，设置speed = -speed，让speed取反成为正值，从而改变小狗移动的方向；并且将变量pic设置为重新加载的图片“dog2.png”的对象。

否则，查看picX是否小于等于0，检测是否已经碰到或超过左边屏幕。如果为True，设置speed = -speed，让speed取反成为负值，从而改变小狗移动的方向；并且将变量设置为加载的图片“dog1.png”的对象。

运行代码，现在看到的效果如图15-21所示。

图 15-21

15.4.4　设置帧速率

帧速率（frame rate）是指程序每秒钟绘制的图像的数目，用每秒多少帧（Frames Per Second，FPS）来度量。在前面的代码中，每次通过游戏循环的时候，我们将图像移动1个像素。但是，如果提高移动速度，每次移动5个像素，那么对于性能好的计算机，由于每秒生成数百帧，这会导致图像移动得太快而看不清楚。这是因为平滑的动画需要保持每秒30 ~ 60帧的速率，因此，我们不需要每秒数百帧那么快。

pygame.time模块中的Clock对象可以帮助避免程序运行得过快。Clock对象有一个tick()方法，它接收的参数表示想要游戏运行速度是多少FPS。FPS越高，游戏运行得越快。通过调用Clock对象的tick()方法，可以让程序等待足够长的时间，以便无论计算机自身的速度有多快，程序都可以每秒钟迭代指定次数。这就确保了游戏的运行速度不会超过预期。

在每次游戏循环的最后，在调用了pygame.display.update()之后，还应该调用Clock对象的tick()方法。根据前一次调用tick()之后经过了多长时间，来计算需要暂停多长时间。我们来对前面的示例稍作修改，增加对帧速率的限制，新增的代码还是突出显示出来。完整代码参见ch15\15.13.py。

```
import pygame
pygame.init()
windowSurface = pygame.display.set_mode([800,600])
pic = pygame.image.load("dog1.png")
picX = 0
picY = 200
BLACK=(0,0,0)
speed=5
timer = pygame.time.Clock()
```

```
Running=True
while Running:
    for event in pygame.event.get():
        if event.type == pygame.QUIT:
            Running=False

    windowSurface.fill(BLACK)

    picX += speed

    if picX +pic.get_width() >=800:
        speed = -speed
        pic = pygame.image.load("dog2.png")
    elif picX <= 0:
        speed = -speed
        pic = pygame.image.load("dog1.png")

    windowSurface.blit(pic, (picX,picY))
    pygame.display.update()
    timer.tick(60)

pygame.quit()
```

我们将speed变量的值从1改为5，并且新创建了一个Clock对象，将其赋值给timer变量。然后我们在游戏循环调用tick()方法，它会告诉名为timer的时钟每秒钟只“滴答”60次，从而使得帧速率保持在60FPS，以防止程序运行得太快。可以看到，虽然移动速度比之前要快些，但是图像的动画还是很平滑的，如图15-22所示。

图 15-22

15.5 字体

我们不仅可以在屏幕上绘制形状，还可以将文本绘制到屏幕上。Pygame提供了一些非常简单易用的函数，可以创建字体和文本。

提示　字体（font）是字体类型的一种描述，表示按照统一风格绘制的一整套的字母、数字、符号和字符，例如SimHei和Times New Roman都是字体。

我们可以调用pygame.font.SysFont函数来创建一个Font对象，这个函数有两个参数，第1个参数是字体名称，第2个参数是字体大小（以点为单位）。

来看一段程序，代码参见ch15\15.14.py。

```
import pygame
pygame.init()
windowSurface=pygame.display.set_mode((800,600))

WHITE=(255,255,255)
myString="Hello World!"
font = pygame.font.SysFont("Times New Roman", 48)
text = font.render(myString, True, WHITE)

Running=True
while Running:
    for event in pygame.event.get():
        if event.type == pygame.QUIT:
            Running=False
    windowSurface.blit(text, (200,250))
    pygame.display.update()
pygame.quit()
```

这段代码中突出显示的代码是新添加的，其他代码我们在前面都见过。这里定义了一个名为WHITE的常量，并且将元组(255, 255, 255)复制给它，这个元组表示白色。然后，定义了一个名为myString的字符串变量，它包含了想要绘制在屏幕上显示给用户的文本，在这个例子中，要绘制的文本是"Hello World!"。然后调用了pygame.font.SysFont来创建Font对象，并将其赋值给名为font的变量，这个函数调用允许我们以48点的Times New Roman字体绘制到Pygame的Surface上。

接下来，我们在所创建的font对象上使用render()命令，把字符串绘制到单独的一个Surface上。在text = font.render(myString, True, WHITE)这行代码中，render()的第1个参数是要绘制的文本的字符串；第2个参数指定是否想要抗锯齿的一个Boolean值，如果是True，文本看上去更加平滑一些；第3个参数是用来渲染文本的颜色，这个例子中使用的是白色。将这个Font对象赋值给变量text。然后在游戏循环中，调用blit()函数，将像素从一个Surface复制到另一个Surface之 上。windowSurface.blit(text, (200,250))是把text对象复制到screen这个Surface上。

运行代码，可以看到窗口中显示了"Hello World！"，如图15-23所示。

图 15-23

15.6 事件

我们在前面已经介绍过，任何时候，当用户做了诸如按下一个按键或者移动鼠标等动作，Pygame库都会创建一个pygame.event.Event对象来记录这个动作，这就是“事件”。我们可以调用pygame.event.get()函数来搞清楚发生了什么事件，例如，本章前面用到了检测关闭事件的功能来关闭Pygame窗口。接下来，我们学习一下如何监控键盘事件和鼠标事件。

15.6.1 键盘事件

我们希望程序能够监控键盘，这样一旦按下某个键，程序就可以做相对应的事情。在Pygame中，按下某个键盘的事件就是KEYDOWN，释放某个键盘的事件就是KEYUP。

在前面的学习中，我们知道pygame.event.get()函数可以获取一个事件列表。for循环迭代处理这个列表中的每一个事件，当看到QUIT事件，它会将变量Running设置为False，这会导致while循环结束，并结束程序。现在，我们要检测另一种类型的事件，也就是KEYDOWN和KEYUP事件，并且通过事件对象的key属性来识别按下的是键盘上的哪个键。

我们把上一节的示例稍作修改，以便可以通过方向键来移动文本"Hello World！"，还可以通过Esc键来关闭窗口，代码参见ch15\15.15.py。

```
import pygame
pygame.init()
windowSurface=pygame.display.set_mode((800,600))

BLACK=(0,0,0)
WHITE=(255,255,255)
myString="Hello World!"
font = pygame.font.SysFont("Times New Roman", 48)
text = font.render(myString, True, WHITE)

picX=0
picY=0
speed=1

moveLeft = False
moveRight = False
moveUp = False
moveDown = False

Running=True
while Running:
    for event in pygame.event.get():
```

```
        if event.type == pygame.QUIT:
            Running=False

        if event.type == pygame.KEYDOWN:
            if event.key == pygame.K_ESCAPE:
                Running=False
            if event.key == pygame.K_LEFT:
                moveLeft = True
            if event.key == pygame.K_RIGHT:
                moveRight = True
            if event.key == pygame.K_UP:
                moveUp = True
            if event.key == pygame.K_DOWN:
                moveDown = True
        if event.type == pygame.KEYUP:
            if event.key == pygame.K_LEFT:
                moveLeft = False
            if event.key == pygame.K_RIGHT:
                moveRight = False
            if event.key == pygame.K_UP:
                moveUp = False
            if event.key == pygame.K_DOWN:
                moveDown = False

    if moveDown and text.get_height()+picY < 600:
        picY+=speed
    if moveUp and picY > 0:
        picY -= speed
    if moveLeft and picX > 0:
        picX -= speed
    if moveRight and text.get_width()+picX < 800:
        picX += speed

    windowSurface.fill(BLACK)
    windowSurface.blit(text, (picX,picY))
    pygame.display.update()

pygame.quit()
```

我们对新增的代码（突出显示的）给出一些说明。下面的代码创建了在每个方向上移动的变量，这4个布尔值变量用来记录按下的是哪个方向的键。例如，当用户按下键盘上向左的方向键时，把moveLeft设置为True。当松开这个键时，把moveLeft设置为False。

```
moveLeft = False
moveRight = False
moveUp = False
moveDown = False
```

然后在事件循环中判断事件类型，如果是KEYDOWN，那么事件对象将有一个key属性来识别按下的是哪个键。如果key属性等于K_ESCAPE，表示用户按下的是Esc键，意味着玩家希望结束程序，那么处理方式和检测到点击关闭窗口事件一样，也是将变量Running设置为False，从而导致while循环结束，并结束程序。如果key属性等于K_LEFT，表示用户按下的是向左方向键，那就把向左的移动变量moveLeft设置为True。如果按下的是其他方向键，则把相应的移动变量设置为True，这段代码如下所示。

```
if event.type == pygame.KEYDOWN:
    if event.key == pygame.K_ESCAPE:
        Running=False
    if event.key == pygame.K_LEFT:
        moveLeft = True
    if event.key == pygame.K_RIGHT:
        moveRight = True
    if event.key == pygame.K_UP:
        moveUp = True
    if event.key == pygame.K_DOWN:
        moveDown = True
```

当用户释放按下的键时，会触发KEYUP 事件。如果释放的是向左方向键，那就把向左的移动变量moveLeft设置为False，从而使得移动停止。如果释放的是其他方向键，则把相应的移动变量设置为False，这段代码如下所示。

```
if event.type == pygame.KEYUP:
    if event.key == pygame.K_LEFT:
        moveLeft = False
    if event.key == pygame.K_RIGHT:
        moveRight = False
    if event.key == pygame.K_UP:
        moveUp = False
    if event.key == pygame.K_DOWN:
        moveDown = False
```

我们已经根据用户的按键，设置了移动变量。现在，根据这些移动变量来相应地调整变量picX和picY，从而修改文本的坐标。如果变量moveDown为True，表示按下了向下键，并且如果文本的底部不低于窗口的底部，就将变量picY增加speed。因为我们会将picY设置为文本的*Y*坐标，那么就意味着要将文本向下移动。针对其他3个方向做的事情基本上是相同的。

```
if moveDown and text.get_height()+picY < 600:
        picY+=speed
    if moveUp and picY > 0:
        picY -= speed
```

```
    if moveLeft and picX > 0:
        picX -= speed
    if moveRight and text.get_width()+picX < 800:
        picX += speed
```

然后通过 windowSurface.fill(BLACK)，表示每次循环都要重新填充屏幕。最后调用 blit() 函数，将像素从一个 Surface 复制到另一个 Surface 之上，并且将 text 绘制到 *X* 坐标为 picX、*Y* 坐标为 picY 的位置。

```
    windowSurface.fill(BLACK)
    windowSurface.blit(text, (picX,picY))
```

运行这段代码，就可以使用方向键在窗口中移动文本 "Hello World"，如图 15-24 所示。

图 15-24

15.6.2　鼠标事件

前面学习了如何处理键盘事件，现在我们来介绍如果处理鼠标事件以及如何使用鼠标位置信息。在 Pygame 中，当在窗口中按下鼠标时会触发 MOUSEBUTTONDOWN 事件，当释放鼠标时会触发 MOUSEBUTTONUP 事件，当鼠标移动经过窗口时会触发 MOUSEMOTION 事件。

来看一个示例，如果用户点击鼠标左键，就会在点击的地方画一个黄色的小圆点，如果点击鼠标右键，就会清空屏幕，代码参见 ch15\15.16.py。

```
import pygame
pygame.init()
windowSurface=pygame.display.set_mode((800,600))

YELLOW=(255,255,0)
BLACK=(0,0,0)
```

```
Running=True
while Running:
    for event in pygame.event.get():
        if event.type == pygame.QUIT:
            Running=False

        if event.type == pygame.MOUSEBUTTONDOWN:
            if pygame.mouse.get_pressed()[0]:
                point = event.pos
                pygame.draw.circle(windowSurface, YELLOW, point, 10)
            if pygame.mouse.get_pressed()[2]:
                windowSurface.fill(BLACK)
    pygame.display.update()
pygame.quit()
```

其他代码在之前都已介绍过，这里不再赘述，我们重点介绍一下突出显示的新增代码。在迭代处理pygame.event.get()函数所获取的事件列表的for循环中，检测了MOUSEBUTTONDOWN事件，并且通过mouse.get_pressed()获取鼠标按键的情况：如果按下的是鼠标的第1个按钮，其索引为0，表示按下的是左键；如果是第3个按钮，其索引是2，表示按下的是右键。如果按下左键，我们可以使用event.pos来获取鼠标点击事件的位置，并且将其赋值给变量point。然后我们在windowSurface上绘制了一个位置在point的、半径为10的黄色实心圆。这样，就实现了点击鼠标左键，在点击的地方，绘制黄色的小圆点的功能。如果按下的是鼠标右键，则调用windowSurface.fill(BLACK)，用黑色填充要绘制的Surface，这相当于清空了之前绘制的所有内容。

运行代码，我们可以在屏幕上绘制一个钟表的形状，如图15-25所示。

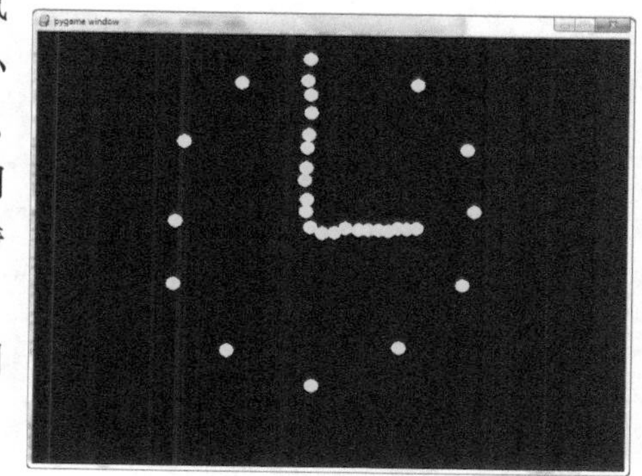

图 15-25

15.7　声音

在游戏中，我们常常需要通过背景音乐来烘托一种氛围，或者通过某种音效来表达一种游戏状态。很多游戏程序都使用了大量的声音效果，来表现游戏中不同的事件和状态，或者对玩家起到某种提示的作用。

播放声音文件中的声音，甚至比显示图像文件中的图像还要简单。首先，通过调用pygame.mixer.Sound()构造函数，来创建一个pygame.mixer.Sound对象。它接受一个字符串参数，这个字符串就是声音文件的文件名。Pygame可以加载WAV、MP3或OGG等类型的声音文件。

要播放声音，调用Sound对象的play()方法。如果想要立即停止Sound对象的播放，调用stop()方法。stop()方法没有参数。代码参见ch15\15.17.py。

```
import pygame
pygame.init()
windowSurface=pygame.display.set_mode([500,400])

music=pygame.mixer.Sound("sample.wav")
music.play()

Running=True
while Running:
    for event in pygame.event.get():
        if event.type == pygame.QUIT:
            Running =False

         if event.type == pygame.KEYDOWN:
            if event.key == pygame.K_ESCAPE:
                music.stop()

pygame.quit()
```

在突出显示的代码中，我们首先初始化混合器，然后将一段背景音乐sample.wav加载到一个Sound对象中，并将其存储到变量music中。接下来，调用play()函数播放音乐。另外，在事件循环中，增加了一个对键盘事件的判断，如果按下了Esc键，就调用stop()函数来停止音乐播放。

需要注意的是，和图像文件一样，我们需要将sample.wav保存在和程序文件相同的文件夹之下，程序才能够找到该文件并使用它，否则，就需要指定文件的路径。

15.8　弹球游戏

结合本章前面所学的知识，在这一节中，我们使用Pygame来编写一个小游戏——弹球游戏。这个游戏中，我们通过移动鼠标来控制挡板，从而反弹弹球得分。可以通过点击鼠标左键，将挡板变长，以便降低游戏的难度；也可以通过点击鼠标的右键，将挡板变短，从而提高游戏的难度。如果挡板没有接到弹球，玩家就会损失一条生命，而当玩家的生命数为零时，就无法再移动挡板。如果还想玩游戏，可以点击F1按键，重新开始游戏。生命数和得分都会显示在窗口的顶部，并且我们还为这款游戏增加了背景音乐。完整代码参见ch15\15.18.py。

```
import pygame # 导入pygame模块
pygame.init() # 创建 pygame
screen = pygame.display.set_mode([800,600]) # 创建窗口

# 创建颜色常量
WHITE = (255,255,255)
BLACK = (0,0,0)

ball = pygame.image.load("ball.png") # 加载弹球的图像
ballx = 0 # 弹球的X坐标
bally = 0 # 弹球的Y坐标
speedx = 5 # 弹球在X坐标方向移动像素
speedy = 5 # 弹球在Y坐标方向移动像素

paddlew = 100 # 挡板的宽
paddleh = 15  # 挡板的高
paddlex = 300 # 挡板的X坐标
paddley = 570 # 挡板的Y坐标

font = pygame.font.SysFont("SimHei", 24) # 设置支持中文的字体
timer = pygame.time.Clock() #创建了Clock对象

points = 0 # 得分
lives = 3  # 生命数

pop=pygame.mixer.Sound("sample.wav") # 加载背景音乐
pop.play()  # 播放背景音乐

# 游戏循环
Running = True
while Running:
    # 事件循环
    for event in pygame.event.get():
        if event.type == pygame.QUIT:
            Running = False

        if event.type==pygame.MOUSEBUTTONDOWN:
            # 按下左键，并且挡板小于400的时候，挡板长度翻倍
            if pygame.mouse.get_pressed()[0] and paddlew<400:
                paddlew=paddlew*2
            # 按下右键，并且挡板大于20的时候，挡板长度减半
            elif pygame.mouse.get_pressed()[2] and paddlew>20:
                paddlew=paddlew/2

        if event.type==pygame.KEYDOWN:
            # 按下F1键盘，重新开始游戏
            if event.key==pygame.K_F1:
                lives=3
```

```
                points=0
                pop.play()

    #生命数为零，停止游戏
    if lives==0:
        text = font.render("游戏结束", True, WHITE)
        screen.blit(text, (350,270)) # 复制文本surface到主surface上
        pygame.display.update() # 显示文本
        pop.stop() # 停止音乐播放
        continue # 结束单次while循环

    ballx += speedx  # 移动弹球的X坐标
    bally += speedy # 移动弹球的Y坐标

    #如果弹球超出窗口左边或右边，将弹球方向翻转
    if ballx <= 0 or ballx + ball.get_width() >= 800:
        speedx = -speedx

    #如果弹球超出窗口底部，生命数减1，并且将弹球方向翻转
    if bally+ball.get_height()>=600:
        lives-=1
        speedy = -speedy

    #如果弹球超出窗口顶部，将弹球方向翻转
    if bally <= 0:
        speedy = -speedy

    screen.fill(BLACK) # 用白色填充Surface对象
    screen.blit(ball, (ballx, bally)) # 复制弹球surface到主surface上

    # 绘制和移动挡板
    paddlex = pygame.mouse.get_pos()[0] # X坐标随着鼠标移动而变化
    pygame.draw.rect(screen, WHITE, (paddlex, paddley, paddlew, paddleh))

    # 如果弹球的底部碰到弹球而且速度大于0，并且一半的弹球的X坐标落在挡板上，弹
球就可以反弹
    if bally + ball.get_height() >= paddley  and speedy > 0:
        if ballx + ball.get_width() /2 >= paddlex and ballx + ball.get_width() /
2 <= paddlex + paddlew:
            points += 1 # 得分加1
            speedy = -speedy # 将弹球方向翻转

    # 绘制生命数和得分
    draw_string = "生命数: " + str(lives) + " 得分: " + str(points)
    text = font.render(draw_string, True, WHITE)
    text_rect = text.get_rect()
    text_rect.centerx = screen.get_rect().centerx
    text_rect.y = 10
    screen.blit(text, text_rect)
```

```
    pygame.display.update() # 刷新
    timer.tick(60) # 帧速率为60fps
pygame.quit() # 退出程序
```

这部分代码中的知识点我们前面都已经介绍过，这里不再专门说明了。程序运行结果如图15-26所示。读者可以通过运行这个程序，来体验一下这款游戏，以进一步加深对本章所学知识的理解。

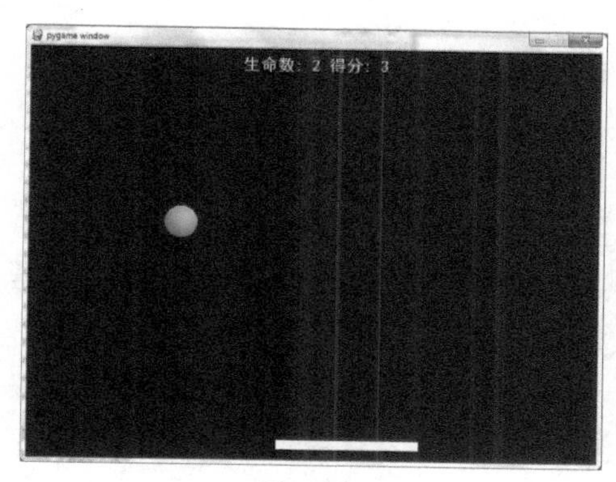

图 15-26

15.9 小结

在本章中，我们安装并使用了一个新的模块Pygame，它也提供了用GUI来创建游戏的功能，而且比turtle模块更加强大。我们可以使用这个模块来绘图，完成动画，甚至创建街机风格的游戏。

首先我们介绍了如何使用Python的安装工具pip来安装Pygame。然后介绍了如何创建Pygame窗口，如何使用Pygame进行绘图和实现动画效果，怎样设置字体；并且还介绍了一个重要的概念“事件”，我们正是通过“事件”来处理用户按键或者移动鼠标等动作。最后还介绍了如何为程序添加声音。

最后，我们结合本章所学的知识，创建了一个弹球游戏。

15.10 练习

1. 使用Pygame，创建一个新的窗口，以白色作为窗体背景，并且在窗口中绘制一个粉色（RGB值为255,192,203）的椭圆形。

2. 使用Pygame，创建一个新的窗口，以黑色作为窗体背景，将你的名字以白色显示在窗口，并且当点击鼠标的时候，名字可以随着鼠标移动。

第 16 章 贪吃蛇

上一章，我们学习了新的模块Pygame，并尝试使用它绘制了一些图形、编写了简单的动画。在本章中，我们将使用Pygame的图形化用户界面来创建一款经典游戏——贪吃蛇。这款游戏开始运行的界面如图16-1所示。

图 16-1

16.1 程序分析

贪吃蛇是一款经典的益智游戏，有PC和手机等多种版本，既简单又耐玩。玩家通过上下左右键控制蛇的方向，寻找食物，每吃到一次食物，就能得到一定的积分，而且蛇的身体会越来越长。随着蛇的身体变长，游戏的难度就会变大。当蛇碰到四周的墙壁，或者碰到自己的身体的某一个部位的时候，游戏就结束了。

我们来看一下用Python编写这款游戏的主要思路，完整代码请参见ch16\16.1.py。

16.1.1 地图

我们将整个游戏界面看成是由许多个小方块组成的，每个方块代表一个单位。这样一来，游戏界面就由若干个小方块形成一个地图，地图上的每个位置都可以表示为小方块的整数倍，如图16-2所示。

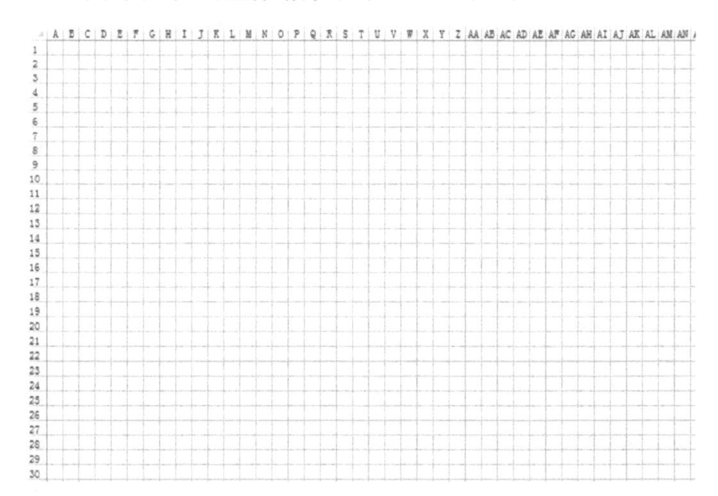

图 16-2

贪吃蛇的长度也用这个小方块来表示，每次吃到食物，蛇身的长度就会增加一个单位。

16.1.2 程序界面

这是一款完整的游戏，所以我们一共为其设计了3个界面，除了游戏界面以外，还包括游戏开始界面和游戏结束界面。

16.1.3 自定义函数

我们要创建的函数包括：main（主程序）、startGame（游戏开始）、runGame（运行游戏）、drawFood（绘制食物）、drawSnake（绘制贪吃蛇）、drawScore（绘制成绩）、moveSnake（移动贪吃蛇）、isEattingFood（是否吃到食物）、isAlive（判断贪吃蛇是否死掉了）、gameOver（游戏结束）和terminate（终止游戏）。

16.1.4　事件

我们要用到的事件是键盘事件。键盘事件是玩家操控贪吃蛇移动的时候发生的事件。我们会在后面介绍的startGame()函数和gameOver()函数中监听键盘事件，并且根据事件类型，来做相应的处理。

16.1.5　声音

我们会在游戏开始后，调用Sound对象的play()方法，播放的背景音乐。

16.2　导入模块

首先，将在程序中用到的模块都导入。我们要使用Pygame的函数，因此需要导入Pygame模块。除此之外，我们还会用到sys模块和random模块。sys模块负责程序与Python解释器的交互，用于操控Python运行时的环境，程序要使用sys模块的exit()函数来退出游戏。random模块用于生成随机数。导入这3个模块的语句如下所示：

```
import pygame
import random
import sys
```

16.3　初始化设置

为了进行游戏启动和运行前的准备工作，程序需要做一些初始化设置工作，包括定义程序要用到的颜色、方向变量，确定游戏窗口和地图的大小，定义游戏需要用到的一些其他变量等。先来看看这部分初始化代码。

16.3.1　定义颜色变量

游戏中要用到的颜色主要包括如下几种。在第12章中，我们介绍过RGB颜色的概念，以及用元组来设置颜色常量的方法。

```
WHITE = (255, 255, 255)
GREEN = (0, 255, 0)
DARKGREEN = (0, 185, 0)
YELLOW = (255,255,0)
```

16.3.2 定义方向变量

为了能够让玩家能够操控贪吃蛇的方向，我们在程序中定义了4个方向变量，分别和玩家操控贪吃蛇移动的上下左右相对应。

```
UP = 1
DOWN = 2
LEFT = 3
RIGHT = 4
```

16.3.3 定义窗口大小

我们要为贪吃蛇游戏定义一个窗口，让贪吃蛇在这个窗口中移动。我们通过两个变量来定义窗口的宽和高，这是一个宽800像素、高600像素的矩形窗口。

```
windowsWidth = 800
windowsHeight = 600
```

16.3.4 定义地图大小

我们使用变量mapWidth 和mapHeight 来表示地图的宽和高。需要注意的是，地图的宽和高都是基础单位cellSize的整数倍。

```
cellSize = 20                                  #定义基础单位大小
mapWidth = int(windowsWidth / cellSize)        #地图的宽
mapHeight = int(windowsHeight / cellSize)      #地图的高
```

16.3.5 其他变量

程序还会用到如下两个变量：

```
HEAD = 0               #贪吃蛇头部下标
snakeSpeed = 7         #贪吃蛇的速度
```

16.4 基础函数

我们在第9章介绍了函数的概念以及函数的作用。程序最终要以通过函数来定义所要执行的功能，并且通过函数调用来完成和实现这些功能。前面介绍了贪吃蛇这款游戏需要定义的函数，这些函数是游戏程序的核心代码，接下来，我们依次来看看这些函数是如何实现的。

16.4.1 main() 函数

main() 函数是程序执行的入口。先来看一下 main() 函数的详细代码。

```
def main():              #入口函数，程序从这里开始运行
    pygame.init()        # 模块初始化
    screen = pygame.display.set_mode((windowsWidth, windowsHeight))
    pygame.display.set_caption("贪吃蛇")
    screen.fill(WHITE)
    snakeSpeedClock = pygame.time.Clock()

    startGame(screen)        #游戏开始

    while True:
        music=pygame.mixer.Sound("snake.wav")
        music.play(-1)
        runGame(screen, snakeSpeedClock)
        music.stop()
        gameOver(screen)    #游戏结束
```

首先，初始化Pygame，调用pygame.init()函数进行模块初始化。然后调用了pygame.display.set_mode()函数，创建了一个宽800像素、高600像素的显示窗口，返回了用于该窗口的pygame.Surface对象并将其存储在名为screen的变量中。接下来，调用pygame.display.set_caption()函数来设置窗口的标题，这里给游戏窗口起名为“贪吃蛇”。调用screen.fill()函数，将窗口用白色填充。然后创建了一个时钟（Clock）对象，将其赋值给snakeSpeedClock变量，用它来控制帧速率。

然后，调用startGame这个自定义函数，这是负责启动游戏的函数，给它传递的参数是变量screen，后面的小节会详细介绍这个函数。

接下来，为了保持Pygame事件循环一直运行，我们使用while循环，并且循环条件就是布尔值True，这表示循环会一直进行，而退出这个循环的唯一方式是程序终止。在本书前面的示例中，我们通常都会使用一个变量作为循环条件，当程序退出时，修改这个变量来结束循环。这两种做法的效果是相同的，相比之下，这里的用法要更加简单一些。

在循环体中，我们先初始化混合器，然后将一段背景音乐snake.wav加载到一个Sound对象中，并且将其存储到变量music中。接下来调用play()函数播放音乐，参数-1表示会一直循环播放。通过上述代码，我们就为游戏添加了背景音乐。然后调用runGame函数，传递给它的参数是变量screen和snakeSpeedClock，这个函数负责游戏运行，后面的小节还会详细介绍这个函数。当这个函数执行完后，就会调用music.stop()函数来停止背景音乐播放。然后，调用gameOver函数结束游戏，传递给它的参数是变量screen。

16.4.2 startGame() 函数

这个函数负责控制我们的程序启动，它接收的参数是窗口的pygame.Surface对象。我们来看一下该函数的代码。

```
def startGame(screen):
    gameStart = pygame.image.load("gameStart.png")
    screen.blit(gameStart, (70, 30))

    font = pygame.font.SysFont("SimHei", 40)
    tip = font.render("按任意键开始游戏", True, (65, 105, 225))
    screen.blit(tip, (240, 550))

    pygame.display.update()

    while True:                                          #键盘监听事件
        for event in pygame.event.get():                 #关闭窗口
            if event.type == pygame.QUIT:
                terminate()
            elif event.type == pygame.KEYDOWN:
                if (event.key == pygame.K_ESCAPE):   #按下ESC键
                    terminate()
                else:
                    return
```

首先，调用image()函数在Pygame窗口中加载“gameStart.png”图片，并创建一个名为gameStart的Surface对象。然后，调用blit()函数，将像素从一个Surface复制到另一个Surface之上。就是把gameStart对象复制到Screen这个Surface上。通过blit()将gameStart复制到指定位置（70, 30）。

然后，调用pygame.font.SysFont函数来创建Font对象，并将其赋值给名为font的变量，这个对象允许我们以40点的SimHei字体绘制到Pygame的Surface上。接下来，在所创建的font对象上使用render()命令，把字符串“按任意键开始游戏”绘制到Surface上。然后，调用blit()函数，将像素从一个Surface复制到另一个Surface之上。screen.blit(tip, (240, 550))负责把tip对象复制到screen这个Surface上的指定位置。

调用pygame.display.update()函数，把绘制到Surface对象上的所有内容都显示到窗口上。

接下来，为了保持Pygame事件循环一直运行，我们使用while循环。在事件循环中，判断事件类型如果是QUIT（关闭窗口），就调用terminate()函数终止程序，我们稍后会介绍terminate()函数。否则，如果事件类型是KEYDOWN，那么事件对象将有一个key属性来识别按下的是哪个键。如果key属性等于K_ESCAPE，表示用户按下的是Esc键，意味着玩家希望结束程序，那么程序的处理方式和点击关闭窗口一样，调用terminate()函数终止程序。否则，表示用户按下的是其他键，退出这个函数，表示游戏开始运行。

当这个函数执行后，会出现如图16-1所示的游戏界面，这个时候，玩家可以按Esc键关闭程序，如果按其他的任意键则会开始玩游戏。

16.4.3　runGame() 函数

这个函数控制着游戏程序运行，它接受的参数是窗口的pygame.Surface对象和Pygame的时钟对象。runGame() 函数的代码如下所示：

```
def runGame(screen,snakeSpeedClock):
    startX = random.randint(3, mapWidth - 8)
    startY = random.randint(3, mapHeight - 8)
    snakeCoords = [{"x": startX, "y": startY},
                   {"x": startX - 1, "y": startY},
                   {"x": startX - 2, "y": startY}]

    direction = RIGHT

    food = {"x": random.randint(0, mapWidth - 1), "y": random.randint(0,
mapHeight - 1)}

    while True:
        for event in pygame.event.get():
            if event.type == pygame.QUIT:
                terminate()
            elif event.type == pygame.KEYDOWN:
                if event.key == pygame.K_LEFT and direction != RIGHT:
                    direction = LEFT
                elif event.key == pygame.K_RIGHT  and direction != LEFT:
                    direction = RIGHT
                elif event.key == pygame.K_UP and direction != DOWN:
                    direction = UP
                elif event.key == pygame.K_DOWN and direction != UP:
                    direction = DOWN
                elif event.key == pygame.K_ESCAPE:
                    terminate()

        moveSnake(direction, snakeCoords)  #移动贪吃蛇

        isEattingFood(snakeCoords, food)   #判断贪吃蛇是否吃到食物

        ret = isAlive(snakeCoords)         #判断贪吃蛇是否还活着
        if not ret:
            break                          #贪吃蛇已经死了，游戏结束
```

```
gameRun = pygame.image.load("background.png")
screen.blit(gameRun, (0, 0))
drawFood(screen, food)
drawSnake(screen, snakeCoords)
drawScore(screen, len(snakeCoords) - 3)

pygame.display.update()
snakeSpeedClock.tick(snakeSpeed)  #控制帧速率
```

首先使用random.randint()函数在3到mapWidth−8之间选取一个随机整数赋值给变量startX，在3到mapHeight−8之间选取一个随机整数赋值给变量startY，这两个变量分别表示贪吃蛇初始的x坐标和y坐标。选取随机数的目的是让贪吃蛇出现的位置不是固定的，这样就增加了游戏的不确定性。

然后，用嵌套字典的一个列表来表示贪吃蛇。每个字典表示地图上的一个坐标，{'x': startX, 'y': startY}表示蛇头的位置，{'x': startX - 1, 'y': startY}和{'x': startX - 2, 'y': startY}表示蛇的身体。这是一条水平放置的蛇，蛇头靠右，有两节蛇身。

将direction设置为RIGHT，表示方向向右。RIGHT是我们前面定义过的方向变量。

然后使用random.randint()函数在0到mapWidth−1之间选取一个随机整数作为字典中x键的值，在0到mapHeight−1之间选取一个随机整数作为字典中y键的值，将字典赋值给变量food。用这个变量表示食物的坐标位置。

接下来，为了保持Pygame事件循环一直运行，我们使用while循环。在事件循环中，判断事件类型，如果是QUIT，那么调用terminate()函数终止程序。否则，如果事件类型是KEYDOWN，那么事件对象将有一个key属性来识别按下的是哪个键。

如果key属性等于K_LEFT，表示用户按下的是向左方向键，并且direction != RIGHT，那么将变量direction设置为LEFT，也就是将方向设置为向左。这里，direction != RIGHT的含义是蛇头不向右，因为蛇头向右的话，是没有办法再将方向设置为向左的（因为要避免贪吃蛇直接掉头导致头部和身体相碰撞的情况），只有蛇头向上、向下或向左的时候，我们才可以将蛇头方向设置为向左。

如果key属性等于K_RIGHT，并且direction != LEFT，那么将变量direction设置为RIGHT；如果key属性等于K_UP，并且direction != DOWN，那么将变量direction设置为UP；如果key属性等于K_DOWN，并且direction !=UP，那么将变量direction设置为DOWN。

如果key属性等于K_ESCAPE，表示用户按下的是Esc 键，意味着玩家希望结束程序，那么处理方式和玩家点击关闭窗口是一样的，调用terminate()函数终止程序。

然后，调用moveSnake()函数移动贪吃蛇，该函数的参数是变量direction和snakeCoords，稍后我们还会详细介绍moveSnake()函数。

接下来调用isEattingFood()函数，判断贪吃蛇是否吃到食物，该函数参数是变量snakeCoords和 food，稍后我们还会详细介绍isEattingFood()函数。

然后调用isAlive()函数，判断贪吃蛇是否死亡，该函数的参数是变量snakeCoords，并且将它的返回结果赋值给变量ret，稍后会详细介绍isAlive()函数。判断变量ret是否是True，如果不是，跳出while循环，表示贪吃蛇已经死了，游戏结束。

调用image.load()函数加载游戏背景图片，并创建一个名为gameRun的Surface对象。调用blit()函数，把gameRun对象复制到screen这个Surface上，指定位置是左上角。

然后调用drawFood()函数绘制食物，该函数的参数是变量screen和food，稍后我们还会介绍drawFood()函数。

然后调用drawSnake()函数绘制贪吃蛇，该函数的参数是变量screen和snakeCoords，稍后我们还会详细介绍drawFood()函数。

接下来调用drawScore()函数绘制分数，该函数的参数是变量screen和len(snakeCoords) – 3的结果。len(snakeCoords)表示贪吃蛇的长度。减去3，是因为贪吃蛇最初有一个蛇头和两节身体，也就是snakeCoords初始有3个元素，减去3就是新增的身体部分，也就是相应的得分。

调用pygame.display.update()函数，把绘制到Surface对象上的所有内容，都显示到窗口上。调用时钟对象的tick()方法，表示游戏运行的帧速率是snakeSpeed FPS，即每秒snakeSpeed次。

当runGame()函数执行后，会出现如图16-3所示的游戏界面。

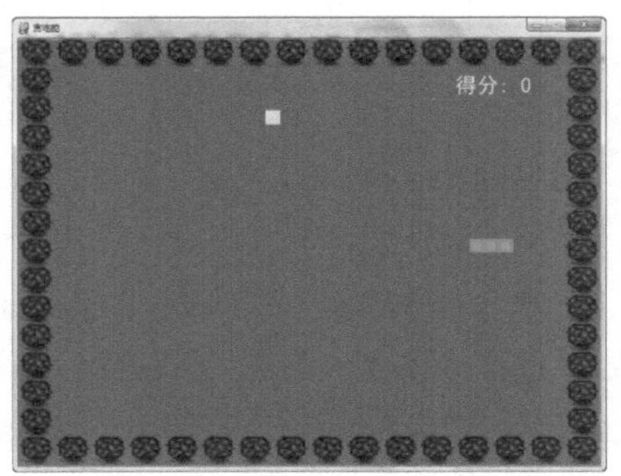

图 16-3

下面分别介绍一下runGame()函数中用到的其他的自定义函数。

16.4.4　drawFood() 函数

drawFood()函数用来绘制食物，它接受的参数是窗口的pygame.Surface对象和表示坐标的字典对象。drawFood()函数的代码如下所示。

```
def drawFood(screen, food):
    x = food["x"] * cellSize
    y = food["y"] * cellSize
    pygame.draw.rect(screen, YELLOW, (x, y, cellSize, cellSize))
```

将字典food的键“x”对应的值乘以变量cellSize的结果赋值给变量*x*，将字典food的键“y”对应的值乘以变量cellSize的结果赋值给变量*y*。因为food的坐标是相对于地图上的坐标，而不是真正窗口的坐标，只有在乘以cellSize后才能够得到窗口上对应的像素位置。然后，调用pygame.draw.rect()函数绘制用黄色填充的一个小方块。

16.4.5 drawSnake()函数

drawSnake()函数用来绘制贪吃蛇，它接受的参数是窗口的pygame.Surface对象和表示贪吃蛇的列表。drawSnake()函数的代码如下所示。

```
def drawSnake(screen, snakeCoords):
    for coord in snakeCoords:
        x = coord["x"] * cellSize
        y = coord["y"] * cellSize
        pygame.draw.rect(screen, DARKGREEN, (x, y, cellSize, cellSize))
        pygame.draw.rect(screen, GREEN,(x + 4, y + 4, cellSize - 8, cellSize - 8))
```

用一个for循环来遍历snakeCoords列表中所有的元素，把每个元素赋值给变量coord。

在每个循环体中，将字典coord的键“x”对应的值乘以变量cellSize，再把结果赋值给变量*x*，将字典coord的键“y”对应的值乘以变量cellSize，再把结果赋值给变量*y*。变量*x*和*y*对应的是窗口上的像素位置。然后调用pygame.draw.rect()函数绘制一个用深绿色填充的小方块，再次调用pygame.draw.rect()函数在深绿色方块中绘制一个浅绿色的小方块。一个大方块和一个小方块，一起构成了蛇的一节身体。

16.4.6 drawScore()函数

drawScore()函数用来绘制分数，它接受的参数是窗口的pygame.Surface对象和表示分数的变量。drawScore()函数的代码如下所示。

```
def drawScore(screen,score):
    font = pygame.font.SysFont("SimHei", 30)
    scoreSurf = font.render("得分: " + str(scoer), True, WHITE)
    scoreRect = scoreSurf.get_rect()
```

```
    scoreRect.topleft = (windowsWidth - 200, 50)
    screen.blit(scoreSurf, scoreRect)
```

调用pygame.font.SysFont()函数，把字符串"得分:"以及变量score的值绘制到界面上，以抗锯齿方式绘制，文本颜色为白色，将生成的这个Font对象赋值给变量scoreSurf。然后获取scoreSurf的矩形对象并将其赋值给变量scoreRect。指定scoreRect的左上角的坐标为(windowsWidth - 200, 50)。然后，调用blit()函数，把scoreSurf对象复制到screen这个Surface上。

16.4.7　moveSnake()函数

moveSnake()函数用来移动贪吃蛇，它接受的参数是表示方向的变量和表示贪吃蛇的列表。moveSnake()函数会根据方向，来增加一个蛇头的元素到列表中。moveSnake()函数的代码如下所示。

```
def moveSnake(direction, snakeCoords):
    if direction == UP:
        newHead = {"x": snakeCoords[HEAD][ "x"], "y": snakeCoords[HEAD][ "y"] - 1}
    elif direction == DOWN:
        newHead = {"x": snakeCoords[HEAD][ "x"], "y": snakeCoords[HEAD][ "y"] + 1}
    elif direction == LEFT:
        newHead = {"x": snakeCoords[HEAD][ "x"] - 1, "y": snakeCoords[HEAD][ "y"]}
    elif direction == RIGHT:
        newHead = {"x": snakeCoords[HEAD][ "x"] + 1, "y": snakeCoords[HEAD][ "y"]}

    snakeCoords.insert(0, newHead)
```

如果变量direction等于UP，表示贪吃蛇的方向是向上，那么创建一个新的蛇头元素，“x”键的值是原来蛇头的“x”键的值不变，“y”键的值是原来蛇头的“y”键的值减去1个单位。

否则，如果变量direction等于DOWN，表示贪吃蛇的方向是向下，那么创建一个新的蛇头元素，“x”键的值是原来蛇头的“x”键的值不变，“y”键的值是原来蛇头的“y”键的值加上1个单位。

否则，如果变量direction等于LEFT，表示贪吃蛇的方向是向左，那么创建一个新的蛇头元素，“x”键的值是原来蛇头的“x”键的值减去1个单位，“y”键的值是原来蛇头的“y”键的值不变。

否则，如果变量direction等于RIGHT，表示贪吃蛇的方向是向右，那么创建一个新的蛇头元素，“x”键的值是原来蛇头的“x”键的值加上1个单位，“y”键的值是原来蛇头的“y”键的值不变。

然后，把这个新创建的字典元素插入到贪吃蛇列表的第一个位置。

16.4.8 isEattingFood() 函数

isEattingFood() 函数用来判断贪吃蛇是否吃到了食物，它接受的参数是表示贪吃蛇的列表和表示食物位置的变量。isEattingFood() 函数的代码如下所示。

```
def isEattingFood(snakeCoords, food):
    if snakeCoords[HEAD]["x"] == food["x"] and snakeCoords[HEAD]["y"] == food["y"]:
        food["x"] = random.randint(0, mapWidth - 1)
        food["y"] = random.randint(0, mapHeight - 1)
    else:
        del snakeCoords[-1]
```

首先判断列表snakeCoords的第一个元素的“x”键和“y”键的值是否等于变量food的“x”键和“y”键的值。我们在16.3.5小节介绍过，变量HEAD等于0。

如果相等，表示蛇头碰到了食物。那么重新设置变量food的“x”键和“y”键的值。请注意，对于列表或字典，在函数内修改参数的内容，会影响到函数之外的对象。

如果不相等，删除snakeCoords列表中最后一个元素。在介绍moveSnake()函数的时候提到过，移动贪吃蛇，其实就是增加一个新的元素。例如，最初是3个元素，向右移动一步，就变成了4个元素。如果这个时候没有吃到食物，那么为了保证元素数量不变，就要删除最后一个元素，这样才能确保snakeCoords列表中的元素数量没有变化，仍然是3个元素。

16.4.9 isAlive() 函数

isAive() 函数用来判断贪吃蛇是否死亡，它接受的参数是表示贪吃蛇的列表。isAive() 函数的代码如下所示。

```
def isAlive(snakeCoords):
    tag = True
    if snakeCoords[HEAD]["x"] == -1 or snakeCoords[HEAD]["x"] == mapWidth or
snakeCoords[HEAD]["y"] == -1 or snakeCoords[HEAD]["y"] == mapHeight:
        tag = False         # 贪吃蛇碰壁
    for snake_body in snakeCoords[1:]:
        if snake_body["x"] == snakeCoords[HEAD]["x"] and snake_body["y"] ==
snakeCoords[HEAD]["y"]:
            tag = False   # 贪吃蛇碰到自己身体
    return tag
```

首先，将变量tag设置为True。然后，判断在地图上的蛇头的x坐标是否等于−1，或者蛇头的x坐标是否等于mapWidth，或者蛇头的y坐标是否等于

-1，或者蛇头的y坐标是否等于mapHeight，只要满足其中的任何一个条件，就表示蛇头碰到了墙壁，那么就将变量tag设置为False。

然后用一个for循环，来遍历snakeCoords列表中的第2个元素以及之后的元素，把每个元素赋值给变量snake_body，表示蛇的身体。

在循环体内，判断字典snake_body的键“x”和“y”对应的值是否等于snakeCoords列表第一个元素，也就是蛇头的键“x”和“y”对应的值，如果相等，表示蛇头碰到了蛇的身体，那么就将变量tag设置为False。

最后，该函数返回了变量tag。如果tag是True，表示蛇还活着；如果tag是False，表示蛇死掉了。

16.4.10　gameOver() 函数

gameOver()函数控制整个程序的结束，它接受的参数是窗口的pygame.Surface对象。gameOver()函数的代码如下所示。

```
def gameOver(screen):
    #加载游戏结束图片
    screen.fill(WHITE)
    gameOver = pygame.image.load("gameover.png")
    screen.blit(gameOver, (0, 0))
    #加载游戏结束提示信息
    font = pygame.font.SysFont("SimHei", 36)
    tip = font.render("按Q或者ESC退出游戏，按其他键重新开始游戏", True, (65,
105, 225))
    screen.blit(tip, (30, 500))
   #显示Surface对象上的内容
    pygame.display.update()

    while True:
        for event in pygame.event.get():
            if event.type == pygame.QUIT:
                terminate()
            elif event.type == pygame.KEYDOWN:
                if event.key == pygame.K_ESCAPE or event.key == pygame.K_q:
                    terminate()
                else:
                    return #结束此函数，重新开始游戏
```

首先调用screen.fill()函数，用白色填充窗口。

然后调用image()函数在Pygame窗口中加载“gameover.png”图片，并创建一个名为gameOver的Surface对象。然后我们调用blit()函数，把gameOver对象复制到screen这个Surface上。通过blit()将gameOver复制到指定左上角

位置（0, 0）。

然后调用pygame.font.SysFont函数，把字符串"按Q或者ESC退出游戏，按其他键重新开始游戏"绘制到界面上。然后我们调用blit()函数把tip对象复制到screen这个Surface上。

调用pygame .display.update()函数，把绘制到Surface对象上的所有内容，都显示到窗口上。

接下来，使用while循环监听键盘事件。在事件循环中，判断事件类型，如果是QUIT，那么调用terminate函数终止程序。否则，如果事件类型是KEYDOWN，那么事件对象将有一个key属性来识别按下的是哪个键。如果key属性等于K_ESCAPE或K_q，表示用户按下的是Esc或Q键，意味着玩家希望结束程序，那么处理方式和点击关闭窗口是一样的，调用terminate()函数终止程序。否则，表示用户按下的是其他键，结束这个函数，重新开始游戏。

当这个函数执行后，会出现如图16-4所示的游戏界面，这个时候，可以按Q键和Esc键结束程序，也可以按任意键重新开始一局游戏。

图 16-4

16.4.11 terminate() 函数

terminate()函数终止程序。我们来看一下该函数的代码。

```
def terminate():
    pygame.quit()
    sys.exit()
```

调用pygame.quit()函数，它是和init()相对应的一个函数。在退出程序之前，需要调用它。然后才会退出Pygame。调用sys.exit()函数，退出主程序退。

16.4.12　调用入口函数

最后，我们只要调用入口函数main()，程序就可以开始运行了。

```
main()
```

到这里，我们的贪吃蛇游戏就完成了。这是一个真正意义上的完整游戏，有开始界面和结束界面，有游戏背景，还有背景音乐。尝试着玩一玩，然后再回过头来看看游戏的程序代码，这样会更有助于对代码的理解。

16.5　小结

在本章中，我们学习使用Pygame开发了一款流行的游戏——“贪吃蛇”。通过程序分析、模块导入、初始化设置、编写函数等步骤，我们了解到综合运用Python开发游戏的具体步骤。读者可以掌握并灵活运用本章的知识，设计和开发自己喜爱的其他游戏。

第17章 Python的AI应用——以自然语言处理为例

17.1 人工智能技术简介

简单来说，人工智能（Artificial Intelligence，AI）是让机器能够像人类一样完成智能化任务的技术。

1956年，美国几位著名的科学家在美国达特茅斯学院召开了一次学术会议，首次提出了“人工智能”的术语和概念，这次会议标志着人工智能正式成为一门学科。其实，在计算机出现之前人们就幻想着一种机器可以实现人类的思维，可以帮助人们解决问题，甚至拥有比人类更高的智力。随着计算机的发明和普及，计算技术根据其不同的应用领域，发展为众多的分支学科，例如多媒体、计算机辅助设计、数据库、计算机网络通信技术等，这时候，人工智能成为了计算科学的一个研究分支，同时也逐步成为计算科学、生物学、心理学、神经科学等众多学科的一个交叉性的领域。

人工智能的研究和发展经历了几次波折，有20世纪50年代到70年代的黄金时期，也经历了随后的近20年的低谷和寒冬。直到20世纪90年代，人类在和机器下国际象棋的时候首次遭受失败，人工智能再次走入人们的视线并得到更多的关注，从而逐渐迎来了其春天。自此开始，人工智能科学开始在和人类“斗智”方面取得一项又一项的突破：

- 2011年，IBM开发的沃森机器人人工智能程序在电视问答节目中战胜人类。
- 2016年，AlphaGo战胜围棋世界冠军李世石。
- 2017年，AlphaGo战胜中国棋手柯洁。

……

人工智能再一次引发了人们极大的关注，甚至引发人类的焦虑。人们似乎看到了人工智能超越人类智能的可能。人工智能的科学研究也再度掀起热潮，更多人开始研究应用计算机软硬件来模拟人类的某些智能行为，构造具有一定智能的系统，从而替代人类从事相应的体力和脑力劳动。

今天，在我们的生活中，人工智能已经有了形式多样、领域广泛、程度不同的应用，例如语音合成、语音识别、自然语言处理、自动驾驶、图像识别、人脸识别、数据分析等等。如果你对这些领域还感到有些陌生，那么我们举一些生活中的例子你就明白了，淘宝上的语音和图片搜索购物、微信的语音文字转换、科大讯飞的翻译笔、iPhone里的Siri应用、电子商务网站上的人工智能客服、还有各种各样具备不同程度的智能功能的机器人……，所有这些应用，背后都离不开人工智能技术的支持。人工智能已经成为我们日常生活越来越依赖的技术。

17.2 Python——人工智能的语言

Python被人们称为“胶水语言”，可见其应用范围和场景之广。Python的粉丝更是将其誉为“最美丽的”编程语言。尽管人们对Python有很多的溢美之词，但不可否认的是，从云端、客户端，到物联网终端，Python应用无处不在，同时，Python也是公认的人工智能应用首选的编程语言。

在人工智能领域，Python编程语言具有如下一些先天的优势：

- Python是开源的，有强大的社区支持，有质量较高而内容丰富的文档。
- Python是平台无关的，在Windows、Linux和UNIX平台上都可以使用。这种良好的平台兼容性，使Python得到了非常普遍的应用。
- 和其他面向对象编程语言相比，Python语法简单，学习起来更加容易。

因此，Python也成为少年儿童学习编程的首选语言。

- Python拥有非常丰富的第三方库。用Python编写程序的时候，其第三方库大大扩展了Python的功能和应用领域。Python的第三方库针对各种各样的专业应用领域，例如，用于图像处理的各种Python Imaging Library库、VTK和Maya 3D等，用于数值和科学计算的Numpy、Scientific Python等，支持机器学习的scikit-learn、PyBrain、PyML等，用于自然语言处理的NLTK、jieba等等。

因此，可以说，只要学习和掌握了Python语言，要开发人工智能的相关应用方面，就拥有了得天独厚的优势。

我们期望人工智能能够具备分析、处理和理解语言文字的能力，从而实现人机之间的互相交互沟通，而实现这种能力的研究领域和技术统称为自然语言处理（Natural Language Processing，NLP），如图17-1所示。自然语言处理是信息时代最重要的技术之一。我们常见的一些产品，比如机器翻译、问答系统、聊天机器人、情感分析等，都是自然语言处理在不同领域的应用。更通俗地说，自然语言处理就是指机器理解并解释人类使用文字、语言的方式的能力，而自然语言处理的目标是让计算机在理解语言文字方面能够像人类一样智能。

图 17-1

正如前面所介绍的，Python在人工智能的各个分支领域都得到了应用，限于本书的篇幅，我们不可能一一展开介绍。在本章中，我们选取了NLP这个应用方向，通过一个简单的示例，介绍如何使用Python来实现NLP的中文分词。

在NLP的过程中，为了能更好地处理句子，往往需要把句子拆开分成一个一个的词语，这样才能更好地分析句子的特性，这个过程叫就叫作分词。分词是NLP的基础，分词准确度直接决定了后面的词性标注、句法分析、词向量以及文本分析（这些都是NLP的其他步骤）的质量。

由于中文句子不像英文那样天然自带分隔，并且存在各种各样的词组，从而使中文分词具有一定的难度。但是，现在已经有很多工具可以帮助我们实现基本的中文分词。而jieba就是一个用Python实现的中文分词模块，在中文分词领域颇具知名度，支持简、繁体中文，其高级用户还可以加入自定义词典以提高分词的准确率。

17.3　jieba 库使用

17.3.1　jieba 库的安装

安装jieba库也需要使用pip工具。我们在第15章介绍Pygame的时候，曾经使用这个工具来安装Pygame。

在确认连接互联网的情况下，在命令行输入“pip install jieba”，按下回车键后，就可以执行安装，如图17-2所示。

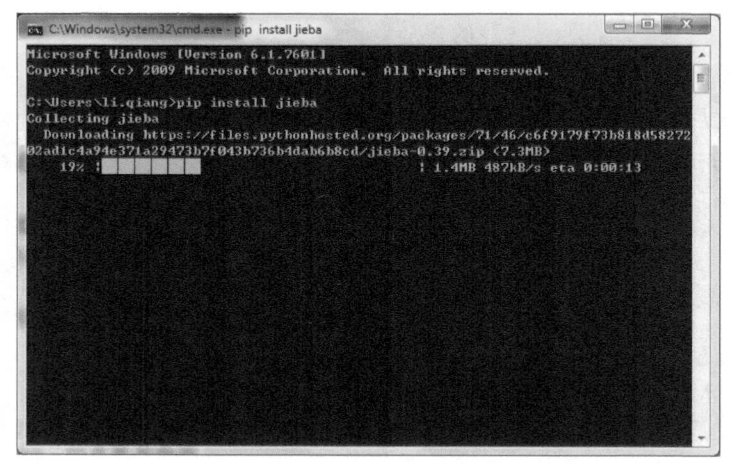

图 17-2

然后一直等待，直到安装进度到达了100%，并且提示jieba库安装成功，版本是0.39，如图17-3所示。

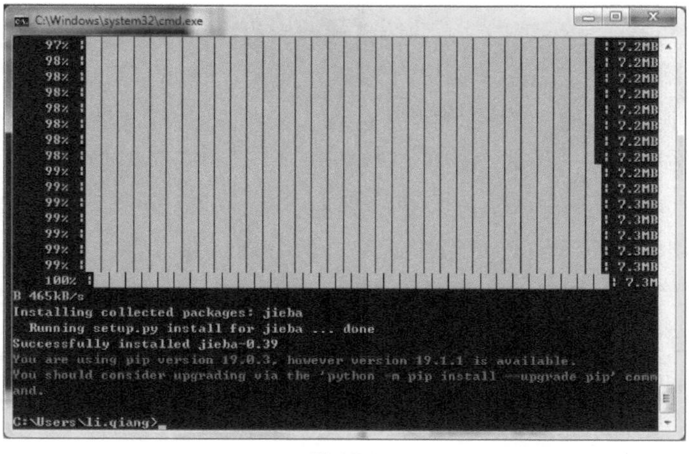

```
C:\Windows\system32\cmd.exe
    97% |                                          | 7.2MB
    98% |                                          | 7.2MB
    98% |                                          | 7.2MB
    98% |                                          | 7.2MB
    98% |                                          | 7.2MB
    98% |                                          | 7.2MB
    98% |                                          | 7.2MB
    98% |                                          | 7.2MB
    99% |                                          | 7.2MB
    99% |                                          | 7.2MB
    99% |                                          | 7.3MB
    99% |                                          | 7.3MB
    99% |                                          | 7.3MB
    99% |                                          | 7.3MB
    99% |                                          | 7.3MB
    100% |                                         | 7.3M
B 465kB/s
Installing collected packages: jieba
  Running setup.py install for jieba ... done
Successfully installed jieba-0.39
You are using pip version 19.0.3, however version 19.1.1 is available.
You should consider upgrading via the 'python -m pip install --upgrade pip' comm
and.

C:\Users\li.qiang>
```

图 17-3

17.3.2 分词

jieba库是一款优秀的 Python 第三方中文分词库，支持3种分词模式：精确模式、全模式和搜索引擎模式。这3种模式的特点如下。

- 精确模式：试图将语句最精确地切分，不存在冗余数据，适合做文本分析。
- 全模式：将语句中所有可能是词的词语都切分出来，速度很快，但是存在冗余数据，不能解决歧义。
- 搜索引擎模式，在精确模式的基础上，对长词再次切分，提高召回率，适合用于搜索引擎分词。

可使用jieba.lcut()和jieba.lcut_for_search()方法进行分词，这两个方法返回的都是一个list。jieba.lcut()接受 3 个参数：需要分词的字符串，是否使用全模式（默认值为 False），以及是否使用 HMM 模型（默认值为 True）。jieba.lcut_for_search()接受两个参数：需要分词的字符串和是否使用HMM模型。

> **提示** HMM（Hidden Markov Model）模型，又叫作隐马尔科夫模型，是一种基于概率的统计分析模型，读者只需要知道这是一个专有名字即可。

上面的概念可能有些抽象，我们还是通过示例来实际感受一下这3种分词模式的效果吧！代码参见ch17\17.1py。

```
import jieba
segStr = "江州市长江大桥参加了长江大桥通车仪式"
joinChar=" / "
print("精确模式: " + joinChar.join(jieba.lcut(segStr)))
print("全模式: " + joinChar.join(jieba.lcut(segStr,cut_all=True)))

print("未启用 HMM模式: "  + joinChar.join(jieba.lcut(segStr,HMM=False)))
print("搜索引擎模式: " + joinChar.join(jieba.lcut_for_search(segStr)))
```

得到的结果如图17-4所示。

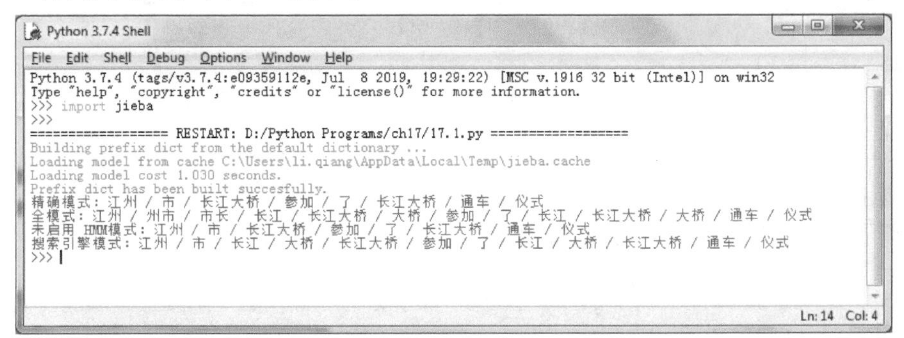

图 17-4

执行程序前jieba会初始化加载默认词库。如果我们想要加载更全面的词库，可以替换默认的初始化词库。jieba默认词库是位于模块安装路径下的dict.txt文件。

我们创建了一个变量segStr，用它来表示要进行分词处理的字符串，字符串的内容是："江州市长江大桥参加了长江大桥通车仪式"。

我们还创建了一个名为joinChar的变量，并且将斜杠作为字符串赋值给整个变量。因为我们要使用字符串的join()方法，用指定的字符把序列中的元素连接生成一个新的字符串，这里使用斜杠来连接序列中的元素。

提示　join() 方法用于将序列中的元素以指定的字符连接生成一个新的字符串。join() 方法的语法是：str.join(sequence)。参数 sequence 表示要连接的元素序列。例如，我们要使用横杠将一个元组中的所有元素串联成一个字符串。

```
>>> joinChar="-"
>>> seq=("a","b","c")
>>> print (joinChar.join(seq))
a-b-c
```

接下来使用jieba.lcut()方法进行分词。我们只传递了一个字符串参数给该方法，因为默认没有使用全模式并且使用了 HMM 模型，所以会返回一个精确模式分词的列表。我们采用join()方法把返回的列表用斜杠连接起来，并且输出到屏幕上，输出内容如下所示：

```
精确模式：江州/ 市/ 长江大桥/ 参加/ 了/ 长江大桥/ 通车/ 仪式
```

可以看到，拆分出来的词语基本上就是我们日常会使用的词组。

接下来，我们除了为jieba.lcut()方法传递了字符串参数，还指定使用全模式分词，这样会返回一个全模式分词的列表，输出内容如下所示：

```
全模式：江州/ 州市/ 市长/ 长江/ 长江大桥/ 大桥/ 参加/ 了/ 长江/ 长江大桥/ 大桥/
通车/ 仪式
```

可以看到，使用全模式分词，“江州市”不仅仅只是可以拆分成“江州市”，还可以拆分成“江州”和“州市”。类似的，“电子游戏”也可以拆分成“电子”“电子游戏”“子游”和“游戏”4个词组。从结果可以看出，和精确模式相比，全模式会产生不少的歧义。

然后我们不使用HMM 模型，看看效果。

```
未启用 HMM模式：江州/ 市/ 长江大桥/ 参加/ 了/ 长江大桥/ 通车/ 仪式
```

可以看到，对于这个字符串，使用HMM模型和不使用HMM模型，分拆的结果差不多，只是对名字的分拆有所不同而已。

最后我们使用了搜索引擎模式，也就是使用jieba.lcut_for_search()方法而不是jieba.lcut()方法，传递的参数仍然是同一个待拆分的字符串，得到的分词结果如下所示。

```
搜索引擎模式：江州/ 市/ 长江/ 大桥/ 长江大桥/ 参加/ 了/ 长江/ 大桥/ 长江大桥/
通车/ 仪式
```

17.4 对《西游记》进行分词

接下来，我们将学习如何使用jieba模块来实现古典名著《西游记》的分词，并且会将书中重点人物出场次数以图形化的方式显示出来，并进一步创建一个词云图。

17.4.1 读取文件

因为小说《西游记》的内容非常长，我们不太可能会把它放到一个字符串中来操作，所以我们需要它保存在一个文件中。那么我们就需要操作整个文件，把文件中的内容读取出来。我们操作文件的流程是：

1. 打开文件，得到文件句柄并赋值给一个变量；
2. 通过句柄对文件进行操作；
3. 关闭文件。

打开文件就要用到open()函数。其实，我们在第11章中详细介绍了打开文件的方法，读者如果忘了的话，可以再次查阅11.1节回顾一下。

17.4.2 《西游记》的分词

在前面，我们已经介绍了如何使用jieba库分词，以及如何打开一个文本文件。接下来，我们要对经典小说《西游记》进行分词，并且把出现频率最高的词语展示出来。首先，把《西游记》保存到一个文本文件中，要注意的是，保存文件的时候，要将编码格式选择为UTF-8，否则读取文件的时候会报错。此外，我们要把这个文本文件放到和程序代码所在位置相同的文件夹中，这样就不需要指定路径了。

读者可以从本书配套源代码和文件中获取整个文本文件，如图17-5所示。

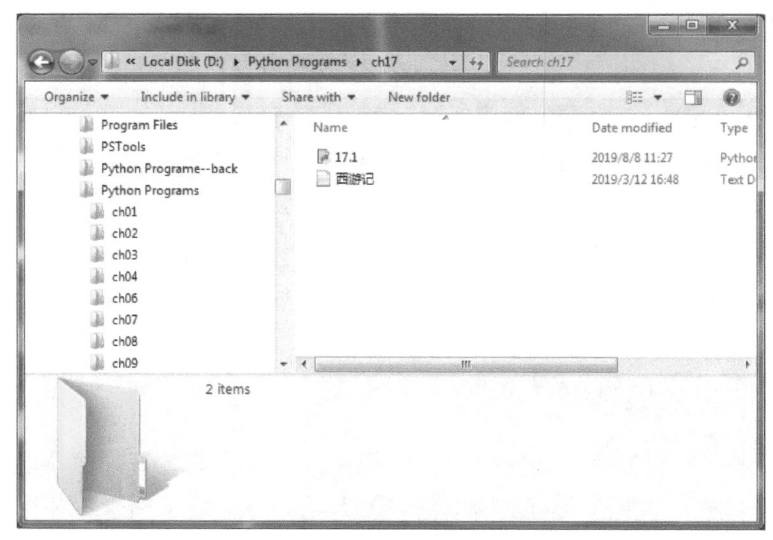

图 17-5

我们先来看一下用于分词的程序代码，代码参见 ch17\17.2.py。

```
import jieba

def takeSecond(elem):
    return elem[1]

def main():
    path = "西游记.txt"
    file = open(path,"r",encoding="utf-8")
    text=file.read()
    file.close()

    words = jieba.lcut(text)
    counts = {}
    for word in words:
        counts[word] = counts.get(word,0) + 1

    items = list(counts.items())
    items.sort(key = takeSecond,reverse=True)

    for i in range(20):
        item=items[i]
        keyWord =item[0]
        count=item[1]
        print("{0:<10}{1:>5}".format(keyWord,count))

main()
```

因为要使用jieba的函数，所以这里首先需要导入jieba模块。

```
import jieba
```

接下来，我们定义了两个函数：main（主体函数）和takeSecond（用于获取列表的第2个元素）。然后，定义了变量path来保存相对路径。使用open()函数以只读方式打开文本文件“西游记.txt”，指定的编码方式是UTF-8，并且将文件句柄赋值给变量file。随后调用read()方法读取文件中的内容并保存到变量text中。调用close()方法关闭文件。

然后我们使用jieba.lcut()方法对变量text中的内容进行分词，并且把分词的结果列表保存到变量words中。我们新建一个叫作counts的字典。然后，通过一个循环语句，遍历列表words中的每个元素，用变量word来表示每个元素。在循环中，把word作为字典counts的键，把get()方法返回的值加上1，作为这个键所对应的值。这表示每次遇到同样的键，都会让它的值加上1（以统计相同的键的数目）。需要注意，如果在字典中没有找到键所对应的值，那么get()方法会返回默认值0。当循环结束后，字典counts就包含了西游记中拆分出来的全部词语以及对应的该词语出现的次数。

接下来，我们想要按照词的出现次数排序。第4章介绍字典的时候曾经提到，字典是没有办法排序的，我们需要把字典转换为列表，然后利用列表的sort()方法来排序。因为我们是使用人物的出现次数来排序的，所以要给sort()方法传递一个key参数，以指定用来进行比较的元素，该元素就是取自于可迭代对象中。这里调用了自定义的takeSecond()函数。这个函数接收的参数是一个列表，返回的是这个列表的第2个元素。这样，我们就可以指定第2个元素进行逆序排序，并且把结果赋值给items。

然后，借助range()函数生成一个等差数组，展示items中前20个元素。在每次循环中，我们先把获取的元素赋值给变量item。然后把item的第1个列表元素赋值给变量keyWord，第2个元素赋值给变量count。然后使用print()方法把格式化后的两个变量输出到屏幕上。这里我们用到了format()方法，它可以按照需求来格式化字符串。代码的含义是把keyWord的值左对齐，宽度是10；把count的值右对齐，宽度是5。

提示　字符串的format()方法可以用来格式化字符串。format()方法通过字符串中的花括号{}来识别要替换的内容，而format()中的参数是要填入的内容，按照顺序进行匹配。花括号中冒号后面的<符号表示左对齐，>符号表示右对齐，数字表示宽度。

然后调用main()函数。最终得到的词频统计结果如图17-6所示。

我们发现一个问题，大部分的词语都是一个字。也就是没有把长度为1

的词语进行筛选。没关系，在下一节中，我们继续优化这个程序。

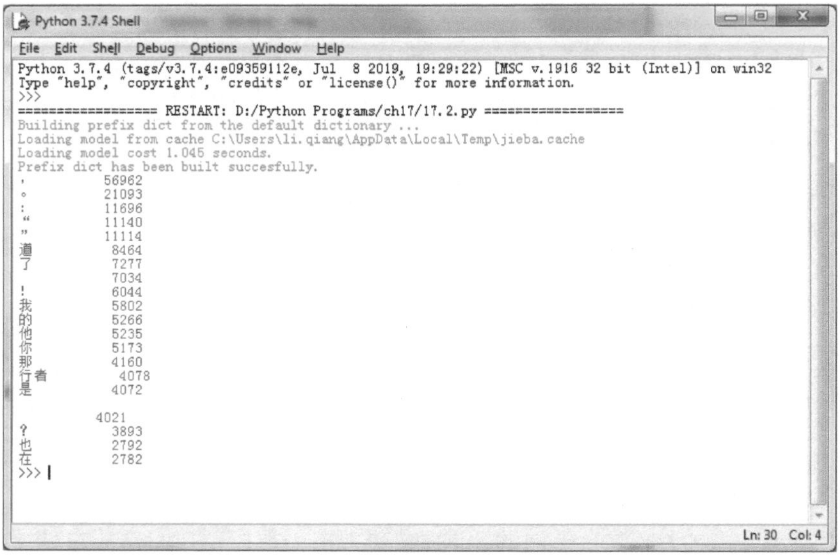

```
Python 3.7.4 Shell
File  Edit  Shell  Debug  Options  Window  Help
Python 3.7.4 (tags/v3.7.4:e09359112e, Jul  8 2019, 19:29:22) [MSC v.1916 32 bit (Intel)] on win32
Type "help", "copyright", "credits" or "license()" for more information.
>>>
================== RESTART: D:/Python Programs/ch17/17.2.py ==================
Building prefix dict from the default dictionary ...
Loading model from cache C:\Users\li.qiang\AppData\Local\Temp\jieba.cache
Loading model cost 1.045 seconds.
Prefix dict has been built succesfully.
，          56962
。          21093
：          11696
“          11140
”          11114
道          8464
了          7277
            7034
！          6044
我          5802
的          5266
他          5235
你          5173
那          4160
行者        4078
是          4072

          4021
？          3893
也          2792
在          2782
>>> |
                                                        Ln: 30  Col: 4
```

图 17-6

17.5　筛选长度为 1 的词语

因为我们没有对分词的结果进行筛选，所以前20个高频词语大多是一个字，而这显然不是我们想要的结果。因为一个字的词语没有太多的含义，而我们需要的是有意义的词语，所以接下来，我们介绍如何将长度为1的字的词语过滤掉。先来看代码，为了便于区分，我们将新增的代码突出显示出来，代码参见ch17\17.3.py。

```
import jieba

def takeSecond(elem):
    return elem[1]

def main():
    path = "西游记.txt"
    file = open(path,'r',encoding="utf-8")
    text=file.read()
    file.close()

    words = jieba.lcut(text)
    counts = {}
    for word in words:
        if len(word) == 1:
            continue
        else:
            counts[word] = counts.get(word,0) + 1
```

```
    items = list(counts.items())
    items.sort(key = takeSecond,reverse=True)

    for i in range(20):
        item=items[i]
        keyWord =item[0]
        count=item[1]
        print("{0:<10}{1:>5}".format(keyWord,count))

main()
```

我们介绍一下突出显示的新增代码的含义。当通过for循环来遍历列表words中的每个元素时，在循环体中，增加了一个判断条件。如果表示每个词语的变量word的长度等于1，则直接进入下一次循环；否则，才会统计这个词语出现的次数。

运行程序，得到的词频统计结果如图17-7所示。

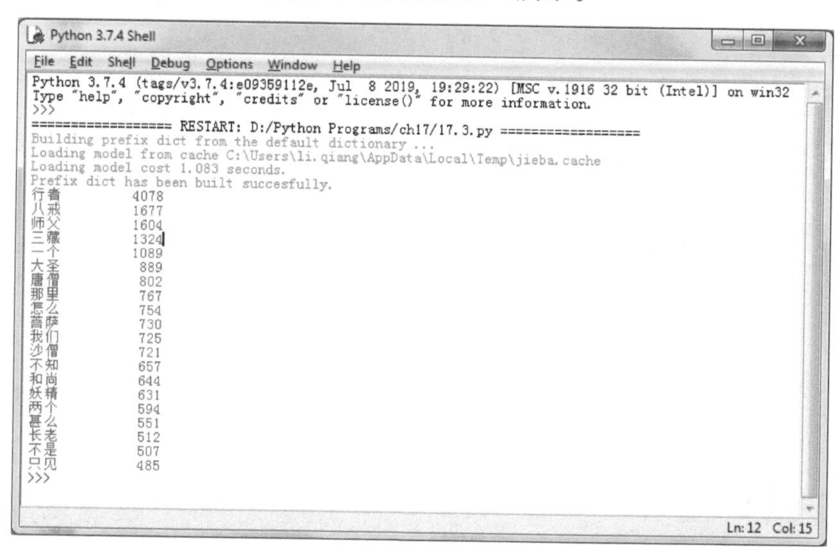

图 17-7

现在得到的词语已经都是词组了，这个结果要比单个字的词语更有实际意义。但是，显然这样还是不够的，因为诸如“一个”“那里”和“怎么”这样的词组，对于我们理解西游记也没有什么帮助。在下一节中，我们会介绍如何去除这类不需要的词语。

17.6 去除不需要的词语

从上一节的词频统计结果可知，输出的结果中存在着一系列不需要的词语。其实，人名的词语对于分析小说剧情和主人公是最有帮助的，所以我们还要进一步优化程序，将不需要的词语进行过滤。具体代码如下所示，新增代码还是突出显示，代码参见ch17\17.4.py。

```
import jieba

def takeSecond(elem):
    return elem[1]

def main():
path = "西游记.txt"
file = open(path,"r",encoding="utf-8")
text=file.read()
file.close()

words = jieba.lcut(text)
counts = {}
for word in words:
    if len(word) == 1:
        continue
    else:
        counts[word] = counts.get(word,0) + 1

    file = open("excludes.txt","r")
    excludes =file.read().split(",")
    file.close

    for delWord in excludes:
        try:
            del counts[delWord]
        except:
            continue

    items = list(counts.items())
    items.sort(key = takeSecond,reverse=True)

    for i in range(20):
        item=items[i]
        keyWord =item[0]
        count=item[1]
        print("{0:<10}{1:>5}".format(keyWord,count))

main()
```

这里介绍一下突出显示的代码的含义。我们把想要从高频词语结果中去除的词组放到一个叫作excludes.txt的文本文件中。可以从上一节的运行结果中进行筛选，从而得到这些词。

读取这个文件，并且对读取内容调用split方法，以“,”（逗号）作为分隔符，将结果赋值给一个叫作excludes的列表。现在excludes列表中的元素就是我们在上一节中想要从高频词语结果中去除的词组。

接下来，通过一个新的for循环遍历列表excludes中的元素，把每个元素赋值给变量delWord。在循环体中，使用del语句，将字典counts中的键为delWord的键—值对删除。

这里需要注意一下，如果字典中不包含所要删除的键，程序会报错。所以我们用到了异常处理的语句，当出现异常后，在except语句中使用continue语句跳转到下一次循环。

运行程序，得到的词频统计结果如图17-8所示。

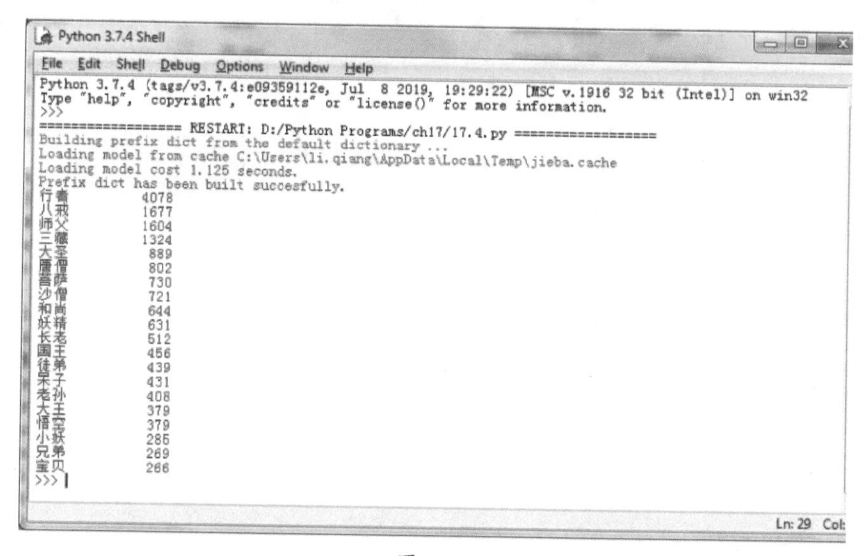

图 17-8

现在得到的结果已经把不需要的词组都去掉了。但是，我们发现结果还是有些瑕疵，因为“行者”“大圣”“老孙”和“悟空”都是指的“孙悟空”，而分开统计显然是不妥的。在下一小节，我们会介绍如何将同一个人名进行合并。

17.7 合并人名

从前面的词频统计结果可知，输出的结果中存在同一个人的多个称呼的词语。所以我们会进一步优化程序，将同一个人名的不同称呼进行合并。具体代码如下所示，新增代码突出显示出来了。代码参见ch17\17.5.py。

```
import jieba

def takeSecond(elem):
    return elem[1]
```

```
def main():
    path = "西游记.txt"
    file = open(path,"r",encoding="utf-8")
    text=file.read()
    file.close()

    words = jieba.lcut(text)
    counts = {}
    for word in words:
        if len(word) == 1:
            continue
        elif word == "大圣" or word=="老孙" or word=="行者" or word=="孙大圣" or
word=="孙行者" or word=="猴王" or word=="悟空" or word=="齐天大圣" or word=="
猴子":
            rword = "孙悟空"
        elif word == "师父" or word == "三藏" or word=="圣僧":
            rword = "唐僧"
        elif word == "呆子" or word=="八戒" or word=="老猪":
            rword = "猪八戒"
        elif word=="沙和尚":
            rword="沙僧"
        elif word == "妖精" or word=="妖魔" or word=="妖道":
            rword = "妖怪"
        elif word=="佛祖":
            rword="如来"
        elif word=="三太子":
            rword="白马"
        else:
            rword = word
        counts[rword] = counts.get(rword,0) + 1

    file = open("excludes.txt","r")
    excludes =file.read().split(",")
    file.close

    for delWord in excludes:
        try:
            del counts[delWord]
        except:
            continue

    items = list(counts.items())
    items.sort(key = takeSecond,reverse=True)

    for i in range(20):
        item=items[i]
        keyWord =item[0]
        count=item[1]
        print("{0:<10}{1:>5}".format(keyWord,count))

main()
```

来看一下新增代码含义。这里新建了一个变量rword，用它代替word作为字典counts的键。我们会将同一个人但是有多个称谓的词语变量word，重新赋值给变量rword。然后，将rword作为字典counts的键，将其出现次数作为值。例如，我们知道“师傅”“三藏”和“圣僧”都是对“唐僧”的尊称，所以我们可以这些词归类为唐僧。其他几个人物也都有重复的称谓，处理方法都是类似的。

运行程序，得到的词频统计结果如图17-9所示。

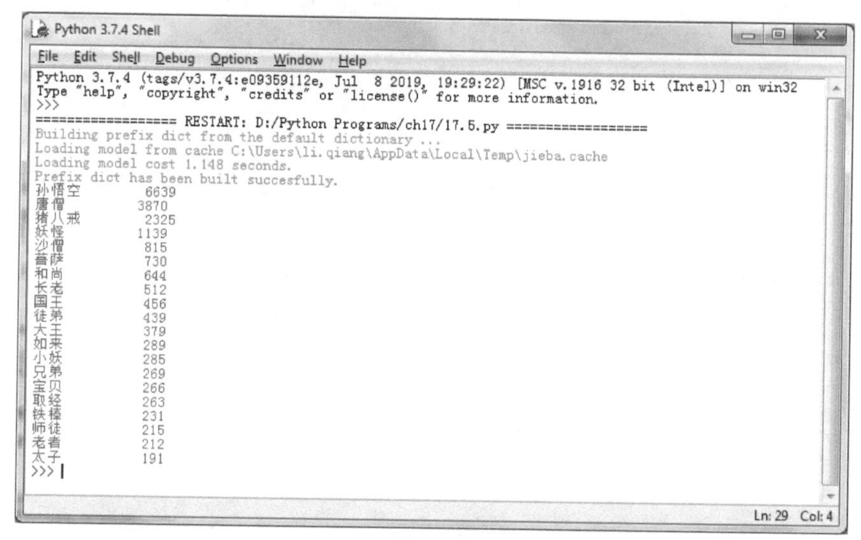

图 17-9

现在，我们就可以得到《西游记》里出现最多的词语，其中“孙悟空”出现了6639次，是当之无愧的主角，紧随其后的是“唐僧”和“猪八戒”。作为各类反派的统称“妖怪”排名第四。“沙僧”位列第五，属于师徒四人中存在感最低的。这个统计结果和我们平常对《西游记》的认知是完全符合的。

可是，我们现在又有了一个新的问题，那就是现在得到的这个结果太不直观了，有没有更好的展示形式呢？在下一节中，我们会介绍如何用图表的方式来更加直观地展示结果。

17.8　用词云库（wordcloud）表示

在上一节中，我们已经得到了《西游记》中的高频词语。接下来，我们介绍如何用词云来展现这些信息。首先，我们要明白什么是词云。词云又叫作文字云，是对文本数据中出现频率较高的“关键词”在视觉上的突出呈现，把关键词的渲染成类似云一样的彩色图片，从而一眼就可以领略文本数据所要表达的主要意思。我们在本节借助的是wordcloud这个词云模块。

首先，我们需要安装wordcloud模块。还是使用pip工具，在命令行中输入“pip install wordcloud”，回车后开始安装，如图17-10所示。

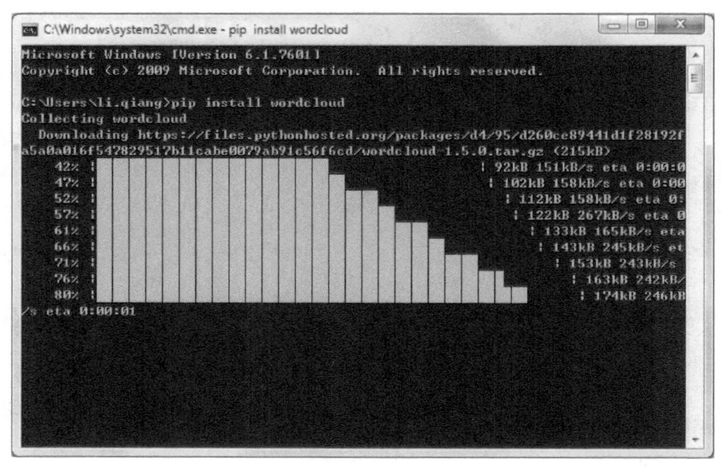

图 17-10

安装成功后，我们可以看到当前安装的wordcloud模块的版本是1.5.0，如图17-11所示。

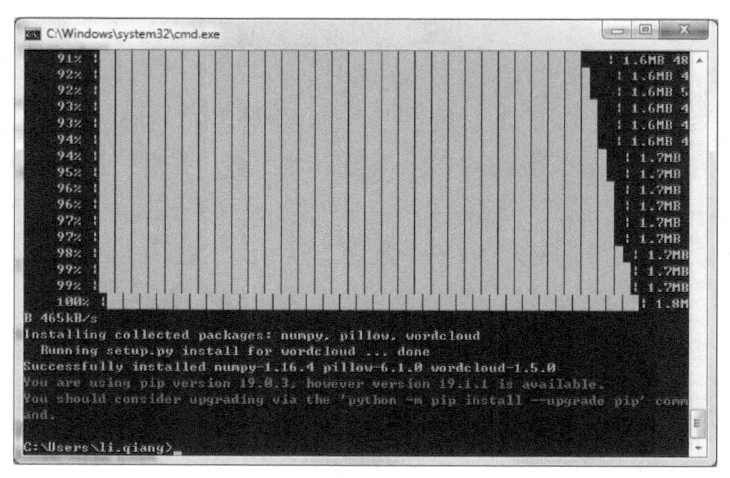

图 17-11

因为wordcloud模块要用到matplotlib模块，如果没有安装过这个模块，调用wordcloud就会报错，如图17-12所示。

所以为了使用wordcloud，我们还需要安装matplotlib，安装方式如图17-13所示。

```
Python 3.7.3 Shell
File  Edit  Shell  Debug  Options  Window  Help
>>>
=================== RESTART: D:\Python Programe\西游记分词V6.py ================
===
Building prefix dict from the default dictionary ...
Loading model from cache C:\Users\li.qiang\AppData\Local\Temp\jieba.cache
Loading model cost 1.030 seconds.
Prefix dict has been built succesfully.
孙悟空      6639
唐僧        3870
猪八戒      2325
妖怪        1139
沙僧        815
菩萨        730
和尚        644
长老        512
国王        456
徒弟        439
大王        379
如来        289
小妖        285
兄弟        269
宝贝        266
取经        263
铁棒        231
师徒        215
老者        212
性命        203
Traceback (most recent call last):
  File "D:\Python Programe\西游记分词V6.py", line 57, in <module>
    main()
  File "D:\Python Programe\西游记分词V6.py", line 55, in main
    createWordCloud(str(items[0:20]))
  File "D:\Python Programe\西游记分词V6.py", line 8, in createWordCloud
    w = wordcloud.WordCloud(font_path='msyh.ttf',width=1000,height=500,backgroun
d_color='white')
  File "C:\Users\li.qiang\AppData\Local\Programs\Python\Python37-32\lib\site-pac
kages\wordcloud\wordcloud.py", line 300, in __init__
    import matplotlib
ModuleNotFoundError: No module named 'matplotlib'
>>>
                                                              Ln: 34  Col: 43
```

图 17-12

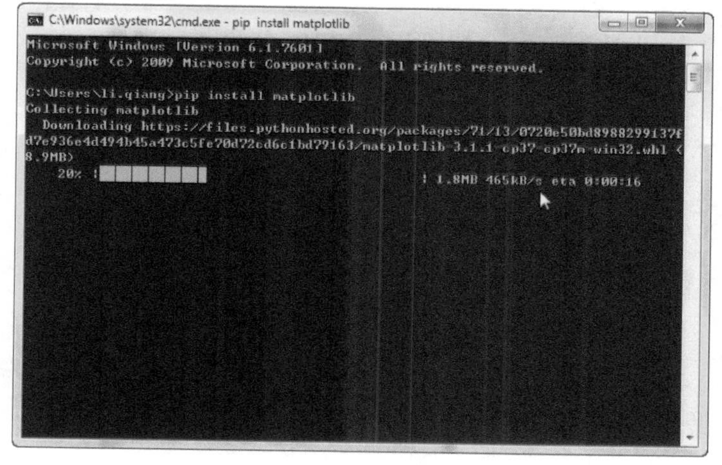

图 17-13

在使用wordcloud时，要导入wordcloud模块，然后就可以使用wordcloud.WordCloud()方法来创建一个词云图。我们可以指定词云图的字体、图片大小以及背景色。

我们在西游记的分词代码中增加了生成词云图的功能，新增代码突出显示出来。代码参见ch17\17.6.py。

```
import jieba
import wordcloud

def takeSecond(elem):
    return elem[1]

def createWordCloud(text):
    w=wordcloud.WordCloud
       (font_path="msyh.ttf",width=1000,height=500,background_color="white")
    w.generate(text)
    w.to_file("西游记词云图.jpg")

def main():
    path = "西游记.txt"
    file = open(path,"r",encoding="utf-8")
    text=file.read()
    file.close()

    words = jieba.lcut(text)
    counts = {}
    for word in words:
        if len(word) == 1:
            continue
        elif word == "大圣" or word=="老孙" or word=="行者" or word=="孙大圣" or
word=="孙行者" or word=="猴王" or word=="悟空" or word=="齐天大圣" or word=="
猴子":
            rword = "孙悟空"
        elif word == "师父" or word == "三藏" or word=="圣僧":
            rword = "唐僧"
        elif word == "呆子" or word=="八戒" or word=="老猪":
            rword = "猪八戒"
        elif word=="沙和尚":
            rword="沙僧"
        elif word == "妖精" or word=="妖魔" or word=="妖道":
            rword = "妖怪"
        elif word=="佛祖":
            rword="如来"
        elif word=="三太子":
            rword="白马"
        else:
            rword = word
        counts[rword] = counts.get(rword,0) + 1

    file = open("excludes.txt","r")
    excludes =file.read().split(",")
    file.close

    for delWord in excludes:
        try:
            del counts[delWord]
        except:
            continue
```

```
    items = list(counts.items())
    items.sort(key = takeSecond,reverse=True)

    for i in range(20):
        item=items[i]
        keyWord =item[0]
        count=item[1]
        print("{0:<10}{1:>5}".format(keyWord,count))

    createWordCloud(str(items[0:20]))

main()
```

正如前面所说的，首先需要导入wordcloud模块。然后我们新添加了一个名为createWordCloud()的自定义函数，它的参数就是要生成词云图的词组，我们把这个参数叫作text。在该函数中，首先生成了一个词云对象，指定字体的路径是“msyh.ttf”，图片的宽度是1000像素，高度是500像素，背景色是白色。然后调用generate方法生成词云，传入的参数就是要生成词云图的词组（即text）。然后，指定词云图输出到的文件。

提示 记住，如果词语中有中文，我们一定要设置字体路径，否则出来都是一个一个的方框，而不是文字，如图17-14所示。

在main()函数中，调用了这个新增加的函数，并且将列表items中的前20个高频词转换为字符串，作为参数传递给这个函数。

运行程序，就可以在指定路径下得到我们的词云图，可以看到，越是高频词，字体就会更大更醒目，如图17-15所示。

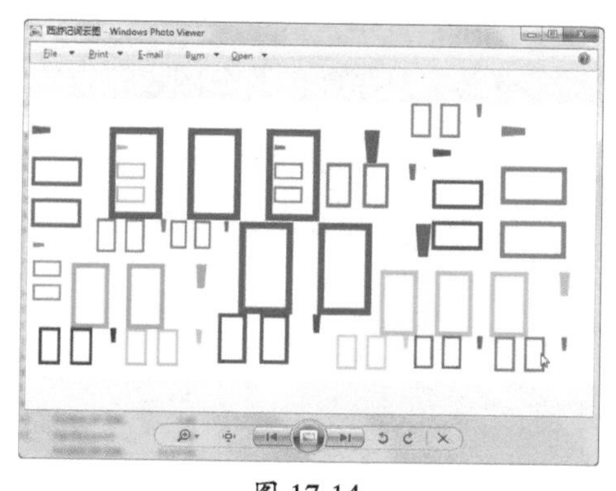

图 17-14

图 17-15

通过这个词云图，我们可以对于《西游记》中的重要人物一目了然，整个小说就是围绕着唐僧师徒四人展开的，他们的核心任务就是“取经”，他们会在取经路上遇到各种“妖怪”以及“小妖”，还好他们有重要的后援“菩萨”和“如来”。

到这里，我们对小说《西游记》的分词就结束了。你也可以去找一些自己喜欢的文章，使用jieba分词来分析文章中的主要人物和剧情。

17.9　小结

在本章中，我们首先介绍了人工智能技术及其发展，然后介绍了Python作为人工智能应用开发语言的优势和特点。接下来，我们以自然语言处理为例，介绍了jieba库的安装和应用，通过分析经典名著《西游记》并逐步优化、最终较好地可视化分析结果，展示了Python及jieba在NLP方面的功能和应用。读者可以结合其他的文本内容，进一步探索和掌握jieba的功能。

这里要指出的是，自然语言处理只是Python在人工智能方面的应用领域之一。在学习并掌握了Python的编程基础之后，还有更广阔的其他应用领域等待读者去学习和探索！

17.10　练习

1. 请对以下语句进行分词，并且按照精确模式、全模式和搜索引擎模式输出结果。

盼望着，盼望着，东风来了，春天的脚步近了。一切都像刚睡醒的样子，欣欣然张开了眼。山朗润起来了，水涨起来了，太阳的脸红起来了。

2. 请对本书配套资源中的文本文件《水浒传》中的人物进行高频词排序，把前20位主要人物的人名及出场次数打印出来，并且用词云图表示出来。需要注意以下问题：

- 筛选掉长度为1的词语；
- 去除不需要的词语（这些词语可以从配套资源“excludes - 水浒传.txt”获取）；
- 将表示同一个人的不同称谓合并（例如黑旋风等同于李逵，武二郎和武松都是一个人）。